Photographic Guide to Wildflowers of Nanjing

南京野花图鉴

吴 琦 编著

南京出版传媒集团 南京出版社

生态文明时代是人类从利用自然、改造自然向保护自然、与自然和谐相处转变的时代，是社会进步与深刻变革的时代。经济社会发展必须在生态系统可承受的限度内，受损的自然生态系统必应得到休养恢复，野生世界必须得到尊重乃至敬畏。

　　南京野花是南京自然遗产的重要组成。历史文化名城的山岭、河岸要由本地野花装点，城市之美与本地野花息息相关，认识野花的生态与美学价值是新时代的南京人应有的科学文化素养。

Nanjing
Cultural Talent
南京文化人才

Preface

前　言

　　生态文明的内涵在于实现人与自然的和谐，所谓"自然"即主要指生物界，现代称生态系统。人类的经济活动对生态系统的影响巨大，同时也极大地受制于生态系统的承受力。对生态系统的功能缺乏认知，把现实利益置于优先地位，发展便是不可持续的。目前南京市的野生世界面临着不可忽视的危机，野生资源不再是取之不尽、用之不竭的，它已或早已枯竭。青蒿素的发现证明最常见的野生植物也蕴藏着重要价值。任一野生植物的消失都会减少人类未来选择自然的机会，削弱人类适应自然变化的能力。

　　南京地区原有丰富多彩的野花。随着季节的变化，它们在变换着形态，变幻着色彩，不但点缀着城郊山地、乡野田边和长江两岸，也装点了市内的水岸、城头和街巷的小片空地。野花景观成为南京自然风物的重要特征之一，也是本地生态系统不可缺少的一部分。因此，原本生存在本地的野花应是"原生态"含义中引人注目的部分，是南京珍贵的自然遗产。

　　南京是首批国家历史文化名城，拥有丰富的历史文化资源。近年来，人们对南京的历史文化遗产包括非物质文化遗产已有了相当的关注，但相比较而言，人们对南京的自然遗产却缺乏深入的认识，保护措施和投入也不尽如人意。南京的野花甚至整个野生世界在加速退化衰亡着，美好的特别是原生态的野花景观日益成为稀缺资源。一些野花已稀见或濒于灭绝，或已经消失，还有被园林植物、绿化植物、经济作物和外来植物排挤、取代而无立足之地的危险。现代人已见不到许多历史上曾存在过的野花，后人或将见不到当前尚存的野花！

为遏制野花的消亡，维护自然生态系统的完整、稳定和美感，必须摒弃功利地对待野生生命的观念，大力培育文明的风俗，而这必将是个艰巨的过程。要保护野花首先要认识野花，除了认识它们作为本地科学资产的价值，它们在生命世界中的地位，它们的美学及文化价值之外，更重要的是要具有生态文明及自然保护的大视野，即南京的野花属于南京，也属于世界；而这需要借助于科普以"润物细无声"的方式进行。本书愿为此做一尝试。

本书是一部记录南京地区野花的著作，属于南京自然史范畴，也是南京地方志的一部分。编著者经过 20 年的考察，共记录下 550 种见于南京地区的野花，大致反映了野花在南京的地理分布特征，也对本地荒野这一自然演化的舞台有所认识。观察、摄影、记录及鉴定等都是在自然课堂中的学习，表面无趣的荒地蕴藏着无穷的秘密。寻归荒野将成为现代人的精神追求。希望本书能为此提供一些知识乃至观念方面的协助。

本书将服务于走向自然的同仁：生物多样性保护者、生态旅游者、生态摄影者、野花及野生植物研究者和爱好者，以及其他野外工作者和活动者。对从事生态学、植物学、农林学等专业的大学生，以及环保、园林、城建、交通、国土资源等领域的工作者，亦可作为学习参考之用。

考虑到南京的园林、绿地、路边、河岸等地，以及车站、码头等公共场所，举目所见，尽皆栽培植物。故本书视野在以"野花"为本的基础之上有少许扩展，包含了部分外地引入的栽培花木，旨在为更多的读者提供参考服务，特此说明，望植物学者予以理解。

对南京野花科学及文化价值的重视，应是这座历史文化名城进入生态文明时代的标志之一。有理由相信，在生态文明时代的南京，野花会逐渐得到关注，并成为本地自然遗产文化的重要组成部分。本书只是一个开始，期待不断地有多样、专业、精美的南京野花图书问世。

Contents

目 录

蔷薇科

Rosaceae [英] Rose Family

豆科

Leguminosae | 英 | Pea Family

蕺菜（鱼腥草）

Houttuynia cordata Thunb. [英] Heartleaf Houttuynia

　　三白草科蕺菜属。多年生草本，全株具腥味。高15-60厘米。茎下部伏地，节上生根，上部直立，时带紫红色。叶薄纸质，全缘，互生，心形或宽卵形，长3-8厘米，宽4-7厘米，顶端短渐尖，基部心形；两面脉上有柔毛，叶背面及叶边缘紫红色；叶脉5-7条，基出；叶柄长1-3厘米，托叶膜质，条形，长1-2厘米，下部与叶柄合生成鞘状。穗状花序生于茎上端，与叶对生，长约2厘米，宽5-6毫米；无花瓣，基部有4片花瓣状白色苞片，长圆形或倒卵形，长约1厘米，宽约6毫米，顶端钝圆；花小，两性，雄蕊3，花丝下部与子房合生，子房上位，花柱分离。蒴果长2-3毫米，顶端有开裂的宿存花柱。花期5-6月。紫金山有分布，生阴湿处。

三白草

Saururus chinensis (Lour.) Baill. [英] China Lizardtail

三白草科三白草属。多年湿生草本，高30-70厘米，具肉质白色伏地根状茎。上部茎直立，单叶互生，长柄，卵形至卵状披针形，长10-20厘米，宽5-7厘米，顶端尖，基部心形，全缘，基出脉3-5条，上部叶小，茎顶端2-3片叶花期常变白色。总状花序生枝顶，长12-20厘米，多花穗状与叶对生。花期4-6月。

丝穗金粟兰

Chloranthus fortunei (A.Gray) Solms. [英] Fortune Chlorantus

　　金粟兰科金粟兰属。多年生草本植物，高15-40厘米。根状茎粗短，密生须根；茎直立，常单生，具节。叶对生，常4片生于茎上部，近纸质，椭圆形或倒卵状椭圆形，长4-11厘米，宽2-7厘米，顶端急尖，基部楔形，边缘有钝的细齿，齿尖部有一腺体，近基部全缘；叶柄长约1厘米，托叶微小。穗状花序单一顶生，连总花梗长3-5厘米；苞片倒卵形，2-3齿裂；花白色，密集，有香气；雄蕊3，基部合生，顶端成丝状，长约1厘米，直立或斜立；中央花药1个具2室，侧生花药2个具1室，花后雄蕊脱落；子房倒卵形，无花柱。核果球形，幼时淡绿色，长约3毫米。花期3-4月。老山及紫金山有分布，生山坡林下及山沟草丛阴湿处。偶见。

花点草

Nanocnide japonica Bl. [英] Dwarfnettle

　　荨麻科花点草属。多年生小草本，茎直立，基部分枝，下部伏卧，高10-25厘米，微被毛。叶互生，三角状卵形或近扇形，长1.5-3厘米，宽1.3-2.7厘米，顶端圆钝，基部平截或浅心形，边缘具4-5枚圆齿，叶柄长1-2厘米，基出脉3-5条，叶下浅绿或带紫色，疏生短柔毛；茎下部叶较小。雄花序生枝顶叶腋，为多回二歧聚伞花序，直径1.5-4厘米，疏松，具长梗，雄花紫红色，直径2-3毫米，花被5深裂，雄蕊5；雌花生枝上部叶腋，密集成团伞花序，直径3-6毫米，具短梗，雌花长约1毫米，花被绿色，不等4深裂。瘦果卵形，黄褐色，长约1毫米，有疣点。花期4-5月，果期6-7月。生林下阴湿处。紫金山等地有分布。

马兜铃

Aristolochia debilis Sieb. et Zucc. [英 | Dutchmanspipe

马兜铃科马兜铃属。多年生藤本，茎细弱，无毛，具纵沟；长可达2-3米。单叶互生，纸质，三角状卵形，长3-8厘米，宽1-4厘米，顶端圆钝，中部以上渐狭，基部心形，两侧形成耳片；基出脉5-7条；叶柄长1-3厘米。花单生或2朵生于叶腋，花梗长1-1.5厘米，基部有小苞片1枚；花被管状，长3-5厘米，基部膨大成球形，上收成长管，管长2-2.5厘米，直径2-3厘米，管口扩张成漏斗状，黄绿色，口部具紫斑，内有腺毛，檐部偏斜，一侧成长舌状，舌片成卵状披针形，长2-3厘米；花药卵形，贴生于蕊柱基部，花柱顶端6裂；子房圆柱形，6棱。蒴果近球形，6棱，直径3-4厘米。种子多数，扁平，边缘具膜质翅。花期7-9月。

短毛金线草

Antenoron neofiliforme（Thunb.）Rob.et Vaut. [英] Goldthreadweed

　　蓼科金线草属。多年生草本，根状茎粗壮。茎直立，高50-100厘米，多分枝，有明显的节。叶椭圆形、长椭圆形或倒卵形，长7-15厘米，宽4-9厘米，顶端渐尖或急尖，基部楔形，全缘；具短柄，托叶鞘筒状，膜质，褐色，长5-10毫米，具缘毛。总状花序呈穗状，顶生或腋生，多花，排列稀疏；花梗短，苞片漏斗状，绿色，边缘膜质，有缘毛；花被片4深裂，红色，凋谢前变白色，裂片卵形，果时稍增大，宿存；雄蕊5；花柱2，宿存，果时伸长并硬化，顶端钩状，伸出花被。瘦果卵形，两面凸起，暗褐色，有光泽，长约3毫米，包于宿存花被内。花期7-8月，果期9-10月。生山坡、林缘。紫金山分布。

何首乌

Fallopia multiflora (Thunb.) Harald. [英] Heshouwu

蓼科何首乌属。多年生缠绕藤本；块根肥厚，椭圆形，黑褐色。茎长2-4米，多分枝，具纵棱，基部木质化。叶柄长1.5-3厘米；托叶鞘膜质；叶卵形，长3-7厘米，宽2-5厘米，顶端渐尖，基部心形，全缘。圆锥花序，顶生及腋生，长10-20厘米，分枝开展；苞片三角状卵形，顶端尖，每苞内有2-4朵花，花梗细，长2-3毫米，下部具关节；花被片5，深裂，白色或淡绿色，椭圆形，外3片较大，背部具翅，果时增大近圆形，直径6-7毫米；雄蕊8，花柱3，柱头头状。瘦果卵形，3棱，长约3毫米，黑色；花被宿存。花期8-9月，果期9-10月。南京各地常见。

萹蓄

Polygonum aviculare L. [英] Knotweed

蓼科蓼属。一年生草本，高10-40厘米，稍被白粉，茎平卧或斜升，有细密的纵棱纹，分枝节稍膨大。叶互生，狭椭圆形或披针形，长1-3厘米，宽2-6毫米，全缘，顶端钝或微尖，基部窄楔形，具短柄或无柄，灰绿色，中脉细而色淡；托叶鞘膜质，半透明。花1-5朵簇生于叶腋，伸出托叶鞘外，花梗短而细，有关节；花被5深裂，裂片椭圆形，绿色，边缘白色或微红色，花苞时红色；雄蕊8，花柱3。小坚果3棱形，长2-3毫米，黑褐色，具小点及线纹。花期5-10月。生路边、田间，常见。

水蓼

Polygonum hydropiper L. [英] Marshpepper smartweed

蓼科蓼属。一年生草本，高40-80厘米，茎直立或倾斜，多分枝，节部膨大。叶披针形或椭圆状披针形，长4-7厘米，宽5-15毫米，顶端渐尖，基部楔形，全缘，两面无毛，叶中部常具淡褐色斑，叶味辛辣；叶中脉色淡，平行侧脉多条；叶柄短，托叶鞘筒状，膜质，紫褐色，具缘毛。总状花序穗状，顶生或腋生，长3-8厘米，花稀疏或密集，常下垂；苞片漏斗状钟形，长2-3毫米，绿色，边缘膜质；花梗长于苞片；花被多5深裂，花苞淡红或红色，开放时白色，花被片椭圆形，长3-3.5毫米；雄蕊6；花柱2-3，柱头头状。瘦果宽卵形，3棱，长2-3毫米，黑褐色，包于宿存花被内。花期5-9月，果期6-10月。生水边及潮湿处。南京常见。

愉悦蓼

Polygonum jucundum Meisn. [英] Joyful kontweed

　　蓼科蓼属。一年生草本，茎下部匍匐，高50-100厘米，有分枝。叶宽披针形，长6-10厘米，宽1-2.5厘米，全缘，顶端渐尖，基部楔形，叶柄长3-6毫米，茎上部叶近无柄；托叶鞘膜质，红褐色，长约1厘米，边缘具长疏毛。总状花序呈短穗状，长约5厘米，顶生或腋生，花排列紧密；苞片漏斗状，绿色，缘毛长1.5-2毫米，每苞有3-5朵花，花白色至淡红色；花梗长4-6毫米，花被片5深裂，椭圆形，长2-3毫米；雄蕊7-8；花柱3，下部合生，柱头头状。瘦果卵形，3棱，黑色，有光泽。花期7-9月，果期8-10月。生山坡、沟边及湿地。南京常见。

绵毛酸模叶蓼

Polygonum lapathifolium var. *salicifolium* Sibth.[英] Willowleaf Knotweed

蓼科蓼属。一年生草本，高40-90厘米。茎直立，有分枝，无毛，节膨大。叶柄短，具短刺毛；托叶鞘筒状，多纵向平行脉，顶端截平，长1.5-3厘米，膜质，淡褐色，无毛。叶披针形或宽披针形，长5-15厘米，宽1-3厘米，顶端渐尖或急尖，基部楔形，叶上面绿色，常有一黑褐斑，侧脉多而密，全缘，叶下面被白色密绵毛，两面沿中脉被贴生短硬伏毛。数个穗状花构成总状花序或圆锥花序，花穗顶生或腋生；苞片膜质，边缘具稀短睫毛；花淡红或白色，花被通常4深裂，裂片椭圆形；雄蕊6；花柱2，外弯。瘦果卵形，扁，两面微凹，黑褐色，光亮，包于宿存花被内。花期6-8月，果期7-9月。生路边、田边等潮湿处。

长鬃蓼

Polygonum longisetum De Br. [英] Korean persicary

蓼科蓼属。一年生直立草本，基部分枝，高 30-60厘米，节部略膨大，常淡紫红色。叶披针形或宽披针形，长5-10厘米，宽1-2厘米，顶端狭渐尖或渐尖，基部楔形，近无毛；叶柄短或近无柄；托叶鞘筒状，长7-9毫米，疏生伏毛，顶端截形，具长6-7毫米的睫毛。总状花序穗状，顶生或腋生，穗长2-4厘米，花密集，下部花常间断；苞片漏斗状，无毛，顶端斜截形，边缘具长睫毛，红色，苞内有花数朵；花梗长2-3毫米，长与苞片相近；花被片5，椭圆形，粉红或白色，雄蕊6-8，花柱3，中下部合生，柱头头状。瘦果宽卵形，3棱，黑色，有光泽，长约2毫米，包于宿存花被内。花期5-9月，果期6-10月，生湿草地，紫金山有分布。

红蓼

Polygonum orientale L. [英] Red knotweed

蓼科蓼属。一年或多年生湿地植物，茎直立，高1-2米，上部多分枝，具节。密被开展的长柔毛。叶具长柄；托叶鞘筒状，顶端具草质绿翅；叶宽卵形或卵形，长10-20厘米，宽6-12厘米，顶端渐尖，基部近圆形，全缘，两面密生短柔毛，叶脉柔毛较长。总状花序穗状，顶生或腋生，长2-8厘米，花紧密，下垂；苞片宽卵形，长3-5毫米，草质，绿色，被短柔毛并具长缘毛，每苞内有3-5花，花梗长于苞片；花被5深裂，淡红色或白色；花被片椭圆形；雄蕊7，长于花被；柱头2，中下部合生，柱头头状。瘦果近圆形，扁平，径长约3毫米，黑褐色，有光泽，包于宿存的花被内。花期6-9月，果期8-10月。生湿地、沟边等潮湿处。常见。

酸模

Rumex acetosa L. [英] Dock

　　蓼科酸模属。多年生直立草本，高15-80厘米。茎具多条纵向细沟纹。基生叶有长柄，叶矩圆形，长3-15厘米，宽1-4厘米，顶端急尖或圆钝，基部箭尾状，波状全缘；茎生叶由下而上渐小，叶柄渐短；托叶鞘膜质。花单性异株，花序狭圆锥状顶生，长可达40厘米，花簇间断着生，每簇有花数朵，生于短小鞘状苞片内，苞片膜质，花被片6，椭圆形，成2轮，带红色；雄花内轮3片，宽椭圆形，长约3毫米，外轮3片稍小，直立；雄蕊6，花丝短而花药长；雌花内轮3片，近圆形，长约2.5厘米，直立，淡红色，果时增大成翅状，膜质，淡紫红色，脉纹明显，花柱3。瘦果椭圆形。花期3-5月，果期4-6月。生山地落叶林缘，常见。

齿果酸模

Rumex dentatus L. | 英 | Dentate Dock

　　蓼科酸模属。一年生草本，高30-70厘米，基部分枝，具浅沟槽。茎下部叶长圆形，长4-12厘米，宽1.5-3厘米，顶端圆钝，基部圆或近心形，边缘浅波状，茎生叶较小，叶柄长1.5-5厘米。轮状总状花序，腋生至顶生，多花成轮状排列；外花被片椭圆形，长约2毫米，内花被片果时增大，三角状卵形，长3.5-4毫米，宽2-2.5毫米，顶端急尖，基部近圆形，具小瘤，边缘每侧有2-4个刺状齿，齿长1.5-2毫米。瘦果卵形，3锐棱，褐色。花期5-6月，果期6-7月。

羊蹄

Rumex japonicus Houtt. [英] Japan Dock

蓼科酸模属。多年生草本，茎直立，高0.5-1米，上部分枝。基生叶长圆形或披针状长圆形，长8-25厘米，宽3-10厘米，顶端急尖，基部圆或心形，边缘波状；茎上部叶狭长。圆锥花序，两性，多花轮生；花梗细长；花被片6，淡绿色，外被片椭圆形，长1.5-2毫米，内被片宽心形，长4-5毫米，顶端渐尖，基部心形，网脉明显，边缘有小齿，具小瘤。瘦果宽卵形。花期5-6月，果期6-7月。生潮湿的河岸及泥地。常见。

空心莲子草

Alternanthera philoxeroides (Mart.) Griseb. | 英 | Alligator Weed

　　苋科莲子草属。多年生草本，茎基部匍匐，节生须根，上部上升，管状，长55-120厘米，具分枝。叶对生，矩圆形、椭圆形或倒卵状披针形，长2.5-5厘米，宽0.7-2厘米，顶端急尖或圆钝，具小尖，基部渐狭，全缘，上面有贴生毛及缘毛，叶柄长3-10毫米。头状花序单生于叶腋，多花密生，具长1-4厘米的总花梗；苞片及小苞片白色，顶端渐尖，卵形，膜质，长约2毫米，具1脉，宿存；花被片5，白色，矩圆形，长5-6毫米，顶端急尖，背部侧扁；雄蕊5，花丝基部合成杯状，退化雄蕊顶端分裂成条形；子房倒卵形。花期5-10月，常不结实。原产巴西，引种作饲料，逸生野外，生水沟、池沼及湿地，已成广为生长的有害入侵种。

青葙

Celosia argentea L.[英] Feather Cockscomb

　　苋科青葙属。一年生直立草本，高30-100厘米，全株无毛；茎直立，有分枝。叶互生，宽披针形或椭圆状披针形，长5-8厘米，宽1-3厘米，顶端渐尖，基部渐狭成柄，全缘。穗状花序顶生，长3-10厘米，直立，初开花淡红色，后变白色，每花有膜质苞片3，花被片5，披针形，干膜质，有光泽，白色或粉红色；雄蕊5，花丝下部合生成杯状，子房长圆形，花柱红色，柱头2裂。胞果卵球形，长3-3.5毫米，盖裂；种子扁圆形，黑色，有光泽。花期6-9月，果期8-10月。野生山坡、田边，亦作园林花卉。

千日红

Gompherena globosa Linnaeus | 英 | Common Globe Amaranth

苋科千日红属。一年生直立草本，高20-60厘米，枝近四棱形，具糙毛。叶纸质，长椭圆或矩圆状倒卵形，长3.5-10厘米，宽1.5-5厘米，顶端急尖或圆钝，有凸尖，基部渐狭，边缘波状，两面具小斑点及柔毛；叶柄长1-1.5厘米。花多数，成顶生球形或椭球形头状花序，直径2-3厘米，常紫红色，基部总苞片2枚；花被片披针形，雄蕊花丝连合成管状，花柱条形。胞果近球形。花期6-10月。原产美洲。观赏栽培种。

商陆

Phytolacca acinosa Roxb. [英] Indian Pokewees

　　商陆科商陆属。多年生草本。高1-1.5米，茎直立，圆柱形，有纵沟，绿色或紫红色，多分枝。叶纸质，椭圆形至长椭圆形，长10-25厘米，宽5-10厘米，顶端急尖或渐尖，基部楔形，叶柄长1.5-3厘米，上面有槽。总状花序顶生或与叶对生，圆柱状，直立，长15-20厘米，多花密生；花序梗长1-4厘米；基部苞片线形，膜质；小花梗细，长6-10毫米；花两性；花被片5，白色、淡黄绿色，后变淡红色，椭圆形或卵形，顶端圆钝；雄蕊8-10，与花被片近等长，花丝白色，钻形，花药椭圆形，淡粉红色；心皮8-10，离生；花柱短，直立。浆果扁球形，熟时黑紫色；种子黑色，肾形。花期4-5月，果期6-7月。分布南京各地，生山坡、林下，常见。

垂序商陆

Phytolacca americana L. | 英 | Pokeweed

　　商陆科商陆属。多年生直立草本。高1-2米，根粗壮。茎直立，圆柱形，直径1-3厘米，常紫红色，光滑，中空易折。叶卵状椭圆形至卵状披针形，长9-18厘米，宽5-10厘米，顶端渐尖，基部楔形；叶柄长1-4厘米。总状花序顶生或侧生，长5-20厘米；小花梗长6-8毫米；花白色带绿色晕，直径约6毫米；花被片5，雄蕊、花柱常为10枚，心皮合生。果序下垂，浆果扁球形，熟时紫黑色；种子长圆形，直径约3毫米。花期6-9月，果期8-11月。生山坡及路边空地。原产北美，引入栽培，于1960年已蔓延至沿海各省。南京常见。

大花马齿苋

Portulaca gandiflora Hook. [英] Bigflower Purslane

马齿苋科马齿苋属。一年生草本，高10-30厘米，平卧铺展，多分枝。茎圆柱形，肉质。叶肥厚，扁平，倒卵形，长1-2厘米，宽0.5-1厘米。花单生或数朵簇生枝端，直径2-4厘米，萼片2，花瓣5，宽倒卵形，顶端凹入，长约2厘米，红色；雄蕊多数，黄色。花期9-10月。

马齿苋

Portulaca oleracea L. [英] Common Purslane

马齿苋科马齿苋属。一年生草本，全株无毛，匍匐或斜升，多分枝，茎叶肉质。茎长10-15厘米，常淡绿或暗红色，圆柱形。叶倒卵形或矩圆形，长1-3厘米，宽5-15毫米，顶端圆钝或平截，有时微凹，基部楔形，全缘，扁平肥厚，中脉微凸起；叶柄短。花午时阳光下开放，3-5朵生于枝顶，直径3-4毫米，无梗；苞片4-5，膜质，叶状；萼片2，对生，长约4毫米，绿色，盔状，顶端急尖，基部合生；花瓣常5，黄色，倒卵形，长3-5毫米，顶端凹入，基部合生；雄蕊常8，长约12毫米，花药黄色；子房下位，1室，柱头4-6裂，线状。蒴果圆锥状，长约5毫米，盖裂；种子多数，细小，黑褐色。花期5-9月，果期6-10月。各地常见。

栌兰（土人参）

Talinum paniculatum（Jacq.）Gaertn. [英] Panicled Localginseny

　　马齿苋科土人参属。一年或多年生草本，全株无毛，高30-90厘米。茎直立，肉质，圆柱形，基部木质。叶互生或近对生，倒卵形或倒卵状椭圆形，长5-10厘米，宽2.5-5厘米，顶端尖或微凹，基部楔形，全缘。圆锥花序顶生或侧生，多呈二叉状分枝，具长序梗；花小，直径约6毫米；总苞片绿色或近红色，圆形，顶端圆钝，长3-4毫米，苞片2，膜质，披针形，长约1毫米；花梗长5-10毫米；萼片2，卵形；花瓣粉红色或淡紫红色，椭圆形或倒卵形，顶端圆钝，长6-12毫米；雄蕊5-20，黄色；花柱线形，红色，柱头3裂。蒴果近球形，种子多数。花期6-8月，果期9-11月。生阴湿荒地。原产美洲，南京野外有逸生。

麦仙翁

Agrostemma guthago　L. [英] Red knotweed

石竹科麦仙翁属。一年生草本，高60-90厘米，全株被白色长硬毛。茎直立。叶对生，叶片线形或线状披针形，长4-13厘米，宽0.5-1厘米，抱茎，顶端渐尖，中脉明显。花单生，直径约3厘米，花梗长；花萼长椭圆形，裂片叶；花瓣紫红色，瓣片倒卵形，微凹缺，中部有3条点线纹。蒴果卵形。花期6-8月，果期7-9月。

喜泉卷耳

Cerastium fontanum Baumg. [英] Spring Mouseear

石竹科卷耳属。一、二年生草本，高15-30厘米。茎单生或丛生，近直立，被白色短柔毛及腺毛。基生叶倒卵状披针形或倒卵形，基部渐狭呈柄状，两面被短柔毛；茎生叶卵形、狭卵状长圆形或披针形，长1-3厘米，宽3-10毫米，顶端尖，两面被短柔毛。聚伞花序顶生，苞片草质；花梗细，密被长腺毛；萼片5，长圆状披针形，长5.5-6.5毫米，被长腺毛；花瓣5，白色，倒卵状长圆形，顶端2浅裂，基部渐狭；雄蕊10；花柱5。蒴果圆球形，种子褐色。花期3-4月，果期5-6月。见于牛首山。本种花序为聚伞状，与球序卷耳的多花簇生成球状不同。

球序卷耳

Cerastium glomeratum Thuill | 英 | Fork Mouseear

　　石竹科卷耳属。一、二年生草本，高20-30厘米，全株被柔毛。茎直立，单生或丛生，常紫红色，或下部紫红色。叶对生，下部叶匙形，顶端钝，基部渐狭成柄，上部叶卵状椭圆形，长1-2厘米，宽0.5-1.2厘米，全缘，顶端钝或急尖，基部圆钝渐狭，中脉明显，两面及边缘具柔毛。二岐聚伞花序顶生，簇生似头状，花序轴密被腺毛，基部具叶状苞片；花梗细；萼片5，披针形，绿色，边缘膜质，密被腺毛；花白色，5瓣，倒卵形或长圆形，与萼片近等长，顶端浅2裂；雄蕊10，花药黄色，花柱5。蒴果长圆柱形，顶端10齿裂；种子褐色。花期3-4月，果期5-6月。生山坡及路边，南京各地分布。

须苞石竹

Dianthus barbatus L. [英] Barbate Pink

石竹科石竹属。多年生草本，高30-60厘米，全株无毛。茎直立，有棱。叶披针形，长4-8厘米，宽约1厘米，顶端急尖，基部渐狭合生成鞘，全缘，中脉明显。花多数，集成头状，具数枚叶状总苞片；花梗短；苞片4，卵状，尾尖，具细齿；花萼筒状，5尖裂；花瓣卵形，红色或白色，顶端齿裂，喉部具髯毛，花柱线形。花期5-10月。

石竹

Dianthus chinensis L. [英] Chinese Pink

　　石竹科石竹属。多年生草本，高30-50厘米，全株光滑无毛。上部分枝，有节。叶对生，宽披针形，长3-5厘米，宽2-4毫米，顶端渐尖，基部渐狭成围节短鞘，全缘或有细齿，中脉明显。花单生于枝端或数朵集成聚伞花序；花梗长1-3厘米，小苞片4-6，卵形，边缘膜质，有缘毛；花萼圆筒形，长15-25毫米，直径4-5毫米，有纵条纹，萼齿5，披针形，长约5毫米，顶端尖，有缘毛；花瓣5，长16-18毫米，白色、红色、紫红色或粉红色，瓣片扇状倒卵形，边缘有不整齐浅齿裂，喉部有深色斑纹并疏生须毛；雄蕊10；子房长圆形，花柱2，线形。蒴果圆筒形，包于宿萼内；种子灰黑色，扁圆形。花期5-7月。南京各山地、丘陵有分布。

瞿麦

Dianthus superbus L. [英] Fringed Pink

石竹科石竹属。多年生草本，高30-60厘米。茎丛生，直立，上部2歧分枝。叶条形至条状披针形，长5-10厘米，宽3-5毫米，对生，全缘，绿或粉绿色，顶端渐尖，基部合生成鞘状，中脉明显。花单生或成对生枝端，或数朵集成聚伞花序；苞片2-3对，倒卵形，长6-10毫米，顶端长尖；花萼筒状，长2.5-3厘米，直径3-6毫米，顶端5裂，萼齿披针形，长4-5毫米；花瓣5，宽倒卵形，粉红、淡紫或白色，长4-5厘米，顶端深细裂呈毛状，基部成爪；雄蕊10，丝状花柱2，外露。蒴果圆筒形，和宿存花萼近等长，顶端4齿裂；种子扁卵圆形，长约2毫米，黑色，边缘有宽翅。花期8-9月。分布城郊各地，生山坡疏林、林缘、草丛或石缝。偶见。

剪秋罗

Lychnis fulgens Fish. [英] Campion

　　石竹科剪秋罗属。多年生草本，全株被柔毛。根簇生，纺锤形。茎直立，不分枝或上部分枝。叶对生，叶片卵状长圆形或卵状披针形，长4-10厘米，宽2-4厘米，顶端渐尖，基部圆形，无柄，被粗毛。二岐聚伞花序具数花，紧缩成伞房状；花直径3-5厘米，花梗长3-12毫米；苞片卵状披针形，被柔毛和缘毛；花萼筒状，长约2厘米，萼齿三角状，顶端急尖；花瓣5，深红色，瓣片倒卵形，顶端深2裂，裂片椭圆状条形，有时顶端具不明显的细齿，瓣片两侧中下部各具一线形小裂片；副花冠长椭圆形，暗红色，流苏状；雄蕊微外露，花丝无毛。蒴果长椭圆状卵形，长约1.3厘米；种子肾形，黑褐色，具乳突。花期6-7月，果期8-9月。

牛繁缕

Malachium aquaticum (L.) Fries. [英] Crickweed

石竹科牛繁缕属。多年生草本，高40-80厘米，茎光滑，多分枝，表面带紫红色，节和嫩枝更明显。叶对生，膜质，卵形或卵状椭圆形，长2-5.5厘米，宽1-3厘米，顶端锐尖，基部近心形，全缘或呈浅波状；叶柄长5-18毫米，疏生柔毛，上部叶柄渐短至无柄。花生枝顶端或单生叶腋；花梗细长，有毛，花后下垂；花萼片5，基部稍合生，外被短柔毛，萼片果时增大，宿存；花瓣5，白色，长椭圆状或条状，长于萼片，顶端2深裂达基部而成10瓣花；雄蕊10，稍短于花瓣；子房矩圆形，花柱5，丝状。蒴果卵形，5瓣裂，每瓣端部再2裂；种子多数，近圆形，稍扁，褐色，具突起。花期3-4月，果期4-5月。生山坡、草地及路旁阴湿处。

异叶假繁缕（太子参）

Pseudostellaria heterophylla (Miq.)Pax.[英]Different Flowers Pseudostellarir

　　石竹科假繁缕属。多年生草本，高15-20厘米。茎直立，单生。下部叶1-2
对，匙形或倒披针形，基部渐狭成长柄状，顶端钝；上部叶2-3对，卵状披针形、
长卵形或菱状卵形，长3-6厘米，顶端渐尖，基部渐狭，上面无毛，下面沿脉有柔
毛；茎顶端两对叶稍密集，较大，成十字形排列。花二型，普通花1-3朵，腋生或
呈聚伞花序，白色；花梗长1-2厘米，被短柔毛；萼片5，披针形，被疏生柔毛；花
瓣5，矩圆形或倒卵形，长7-8毫米，顶端2浅裂；雄蕊10，短于花瓣；子房卵形，
花柱3；柱头头状。闭锁花生茎下部叶腋，小，萼片4；无花瓣。蒴果宽卵形，种子
少，褐色，扁圆形。花期3-4月。紫金山及老山等地有分布，生落叶林下。

漆姑草

Sagina japonica (Sw.) Ohwi [英] Pearlwort

石竹科漆姑草属。一年生小草本，高5-20厘米，上部被稀疏腺柔毛。茎丛生，稍铺散，叶片线形，长5-20毫米，宽0.8-1.5毫米，顶端急尖，无毛。花小，单生枝端，花梗细，长1-2厘米，被疏毛；萼片5，卵状椭圆形，长约2毫米，顶端尖或钝，外被短腺毛，边缘膜质；花瓣5，狭卵形，稍短于萼片，白色，顶端圆钝，全缘；雄蕊5，短于花瓣；子房卵圆形，花柱5，线形。蒴果卵球形，微长于宿存的萼片，5瓣裂；种子小，肾形，微扁，褐色，表面具尖瘤状突起。花期3-5月，果期5-6月。见于经天路及奥体中心附近。

女娄菜

Silene aprica Turcz. ex Fisch.et Mey. [英] Sunny Catchfly

石竹科蝇子草属。一、二年生草本。高30-70厘米，全株密被灰色短柔毛。主根较粗壮。茎直立，单生或分枝。基生叶倒卵形或匙形，长4-7厘米，宽4-8毫米，基部渐狭成长柄，顶端急尖，中脉明显；茎生叶倒披针形或披针形，小于基生锥花序，花梗长5-20毫米，直立；苞片披针形；花萼卵状钟形，长6-8毫米，被短柔毛，果期增长达12毫米，绿纵脉，萼齿三角状披针形，边缘膜质，具缘毛；花瓣倒卵形，初时淡红，后变白，瓣长7-9毫米，顶端2裂，副花瓣舌状，短；花丝短；花柱3，弯曲棒状。蒴果卵形，长8-9毫米；种子肾形，褐色。花期4-6月。见于谷里。本种又称"王不留行"。

麦瓶草

Silene conoidea L. [英] Conical Catchfy

　　石竹科蝇子草属。一年生草本，高25-60厘米，全株被短腺毛。茎直立，不分枝。基生叶匙形，茎生叶长圆形或披针形，长5-8厘米，宽0.5-1厘米，顶端渐尖，基部渐狭，两面被短柔毛，具缘毛，中脉明显。二岐聚伞花序具数花，直径约2厘米；花萼圆锥形，长2-3厘米，直径3-5毫米，绿色，基部膨大成瓶状，绿脉多条，果期膨大，萼齿披针形；花瓣淡红色，长2-3厘米，宽倒卵形，长约8毫米，全缘或微凹缺，副花瓣狭披针形，白色，顶端具浅齿；雄蕊及花柱微外露。蒴果梨状，种子肾形，暗褐色。花期5-6月，果期6-7月。广布种。

中国繁缕

Stellaria chinensis Regel ［英］China chickweed

石竹科繁缕属。多年生草本，株高30-100厘米。茎细弱，四棱，无毛。叶对生，叶片卵形或卵状椭圆形，或卵状披针形，长3-4厘米，宽1-1.6厘米，顶端渐尖，基部近圆形，全缘，两面无毛，下面中脉明显；茎下部及茎上部叶较茎中部叶小，中上部叶柄渐短至无柄。疏散聚伞花序生叶腋，总花梗细长，小花梗细，果时伸长；萼片5，披针形，长3-4毫米，顶端渐尖，边缘膜质；花直径9.5-11毫米，花瓣5，瓣长约5毫米，宽约1.3毫米，白色，顶端2深裂，与萼片近等长；雄蕊10，花药黄色；花柱3。蒴果卵形，比萼片稍长，6齿裂；种子卵圆形，稍扁，褐色，具乳头状突起。花期4-5月，果期6-7月。生树下草地，紫金山有分布。

繁缕

Stellaria media (L.)Cyr. [英 | Chickweed

石竹科繁缕属。一年生草本，高10-30厘米。茎俯仰或直立，基部多分枝，细弱，上部分枝，脆嫩；老枝常带淡紫红色。上部叶卵形，长0.5-2.5厘米，宽0.5-1.8厘米，顶端渐尖或急尖，基部渐狭或近心形，全缘，无柄，常有缘毛；基生叶具长柄，叶卵形或心形，侧叶脉不明显。疏聚伞花序顶生或单生叶腋；花梗细弱，具短毛1列；萼片5，卵状披针形，长约4毫米，顶端稍钝，边缘宽膜质，外被短腺毛；花瓣5，白色，长椭圆形，每瓣2深裂，裂片线形；雄蕊10，短于花瓣，花药端紫色；子房卵圆形，线形花柱3。蒴果卵形，顶端6裂，种子多数，卵圆形至圆形，稍扁，红褐色。花期2-4月，果期5-6月，南京各地常见。

深裂叶乌头

Aconitum carmichaeli var.tripartitum W.T.Wang [英] Tripartite Monksh

　　毛茛科乌头属。多年生草本，茎直立，高50-150厘米，等距离生叶、分枝。茎下部叶开花时枯萎；茎中部叶具长柄，叶片薄革质或纸质，五角形，长6-11厘米，宽9-15厘米，叶片掌状3裂不达基部，叶基部呈宽心形或截状心形；中裂片宽菱形或近菱形，顶端急尖，小裂片三角形，侧生裂片斜扇形，不等2深裂；茎上部叶柄短。顶生总状花序长6-10厘米，小苞片披针形，生花梗中部或下部；花梗长1.5-5厘米；萼片5，蓝紫色，外被短柔毛，上萼片高盔形，高2-2.6厘米，下缘稍凹，喙不明显，侧萼片长1.5-2厘米，花瓣2，无毛，具长爪，距长1-2.5毫米，常拳卷；雄蕊多数，心皮3-5。蓇葖长1.5-1.8厘米；种子三棱形。花期9-10月。紫金山有分布，生山坡、林缘、草丛。不常见。

林荫银莲花

Anemone flaccida Fr.Schmidt. [英] Flaccid Anemone

　　毛茛科银莲花属。多年生草本植物，高15-40厘米。根状茎斜生。基生叶2，有长柄；叶五角形，长3.5-7.5厘米，宽6-14厘米，正面疏生短伏毛，基部深心形，3全裂，中裂片菱形，3浅裂，小裂片边缘有粗齿，侧裂片不等2深裂；叶脉平；叶柄长10-28厘米，无毛或近无毛。花梗1-3，有疏毛；苞片3，叶状，无柄，不等大，菱形，基部合生，长4.5-6厘米，3深裂；萼片5，白色微红，倒卵形或椭圆形，长7-10毫米，宽4-5.5毫米，顶端圆钝；无花瓣；雄蕊多数，长为萼片之半；花丝丝状，花药椭圆形，长约0.8毫米；心皮约8，子房密被黄色短柔毛，无花柱，柱头近球形。花期3-4月。紫金山有分布，生林下、山坡，较常见。

水毛茛

Batrachium bungei (Steud.) L.Liou [英] Bunge Waterbuttercup

　　毛茛科水毛茛属。多年生沉水草本，茎长30多厘米，叶片半圆形或扇形，直径2.5-4厘米，2-3回裂，小裂片近丝状。花直径1-2厘米，花梗长2-5厘米；萼片反折，卵状椭圆形；花瓣白色，基部黄色，倒卵形，长5-9毫米。聚合果卵球形。花期5-8月。

女萎

Clematis apiifolia DC. [英] October clematis

　　毛茛科铁线莲属。藤本，三出复叶，小叶卵形或宽卵形，长2.5-8厘米，宽1.5-7厘米，常有3浅裂，边缘有锯齿。圆锥聚伞花序多花，花直径约1.5厘米；萼片4，白色，开展，狭倒卵形，长约8毫米，两面具短柔毛。瘦果纺锤形。花期7-9月。生山地、林缘。

威灵仙

Clematis chinensis Osbeck [英] Weiling Xian

　　毛茛科铁线莲属。木质藤本，小枝或生疏短柔毛。一回羽状复叶5小叶，有时3或7叶，纸质，卵形至卵状披针形，或卵圆形，长1.5-10厘米，宽1-7厘米，顶端尖，偶微凹，基部圆、宽楔形至浅心形，全缘，近无毛。聚伞花序圆锥状，多花，腋生或顶生，花直径1-2厘米；萼片4-5，白色，开展，长圆状倒卵形或矩圆形，长1-1.5厘米，顶端常凸尖，边缘密被绒毛；花柱宿存，长2-5厘米。瘦果扁，卵形至椭圆形，长5-7毫米。花期6-9月，果期8-11月。紫金山等地有分布。

山木通

Clematis finetiana Lévl. et Vaniot [英] Finet Clematis

　　毛茛科铁线莲属。木质藤本，无毛，茎圆柱形。三出复叶，小叶薄革质，卵状披针形，狭卵形至卵形，长3-10厘米。宽1.5-4厘米，顶端锐尖至渐尖，基部圆形至浅心形，全缘，无毛。花单生，聚伞花序或总状聚伞花序，腋生或顶生，1-3花，或更多而成圆锥状聚伞花序；苞片小，钻形；萼片4，开展，白色，狭椭圆形或披针形，长1-2厘米，边缘具毛，雄蕊无毛。瘦果镰刀状狭卵形，长约5毫米，具柔毛；花柱宿存，具黄褐色长柔毛。生山坡疏林、溪边、灌丛。花期4-6月，果期7-11月。

太行铁线莲

Clematis kirilowii Maxim. [英] Taihangshan Clematis

　　毛茛科铁线莲属。木质藤本，藤坚韧如铁线，叶对生，一至二回羽状复叶，常3小叶，茎上部偶见5小叶，叶革质，长椭圆形，波状全缘，顶端圆并具一三角形小凹口，基部楔形，长1.5-5厘米，宽0.5-2.5厘米，叶脉3基出，时有5基出，具网脉，小叶柄长约1厘米，茎上部中间小叶叶柄渐长至约3厘米。总状或圆锥状聚伞花序，腋生或顶生，有花数朵至十几朵，总花梗长3-5厘米；花直径1.5-2.5厘米；萼片4，开展，白色，长圆形或倒卵状长圆形，长1-1.5厘米，宽3-7毫米，顶端截形，微凹，具短柔毛，边缘密生绒毛，花丝多数，长短不一。瘦果扁，卵形，长约5毫米。花期5-7月，果期7-9月。生山坡、草丛。见于羊山及上元门附近山上。

圆锥铁线莲

Clematis terniflora DC.[英] Threeflower clematis

　　毛茛科铁线莲属。攀援藤本，茎具纵棱。叶对生，一回羽状复叶常有5小叶，少有3或7叶，叶全缘，宽卵形或卵形，顶端钝或急尖，基部圆形或宽楔形，长2-8厘米，宽1-5厘米，叶脉3基出，网脉明显；叶柄长约3厘米。圆锥状聚伞花序顶生或腋生，多花，总花梗长4-5.5厘米，被短柔毛；苞片叶状，小花梗苞片小，披针形；花直径1.5-3厘米；萼片4，伸展，白色，矩圆形，长约0.8-1.5厘米，宽4毫米，顶短钝或急尖，边缘及背面密生绒状毛；无花瓣，雄蕊多数，无毛，花丝与花药近等长，花药线形。瘦果卵形，橙色，扁平，长6-9毫米，有伏毛；宿存羽状花柱长可达4厘米。花期5-6月，果期8-9月。生林缘、山坡。不常见。

　　本种旧名"黄药子"。

还亮草

Delphinium anthriscifolium Hance [英] Chervil Larkspur

毛茛科翠雀属。一年生直立草本植物，茎高20-60厘米，有分枝。叶片菱状卵形，长5-11厘米，宽4.5-8厘米；二至三回近羽状复叶，间或为三出复叶。总状花序有花2-15朵，着生茎端或分枝顶端，花序轴和花梗被反曲的短柔毛；基部苞片叶状，小苞片生花梗中部，披针形至披针状钻形，长2.5-4毫米；花梗长4-12毫米；花长1-2厘米；萼片堇色或紫色，椭圆至矩圆形，长6-10毫米，外被短疏柔毛；花距钻形，长约1厘米，稍上弯或近直；花瓣2，紫色，不等3裂，上部变宽；退化雄蕊2，与萼片同色，无毛，瓣片斧形，2深裂近基部；心皮3。蓇葖长1-1.6厘米。花期4月。见于老山、紫金山及红山等地，生林下、草丛及沟谷。常见。

卵瓣还亮草

Delphinium anthriscifoliun var.*savatieri* (Franch.) Munz [英]Ovatepetal Chervil Lerkspur

还亮草变种。退化雄蕊的花瓣瓣片卵形，顶端微凹或2浅裂。生南京各地。花期3-5月。

牡丹

Paeonia suffruticosa Andr. [英] Tree Peony

　　毛茛科芍药属。落叶灌木，高可达2米。二回三出复叶，或近枝顶为3小叶，顶生叶为宽卵形，侧生小叶狭卵形或长圆状卵形，不等2-3浅裂，长5-8厘米，宽2-7厘米，叶缘全缘。花单生枝顶，直径10-17厘米，花梗长4-6厘米；苞片5，长椭圆形；萼片5，绿色，宽卵形；花瓣5，或为重瓣，红紫色，粉红至白色，变异大；花瓣倒卵形，长5-8厘米，宽4-6厘米，顶端呈不规则波状；雄蕊长1-1.7厘米，花丝紫红色或粉红色，花药长圆形，花盘杯状，心皮5，蓇葖长圆形，具硬毛。花期4月，果期5月。

白头翁

Pulsatilla chinensis (Bunge) Regel [英] China Pulsatilla

毛茛科白头翁属。多年生草本植物，具粗的根状茎。全株密生白色柔毛。基生叶4-5枚，具长柄；叶片宽卵形，长4.5-14厘米，宽6.5-16厘米，三出复叶，中央小叶3深裂，宽卵形，边缘有疏齿，具短柄；侧小叶近无柄，不等3深裂。花葶1-2，苞片3，基部合生成筒状，3深裂；花梗长2.5-5.5厘米，果时伸长；花直立，萼片6，蓝紫色，长圆卵形，长2.8-4.4厘米，宽1-2厘米；雄蕊多数，长约为萼片的一半，黄色。聚合果直径约10厘米，由多枚瘦果组成，瘦果纺锤形，扁，具长柔毛，宿存花柱短，有长约6厘米的披散白柔毛。花期3-4月，果期4-5月，南京山地有分布，因滥采及土地开发已致濒危。

禺毛茛

Ranunculus cantoniensis DC. [英]Canton Buttercup

毛茛科毛茛属。多年生草本，茎直立，高25-80厘米，上部分枝，密生开展的黄白色糙毛。叶多为三出复叶，基生叶及下部叶具长达15厘米的长柄；叶宽卵形，长3-6厘米，宽3-9厘米，中央小叶柄较长，叶椭圆形或菱形，3裂，边缘密生锯齿，顶端尖，侧生小叶2-3中裂；上部叶渐小，3全裂，具短柄。疏散聚伞花序，花梗长2-5厘米，花直径1-1.2厘米，生枝顶；萼片5，卵形，长3毫米，开展；花瓣5，黄色，椭圆形，长约5.5毫米，基部具蜜腺槽，雄蕊多数，花药黄色。聚合果球形，直径约1厘米；瘦果扁平。花期4-5月，果期5-7月。见于紫金山。

茴茴蒜

Ranunculus chinensis Bunge [英] China Buttercup

毛茛科毛茛属。一年生草本，茎直立，高20-50厘米，中空，有纵纹，分枝多，与叶柄均密生淡黄色糙毛。三出复叶，基生叶与下部叶具长柄；叶宽卵形至三角形，长2.5-7.5厘米，中央小叶具较长柄，3深裂，裂片狭长，顶部具粗齿或缺刻，或2-3裂，顶端尖，侧生小叶叶柄短，2-3裂，叶具伏生糙毛，上部叶变小，3裂或具粗齿。花疏生，花梗具伏毛；花直径约1厘米，萼片5，狭卵形，淡绿色，长3-5毫米，外生柔毛；花瓣5，黄色，宽卵圆形，约与萼片等长，顶端圆或凹，基部有短爪，具蜜槽，花药黄色；雄蕊及心皮多数。聚合果圆柱形；瘦果扁平。花期4-5月，果期5-8月。生向阳草丛。见于紫金山。

毛茛

Ranunculus japonicus Thunb. [英] Japan Buttercup

毛茛科毛茛属。多年生草本，高20-60厘米，茎及叶柄有柔毛。基生叶及下部叶有长柄；掌状叶3深裂，长3.5-6厘米，宽5-8厘米，基部心形，中裂片宽菱形或倒卵形，3浅裂边缘具疏齿，侧裂片不等2裂，茎中部叶有短柄，上部叶无柄，3裂，每裂片上又有浅裂或尖齿。单歧聚伞花序，花数朵，花亮黄色，5瓣，倒卵形，直径约2厘米；萼片5，淡绿色，椭圆形，长4.5-6毫米，外被柔毛；花内基部具鳞状蜜腺，雄蕊及心皮多数。聚合果扁球形，直径4-5毫米，瘦果长2-3毫米，两面凸起，有稍向外弯的短喙。花期3-5月。生山坡、路边向阳处。

毛茛与小毛茛相似，但花较大，植株直立，更具观赏性，分布比小毛茛少，在老山及方山比紫金山更多见。

刺果毛茛

Ranunculus muricatus L. [英] Spinefruit buttercup

毛茛科毛茛属。一、二年生草本，高10-30厘米，近无毛，茎自基部分枝，倾斜上升。基生叶具2-12厘米的叶柄，湿地植株的茎、叶显著地长大；叶常为掌状3浅裂，裂片边缘具疏粗锯齿，基部多肾形，或有楔形或截形，茎上部叶较小而狭；叶长1.5-3.5厘米，宽1.7-4厘米。花黄色，直径1.4-1.8厘米，花梗与叶对生，有疏毛；萼片长椭圆形，长5-6毫米，稍反曲；花瓣5，狭倒卵形，长5-10毫米，顶端圆，基部狭窄成爪，基部蜜腺有小鳞片，花托疏具柔毛。聚合果球形，瘦果扁平，椭圆形，具宽约0.4毫米的边翅，两面有一圈具疣基的弯刺，喙基宽厚，顶端稍弯，长约2毫米。花期3-4月。见于岗子村附近，为南京新记录。

石龙芮

Ranunculus sceleratus L.[英] Cliff anemone

毛茛科毛茛属。一年或二年生草本，茎直立，高15-50厘米，上部多分枝。基生叶和下部叶有长柄，单叶3深裂，叶长1-4厘米，宽1.5-5厘米，中裂片菱状倒卵形或倒卵状楔形，3浅裂，全缘或有疏圆齿，侧裂片不等的2-3裂；茎上部叶变小，互生，3全裂，裂片狭倒卵形、披针形或线形。聚伞花序，花小，直径4-8毫米，花梗长1-2厘米，无毛；萼片5，椭圆形，淡绿

色，长2-3.5毫米，萼片花时反卷；花瓣5，黄色，狭倒卵形，长1.5-3毫米，基部有短爪；雄蕊10-20，花药卵形，雌蕊多数，花柱短，花托在果时伸长，增大成圆柱形。聚合果短圆柱形，瘦果多数，宽卵形，扁，无毛。花期3-6月，果期4-7月。生沟边、湿草地。南京常见。

扬子毛茛

Ranunculus sieboldii Miq. [英] Siebold buttercup

毛茛科毛茛属。多年生草本，茎基部常匍匐再直立，长可达30厘米，有密集的白或淡黄色柔毛。叶与毛茛有明显的不同，一叶常深裂成3叶，成三出复叶；每小叶宽卵形，长2-4.5厘米，宽3.2-6厘米，中央小叶短柄较长，叶形菱状卵形，常3浅裂，侧生小叶亦常2裂，各小叶裂片又有数个尖齿。花对叶单生，有长梗；萼片窄狭反曲，长约4毫米，外被疏毛；花瓣5，黄色，椭圆形，长约7毫米；雄蕊及心皮多数。聚合果球形，直径约1厘米，瘦果扁，长约3.6毫米。花期4-6月。

本种分布在长江中下游各地，常出现在湿草地及公园草坪上。

小毛茛（猫爪草）

Ranunculus ternatus Thunb. [英] Dwarf Buttercup

　　毛茛科毛茛属。多年生小草本，块根数个，近球形。茎细弱，高5-17厘米，分枝，无毛或疏生短毛。基生叶丛生，具长柄，无毛，三出复叶或为单叶；叶片长0.5-1.7厘米，宽0.5-1.5厘米，3浅裂至3全裂，小叶无柄，圆形或倒卵形，中间一小叶较大，顶端齿状浅裂，基部楔形，有时小叶或一回裂片浅裂或细裂成条形；叶柄长达7厘米；茎生叶多无柄，较小，常3深裂成条状裂片。圆锥花序具少数花；萼片5，绿色，长3毫米，外面疏生柔毛；花瓣常为5，黄色，倒卵形，长8毫米，基部有袋形蜜腺，雄蕊和心皮多数，无毛。瘦果卵状，喙短而稍弯，直径约1毫米。花期3-4月。南京各山地多有分布，生多向阳路边或空地，小黄花光亮耀眼。

天葵

Semiaquilegia adoxoides (DC.)Makino [英] Muskrootlike Semiaquilegia

　　毛莨科天葵属。多年生草本植物，茎1-5条，高10-32厘米，被稀疏的白柔毛。基生叶多数，为掌状一回三出复叶；叶卵圆形至肾形，长1.2-3厘米；小叶扇状菱形，长0.6-2.5厘米，宽1-2.8厘米，3深裂又2-3小裂；叶柄长3-12厘米，基部扩大成鞘状。茎生叶较小。花小，花序有二至数朵花，直径4-6毫米，萼片及花瓣5；苞片小；花梗纤细，长1-2.5厘米；萼片白色，常有淡紫色，狭椭圆形，长4-6毫米，宽1.2-2.5毫米，顶端急尖；花瓣匙形，长2.5-3.5毫米，顶端近截形，基部凸起呈囊状；雄蕊多数，2枚退化，线状披针形，白膜质；心皮无毛。蓇葖果卵状长圆形；种子卵状椭圆形，褐色。花期3-4月。市郊各山地有分布，生林下，常见。

华东唐松草

Thalictrum fortunei S.Moore [英] Fortune Meadowrue

　　毛茛科唐松草属。多年生草本，茎高20-70厘米，细硬，自下部或中部分枝。基生叶和下部茎生叶具长柄，为二至三回三出复叶；小叶草质，背面粉绿色，顶生小叶近圆形，直径1-2厘米，顶端圆，基部圆或浅心形，3浅裂，侧生小叶基部斜心形，下面叶脉凸起，脉网明显；叶柄细，托叶膜质。单歧聚伞花序伞房状，生茎和分枝顶端，花直径约1-2厘米；花梗细；花两性，萼片4，白色或淡堇色，倒卵形；无花瓣；雄蕊多数，白色或淡堇色，花药椭圆形，花丝白色，长约1厘米，40-50根，上部倒披针形；心皮4-6，子房长圆形，花柱短。瘦果圆柱状长圆形，长4-5毫米。花期4月。紫金山及东郊各山地有分布，生林下阴湿处。不常见。

木通

Akebia quinata (Thunb.)Decne. [英] Fiveleaf Akebia

　　木通科木通属。落叶缠绕木质藤本。茎纤细，与枝都无毛，幼枝带紫色，老枝密布皮孔。掌状复叶簇生在短枝上，叶柄细长，小叶5，有细短柄，纸质，倒卵形或长椭圆形，长2.5厘米，宽1.5-2.5厘米，全缘，顶端微凹，有细尖，基部圆或宽楔形，表面深绿，背面绿白色，中脉上面凹入，下面凸起，侧脉5-6对。花紫红色，雌雄同株，为腋生总状花序，总花梗长2.5厘米，生于短侧枝；雄花较小，淡紫色，兜状阔卵形，生于花序上部，萼片3，雄蕊6；雌花生于花序基部，心皮分离，具6个退化雄蕊。果椭圆形，初时绿白色，熟时暗红色，为肉质浆果，熟后沿腹缝线开裂，现出白瓤；种子多数，黑色，卵形。花期4月，果熟期8月。东郊各山地常见，生山坡疏林中，缠绕于其他树木上。

阔叶十大功劳

Mahonia bealei (Fort.)Carr. [英] Broadleaf Mahonia

小檗科十大功劳属。常绿乔木，高0.5-4米，全体无毛。单数羽状复叶，小叶5-15，长25-40厘米，宽10-20厘米，具叶柄；小叶革质，倒卵形；侧生小叶无柄，长4-12厘米，宽2.5-4.5厘米，顶端渐刺尖，基部阔楔形至圆形，每边有2-6刺齿，边缘反卷，顶生小叶较大，具柄。总状花序直立，长5-10厘米，6-9个簇生，花黄色，小花梗长4-6毫米；小苞片1，长约4毫米，卵状披针形；萼片9，排成3轮，椭圆形；花瓣6，比内轮萼片小，倒卵状椭圆形，顶端微缺；雄蕊6，花柱短，子房有胚珠4-5枚。浆果卵形，被白粉，长约1.5厘米，直径约1厘米，深蓝色，花期9-12月，果期1-5月，生林缘及树下，紫金山有分布。

南天竹

Nandina domestica Thunb. [英] Chinese Sacred Bamboo

　　小檗科南天竹属。常绿灌木，高1-2米，茎直立，光滑，分枝少，幼枝红色。叶对生，二至三回羽状复叶，小叶革质，椭圆状披针形至卵状披针形，长3-10厘米，宽0.5-2厘米，顶端渐尖，基部楔形，全缘，上面绿色，叶冬季常变红色，小叶无柄，叶脉背面凸起，侧脉多条，细密。圆锥花序顶生或腋生，长20-35厘米，小花多，白色，芳香；萼片多轮，每轮3片，外轮的较小，卵状三角形，内轮的较大，卵圆形；花瓣6枚，椭圆形，长约4.2毫米，宽约2.5毫米，顶端钝；雄蕊6，黄色，瓣状；子房1室，胚珠1-3。浆果球形，直径5-8毫米，熟时红色或橙色，种子2枚，扁球形。花期4-6月，果期6-10月。生山地疏林下及灌丛中。常见园林栽培。

鹅掌楸

Liriodendron chinense (Hemsl.) Sarg. [英] China Tuliptree

　　木兰科鹅掌楸属。落叶乔木，高可达40米，胸径1米以上；小枝灰色或灰褐色。叶片马褂状，长4-18厘米，宽5-19厘米，近基部每边有一宽裂片，端部2浅裂，叶下面苍白色，叶柄长4-8厘米（幼树叶柄长可达16厘米或更长）。花单生于枝顶，杯状，直径5-6厘米，花被片9，外轮3片绿色，萼片状，向外弯垂，内两轮6片，直立，倒卵形，长3-4厘米，淡绿色，具黄色纵纹；雄蕊与心皮多数，覆瓦状排列。聚合果纺锤形，长7-9厘米，由具翅的小坚果组成，每一小坚果内有种子1-2粒。花期5月，果期9-10月。在南京为绿化树种。

玉兰

Magnolia denudata Desr. [英] Yulan Magnolia

　　木兰科木兰属。落叶乔木，冬芽及花芽密被淡黄色长绢毛。叶纸质，倒卵形或倒卵状椭圆形，长10-15厘米，宽6-10厘米，先端宽圆，具短尖，中部以下楔形；侧脉8-10条，网脉明显；叶柄长1-2.5厘米，被柔毛。花先叶开放，直立，芳香，直径10-16厘米；花被片9片，白色，长圆状倒卵形，长6-10厘米，宽3-6厘米；雄蕊长7-12毫米，花药长6-7毫米；雌蕊群淡绿色，圆柱形。聚合果圆柱形，长12-15厘米；种子心形，侧扁，外种皮红色。花期2-3月，果期8-9月。产浙江、江西等地。在南京为园林栽培种。

荷花玉兰

Magnolia grandiflora L. [英] Lotus Magnolia

木兰科木兰属。常绿乔木，高可达30米，树皮灰褐色，鳞状裂。叶革质，椭圆形或倒卵状椭圆形，长10-20厘米，宽4-7厘米，顶端钝尖，基部楔形，叶有光泽，侧脉8-10条，叶柄长1.5-4厘米。花白色，芳香，直径10-20厘米，花被片9-12，倒卵形，厚，长6-10厘米，宽5-7厘米；雄蕊长约2厘米，花丝扁平，雌蕊着生于椭球状花盘上，密被绒毛；花柱卷曲。聚合果椭圆或卵球状，长7-10厘米，直径4-5厘米，被黄褐色绒毛；蓇葖果背裂，种子卵球状，长约14毫米，直径约6毫米。花期5-6月，果期9-10月。原产北美，南京广为栽植。

紫玉兰

Magnolia liliflora Desr. [英] Lily Magnolia

木兰科木兰属玉兰亚属。落叶灌木，高可达3米，树皮灰褐色，叶互生或假轮生，椭圆状倒卵形或倒卵形，长8-18厘米，宽3-10厘米，顶端尖，基部渐狭至叶柄，上面绿色，下面灰绿色，侧脉每边8-10条，叶柄长0.8-2厘米。花蕾卵圆形，被淡黄色绢毛；花与叶同现，花直立，稍香，花被片9-12，外轮3片紫绿色，披针形，早落，内两轮肉质，瓣片外面紫红色，内面白色，椭圆状倒卵形，长8-10厘米，宽3-4.5厘米；雄蕊紫红色，雌蕊群淡紫色。聚合果圆柱形，紫褐色。花期3-4月，果期8-9月。原产我国西南地区及湖北、福建等地，园林植物。

厚朴

Magnolia officinalis Rehd.et Wils. [英] Magnolia Concaveleaf

　　木兰科木兰属。落叶乔木，高可达20米，树皮厚。叶大，近革质，7-9片聚生枝端，长圆状倒卵形，长22-45厘米，宽10-24厘米，先端具短尖或圆钝，基部楔形，全缘，微波状，光亮无毛；叶柄长2.5-4厘米。花白色至淡粉红色，径10-15厘米，芳香，花被片9-12，肉质，先端具小尖；外轮3片长圆状倒卵形；内两轮倒卵状匙形。花盛开时内轮直立；雄蕊约72枚，长2-3厘米，雌蕊群椭圆状卵圆形；聚合果长圆状卵圆形。花期5-7月，果期8-10月。

二乔玉兰

Magnolia soulangeana Soul–Bod. [英] Saucer Magnolia

木兰科木兰属玉兰亚属。落叶小乔木，高6-10米。叶倒卵形至宽椭圆形，长6-15厘米，宽4-15厘米，顶端宽圆，基部楔形，表面绿色，背面淡绿，叶柄短，单边侧脉7-9对。花先叶开放，花被片6-9，外轮3片稍短于内轮，基部淡紫红色，延至中脉，上部白色。雄蕊圆柱形。聚合果长约8厘米。花期2-3月，果期9-10月。

白兰

Michelia alba DC. [英] White Sade Orchid Tree

　　木兰科含笑属。常绿乔木，高可达17米，枝广展，树冠伞形。叶薄革质，长椭圆形，长10-27厘米，宽4-9.5厘米，先端长渐尖，基部楔形，叶侧脉8-9对，叶柄长1.5-2厘米。花白色，浓香，花被片10，披针形，长3-4厘米，宽3-5毫米，雄蕊药隔伸出长渐尖，雌蕊群长约4毫米，心皮多数。蓇葖果熟时红色。花期4-9月，夏季盛开，常不结实。生东南亚，南京常盆栽。

含笑花

Michelia figo (Lour.)Spreng ［英］Banana Shrub

　　木兰科含笑属。常绿灌木，高1-2米。叶革质，狭椭圆形或倒卵状椭圆形，长5-10厘米，宽2-4厘米，先端钝短尖，基部楔形，全缘；侧脉8-10对，叶下脉稍突出，叶柄长2-4毫米。花单生分枝或多朵生枝端成总状花序；花被片长1-2厘米，宽0.6-1.2厘米，白色或淡黄色，芳香；花被片6，厚质，长椭圆形，先端具小突尖；雄蕊淡褐色，雌蕊绿色，高出雄蕊。花期3-5月，果期6-7月。

深山含笑

Michelia maudiae Dunn [英] Maudia Michelia

木兰科含笑属。乔木，高可达20米，叶革质，长圆状椭圆形，长7-18厘米，宽3.5-8.5厘米，顶端短渐尖，基部楔形，上面深绿，有光泽，下面灰绿，被白粉，侧脉每边7-12条，叶缘网脉密；叶柄长1-3厘米。花苞片佛焰苞状，长约3厘米，花芳香，花被片9，白色，外轮6片，倒卵形，长5-7厘米，宽3.5-4厘米，顶端短急尖，基部具爪，内轮3片小，近匙形，顶端尖；雄蕊长约2厘米；心皮绿色。聚合果长7-15厘米；种子红色。花期2-3月，果期9-10月。南京为栽培种，紫金山及公园多见。

蜡梅

Chimononthus praecox (L.) Link [英] Winter Sweet

蜡梅科蜡梅属。落叶小乔木或灌木，叶对生，纸质，卵圆形至椭圆形，长5-25厘米，宽2-8厘米，先端圆或尖，基部楔形至圆形。花生叶腋，先叶开放，黄色，芳香，直径2-3厘米，花被片圆形、倒卵形、椭圆形或匙形，长5-20毫米，宽5-15毫米，内部花被片较短，基部有爪；花药内弯，花柱长于子房。果坛状。花期12月至次年2月。

光枝楠

Phoebe neuranthoides S.Lee et F.N.Wei [英] Glabrous –twigged Phoebe

　　樟科楠属。小乔木，高可达10米，小枝具棱，无毛。叶倒卵状披针形，长
10-17厘米，先端渐尖或长渐尖，基部长楔形，无毛，侧脉5-8对；叶柄长1-1.7
厘米。总状疏散花序，长6-13厘米，无毛。花被淡黄绿色，外轮稍小，花瓣卵
形，雄蕊黄色。果卵圆形。花期4-5月，果期9-10月。见于灵谷寺。

伏生紫堇

Corydalis decumbens (Thunb.)Pers. [英] Rhizoma corydalis decumbentis

罂粟科紫堇属。多年生草本，茎细弱。基生叶1-4条，长5-15厘米，短于花茎；叶具长柄，轮廓近正三角形，长2-3厘米，二回三出全裂，末回裂片具短柄，通常狭倒卵形。花茎长15-30厘米，下部白色，中部淡紫红色，上部淡绿色；茎中部生叶2，似基生叶，但较小，具稍长柄或无柄。总状花序长2-6厘米，花朵常8-9；苞片卵形，长5-7毫米，全缘；下部花梗长可达1.4厘米；花紫红色，上瓣长约1.5厘米，瓣近圆形，顶部凹入成60度缺刻，边缘波状，下瓣较大，顶部凹入明显；花距圆筒状，底部圆，长5-8毫米，平直或稍上弯。花期3-4月。

本种是南京紫堇属中花最美丽的一种花，生山坡潮湿处，已不多见。

紫堇

Corydalis edulis Maxim.[英] Common Corydalis

罂粟科紫堇属。一年生草本植物，高20-50厘米。茎分枝，花枝花葶状，常与叶对生。基生叶具长柄，叶片长5-9厘米，一至二回羽状全裂，一回羽片2-3对，具短柄，二回羽片近无柄，倒卵形，羽状分裂。茎生叶与基生叶同形。总状花序疏具3-12朵花。苞片狭卵圆形至披针形。花梗长约5毫米。萼片小，近心形，边缘色淡或粉红，具细齿。花淡粉红，花瓣前端渐变为淡紫红色，外花瓣较宽，顶端凹入。上瓣长1.5-2厘米，距圆筒状，基部下弯成钩；蜜腺体贴生于距。内瓣具鸡冠状突起。柱头横向纺锤形。蒴果线形，长3-3.5厘米，种子一列，种粒直径约1.5毫米。花期3-4月，种期4-5月。南京市郊各山地常见，成丛生沟谷及崖坡，常成景观。

刻叶紫堇

Corydalis incisa (Thunb.)Pers. [英] Incised corydalis

罂粟科紫堇属。多年生草本，茎直立，高20-40厘米。基生叶长10-15厘米，具长柄，叶长3.5-4.5厘米，宽1.5-2.5厘米；二回三出，一回羽片具短柄，二回羽片近无柄，菱形，3深裂，边缘小裂片3-5，羽状，端尖。总状花序约长10厘米，多花可达20朵，密集；下苞片叶状，其余苞片菱形；花梗长约10毫米。花淡紫色，平展；萼片成基座，具透明流苏状齿；花瓣前端有尖；距管状下弯；下瓣长约12毫米，内瓣长约10毫米。柱头长方形。蒴果线形，种子一列，5-6粒。花期3-4月，城郊山地分布，已较少。三种紫堇花的比较：刻叶紫堇，花较多，淡紫色。紫堇，花淡紫色，但色更淡，还有白色及红色的。伏生紫堇，花少，淡红色。

黄堇

Corydalis pallida(Thunb.)Pers. [英] Yellowflower Corydalis

罂粟科紫堇属。草本植物，高16-18厘米。茎常多条，基生叶腋，有4-5棱，常上部分枝。基生叶多数，莲座状。茎生叶稍密集，下部的具柄，向上柄渐短至无柄。叶二回或三回羽状全裂，裂片卵形，常线裂，小裂片圆齿状。总状花序顶生或腋生，多花。苞片狭卵形或披针形，具短尖。萼片小，近圆形，中央着生，直径约1毫米。花黄或淡黄色，平展，外花瓣顶端勺状，具短尖，无鸡冠状突起；上瓣长1.7-2.3厘米，有时具浅鸡冠状突起，背部；蜜腺体约占距长的2/3。下花瓣长约1.4厘米。内花瓣具鸡冠状突起。雄蕊束披针形。子房线形；柱头具横向伸出的2臂。蒴果线形，具种子一列。种子黑亮，扁球形。生沟谷。花期4月。紫金山有分布。

延胡索

Corydalis yanhusuo W.T.Wang. [英] Yanhusuo

　　罂粟科紫堇属。多年生草本植物，高10-30厘米。茎直立，常分枝，茎生叶3-4枚。叶常二回三出全裂，小叶3裂或3深裂，披针形或狭卵形，裂片顶端钝，有红尖；下部茎生叶有长柄，叶基部具鞘；小叶常无柄。总状花序长3-6.5厘米，疏生5-15朵花。苞片卵形、披针形或狭卵形。萼片小，早落。花梗长约1厘米。花外瓣宽展具齿，顶端微凹，具短尖。上瓣长1.5-2.5厘米，瓣片与距常上弯；距圆筒形，蜜腺体约贯穿距长的1/2。下瓣具短爪，向前渐增大成展宽的瓣片。柱头近圆形。蒴果条形，具种子1列。花期3-4月，山顶处至5月。花清香，花色多变，有淡紫、淡红与淡蓝色。为落叶林下短生植物。老山、紫金山、栖霞山及牛首山等山地有分布，生山坡、沟谷。现已明显衰落。

芥菜

Brassica juncea (L.) Czern. et Coss. [英] Chinese Cabbage

　　十字花科芸苔属。一年生草本，高30-150厘米，直立多分枝。基生叶倒卵形或宽卵形，长15-35厘米，顶端钝，基部楔形，大头羽裂，边缘有缺刻，叶柄长3-9厘米，具小裂片；茎下部叶较小，边缘有缺刻或齿，不抱茎；茎上部叶披针形，边缘具疏齿或全缘。总状花序顶生，花黄色，直径7-10毫米，花梗长4-9毫米，萼片淡黄色，长圆状椭圆形，直立开展；花瓣倒卵形，长8-10毫米，宽4-5毫米。角果线形，长3-5厘米，果瓣具一突出中脉。种子球形，直径1毫米，褐色。花期3-5月，果期5-6月。野外逸生多见。本种为食用、药用、蜜源及油料作物，有7个变种。

荠

Capsella bursa–pastoris（L.）Medic. [英] Sheepherds purse

十字花科荠属。一、二年生草本，茎高15-40厘米。茎直立，单一或从基部分枝，基生叶丛生，呈莲座状，平铺地面，大头羽裂，长可达10厘米，宽可达2.5厘米，顶生裂片较侧生裂片大，侧裂片3-8对，顶端渐尖，浅裂，或具粗齿，或近全缘，叶柄长5-40毫米；茎生叶互生，披针形，基部箭形抱茎，边缘有缺刻或锯齿。总状花序顶生及腋生；花梗长3-8毫米；萼片长卵形，长1.5-2毫米，花小，白色，花瓣卵形，长2-3毫米，有短爪。短角果三角状心形，长5-8毫米，宽4-7毫米，扁平，顶端微凹，具短的宿存花柱，果梗长10-15毫米，果熟时开裂。种子细小，两行，长椭圆形，淡褐色。花期3-4月。生田边、路边及向阳山坡，南京常见。

碎米荠

Cardamine hirsuta L. [英] Pennsylvania bittercress

十字花科碎米荠属。一年生草本，高15-35厘米，茎直立或斜升，1条或分枝为多条。基生叶有柄，单数羽状复叶，有小叶2-5对，顶生小叶卵圆形，长4-10毫米，有3-5圆齿，侧生小叶较小，有短柄，基部楔形，两侧稍不对称；茎生小叶2-4对，狭倒卵形至线形，全缘。总状花序在枝顶成伞房状，花后伸长；花小，直径约3毫米，花梗纤细，萼片绿色或淡绿色，长椭圆形，边缘膜质；花瓣白色，倒卵形，长3-5毫米，顶端钝，基部渐狭；雄蕊4，花柱短柱状。长角果线形，稍扁，果梗细。种子1行，褐色，顶端有翅，宽约1毫米。花期2-4月，果期3-5月。生田边、草地。本地常见。

弹裂碎米荠

Cardamine impatiens L. [英] Spring bittercress

十字花科碎米荠属。一、二年生直立草本，茎有纵棱脊，不分枝或基部分枝。单数羽状复叶，基生叶及茎下部叶有长柄，柄基部有具缘毛的线形抱茎裂片；小叶4-6对，卵形或披针形，边缘具3-5对钝圆形浅裂片，基部楔形；顶生小叶卵形，侧生小叶与顶生叶相似。总状花序顶生及腋生，花多数，小，果期花序延生；花梗细短；萼片长椭圆形，长约2毫米；花瓣白色或淡绿色，宽倒披针形，长2-3毫米，基部稍狭；雄蕊6，花柱短，圆柱形。长角果狭条形，微扁；果瓣无毛，成熟后自下而上弹性开裂；种子1行，椭圆形，长约1毫米，棕色，边缘有极狭的翅。花期4-5月，生山坡路边及潮湿低地。常见。

芝麻菜

Eruca sativa Mill. [英] Rocketsalad

十字花科芝麻菜属。一、二年生草本，高20-90厘米，茎直立，上部分枝。基生叶及下部叶大头羽状分裂或不裂，长4-7厘米，宽2-3厘米，侧裂片卵形或三角状卵形，全缘，叶柄长2-4厘米，上部叶无柄，具1-3对裂片，顶裂片卵形，侧裂片长圆形。总状花序有多数疏生花，花直径1-1.5厘米，花梗长2-3毫米，具长柔毛；萼片长圆形，长8-10毫米，棕紫色，外被丝状柔毛；花瓣淡黄色，后变白色，有紫脉纹，短倒卵形，长1.5-2厘米，基部有细长爪。长角果圆柱形，长2-3厘米。种子金球形，棕色，有棱。花期3-5月，果期6-7月。见于栖霞山。

诸葛菜（二月兰）

Orychophragmus violaceus (L.)O.E.Schulz. [英] Violet Orychophragmus

十字花科诸葛菜属。一年或二年生草本植物，茎高15-50厘米。基生叶和下部茎生叶具叶柄，大头羽状分裂，长3-8厘米，宽1.5-3厘米，顶生叶片大，圆或卵形，基部心形，具钝齿，侧生裂片小，1-3对，歪卵形，全缘或有缺刻；中部叶具卵形顶生裂片，抱茎；上部叶无柄，长圆形，不裂，基部耳状抱茎。总状花序顶生；花紫或淡紫色，直径约2厘米，萼片淡绿，线形，花瓣长卵形，有密细脉纹，爪部渐狭成丝状。长角果条形，长6-10厘米，具4棱，喙长约2厘米；种子1行，卵状矩圆形，长1.5-2毫米，黑褐色，稍扁平。花期3-4月或更早，果期4-5月。喜阳光。民间称"二月兰"；1939年引入日本，称为"紫金花"。

蔊菜

Rorippa indica (L.) Hiern [英] India yellowcress

　　十字花科蔊菜属。一、二年生草本，高20-40厘米，植株较粗壮，茎直立或斜升，有分枝，具纵纹。叶形多变，基生叶及茎下部叶有柄，叶柄基部有耳状抱茎，叶卵形，成大头状羽裂，边缘有浅齿或近全缘；茎上部叶向上渐小，宽披针形或匙形，常不分裂，边缘有疏齿，具短柄，基部抱茎。总状花序顶生或侧生，花小，黄色，多数，具细花梗；萼片4，卵状长圆形，长约3毫米；花瓣4，匙形，与萼片近等长，基部渐狭成短爪；雄蕊6，2枚稍短。角果线状圆柱形，长1-2厘米，宽1-1.5毫米，斜上开展或稍内弯，顶端喙长1-2毫米，果梗细。种子两行，多数，扁卵形，褐色。花期4-5月，果实花后渐成熟。生路边、田边、潮湿空地。南京各处常见。

风花菜

Rorippa palustris (Leyss.) Bess. [英] Paluste yellowcress

十字花科蔊菜属。二年或多年生草本，高15-80厘米，茎直立或斜升，基部木质化，有分枝。基生叶及茎下部叶具柄，叶常倒卵状披针形，羽状分裂，长可达12厘米，宽1-3厘米，顶生裂片大，卵形，侧生裂片小，5-8对，边缘有钝齿，叶柄及叶中脉上疏生短毛；上部及近花序处的叶常不分裂，成披针状。总状花序顶生及腋生，花多数，小花梗长4-5毫米，花萼片4，长卵形，长约1.5毫米；花瓣4，黄色，倒卵形，与萼片近等长；雄蕊6，花药黄色。角果圆柱状，长4-6毫米，宽约2毫米，弯曲，果梗长2-6毫米。种子多数，扁卵形，淡褐色。花期4-6月，果期7-9月。见于滨江岸带。

遏蓝菜

Thlaspi arvense L. [英] Field pennycress

十字花科遏蓝菜属。一年生直立草本，高9-60厘米。茎直立，单一或分枝，具棱。基生叶有长柄，叶片倒卵状长圆形，长3-5厘米，宽1-1.5厘米，顶端圆钝或急尖，全缘；茎生叶无柄，长圆状披针形或倒披针形，长2.5-5厘米，宽3-15毫米，顶端圆钝，边缘有疏齿或近全缘，基部两侧箭尾抱茎。总状花序顶生，长10-20厘米，萼片4，卵形，顶端圆钝；花瓣白色，长圆状倒卵形，长2-4毫米，顶端圆钝或微凹；雄蕊6，分离；雌蕊1，子房2室，柱头头状，近2裂。短角果扁平，直立，倒宽卵形或近圆形，顶端深凹入，与花梗连成中轴线，边缘有翅；种子每室5-12粒，卵形，稍扁平。花期4-5月，果期5-6月。生山坡、草地，不常见。

瓦松

Orostachys fimbriatus (Turez.) Berger [英] Fimbriate Orostachys Herb

景天科瓦松属。二年生草本，茎高10-40厘米。第一年生莲座叶，基部生多片紧密排列，宽厚条状，肉质，粉绿色，长2-5厘米，顶端增大，有一半圆形软骨质附属物，边缘流苏状，中央有一针状长刺；二年生茎上叶线形至倒披针形，灰白、灰绿至粉绿或红褐色，肉质，具尖头。花梗多分枝，侧生于主茎上，密被线形或披针形苞片，穗状大花序形成塔形圆锥花序，花梗长可达1厘米；幼嫩茎上渐疏散，呈伞房状；萼片常5片，狭卵形，长1-3毫米，基部稍合生；花瓣5，淡红、紫红或白色，膜质，披形至椭圆形，长5-6毫米；雄蕊10，与花瓣等长或稍短，花药紫色；雌蕊离生。蓇葖果5，矩圆形。花期7-9月，果期8-10月。

本种是生于屋顶瓦缝或砾石空隙间的常见耐寒、耐旱植物。

费菜

Sedum aizoon L. [英] Aizoon Stonecrop

　　景天科景天属。多年生草本，根状茎短，茎高20-50厘米，直立，不分枝，无毛。叶互生，革质，长披针形或卵状倒披针形，长5-8厘米，宽约2厘米，顶端渐尖，基部楔形或窄楔形，边缘有疏齿，柄不显著。聚伞花序多花，分枝平展，花密集，下托苞叶；萼片5，线形，肉质，长3-5毫米，顶端钝；花瓣5，黄色，披针形至宽披针形，长6-10毫米，有短尖；雄蕊10，短于花瓣；鳞片5，长0.3毫米，方形；心皮5，卵状长圆形，基部合生，腹面凸起，花柱钻形。蓇葖果成星芒状排列，长7毫米；种子椭圆形，长约1毫米。花期6-7月，果期8-9月，生山地阴湿处。见于紫金山。

凹叶景天

Sedum emarginatum Migo ［英］Emarginate Stonecrop

景天科景天属。多年生草本，茎细弱，高10-15厘米。叶对生，匙状倒卵形至宽匙形，长10-20毫米，宽5-10毫米，顶端圆，有凹口，基部渐狭成柄。顶生聚伞花序，直径3-6厘米，多花，常有3分枝，无花梗；萼片5，披针形至狭长圆形，长2-5毫米，宽0.7-2毫米，顶端钝；花瓣5，黄色，披针形至狭卵状披针形，长6-8毫米，宽1.5-2毫米；雄蕊10，短于花瓣，花药紫色或淡紫色；心皮5；蓇葖略叉开，种子细小。花期4-5月，果期5-6月。紫金山有野生。

佛甲草

Sedum lineare Thunb. [英] Buddhanail

　　景天科景天属。多年生草本，全株无毛，茎高10-20厘米。3叶轮生，4叶轮生及对生的少，叶狭长，长2-2.5厘米。宽约0.2厘米，顶端钝尖，基部渐窄，无柄，有短距。聚伞花序顶生，疏花，宽4-8厘米，中央有一朵具短柄的花，2-3分枝后再2分枝，花无柄，萼片5，线状披针形，长1.5-7毫米，不等长，顶端钝；花瓣5，黄色，卵状披针形，长4-6毫米，顶端渐尖，基部稍狭；雄蕊10，短于花瓣，具方形小蜜腺体5；花柱短。小蓇葖略叉开，长4-5毫米，种子小。花期4-5月，果期6-7月。

齿叶费菜

Sedum odontophyllus Frad. [英] Toothleaf Stonecrop

　　景天科费菜属。多年生草本，无毛，高10-30厘米。叶对生或三叶轮生，常聚生枝顶，叶卵形至椭圆形，长2-5厘米，宽1.2-2.8厘米，先端钝尖，边缘具齿，基部渐狭成柄。聚伞花序，分枝蝎尾状；无花梗，萼片5-6，三角状线形；花瓣5-6，黄色，披针状，长5-7毫米，宽1.7-2毫米，顶端尖。心皮5-6，蓇葖果长约5毫米，种子多数。花期7-8月。

爪瓣景天

Sedum onychopetalum Frod. [英] Clawpetal Stonecrop

　　景天科景天属。多年生草本，全株无毛，匍匐斜生，高2-4厘米。多叶，叶对生或3-4叶轮生，叶宽披针形，长6-10毫米，宽1-1.5毫米，顶端钝尖。顶生蝎尾状聚伞花序，花茎丛生，多花，无花梗，苞片长圆形，长约5毫米；萼片5，披针形，长2.5毫米，宽0.8毫米；花瓣5，披针形，黄色，长5毫米，宽1.2毫米，顶端具短尖；雄蕊10。心皮5，基部合生；花柱长约1毫米。蓇葖种子多数，种子近卵形，细小。花期4-5月，果期5-6月。生山地阴湿处。

垂盆草

Sedum sarmentosum Bunge ［英］Stringy Stonecrop

　　景天科景天属。多年生草本植物，不育枝匍匐节上生根，直到花序之下，长10-20厘米，3叶轮生，叶倒披针形，长约20毫米，宽约5毫米，先端近急尖，基部渐狭，全缘。聚伞花序，有3-5分枝，花稀少，无花梗；萼片5，披针形至长圆形，长3.5-5毫米，先端钝；花瓣5，黄色，披针形至长圆形，长5-8毫米，先端外侧有尖头；雄蕊10，较花瓣短；鳞片10；心皮5，长圆形，长5-6毫米；花柱长。种子卵形，长0.5毫米，卵圆形，表面有小突起。花期5-6月。分布南京各地，生山坡、路边及田坎，常见。

齿叶溲疏

Deutzia crenata Sieb. et Zucc.[英] White-scabrous deutzia

　　虎耳草科溲疏属。落叶灌木，高1-3米，老枝褐色，无毛，表皮片状脱落；叶纸质，卵形，长约5厘米，宽1-2厘米，顶端尾渐尖，基部圆形，边缘具细齿，两面疏被柔毛，侧脉4-5对，上面凹入，下面凸起，叶柄短，被毛。聚伞花序直径4-5厘米，有花数十朵，花冠直径1-2厘米；花梗细，长3-10毫米；萼筒杯状，高及直径约2.5毫米，被星状毛，5裂，裂片披针形，顶端渐尖；花瓣白色，重瓣，椭圆形或倒卵状椭圆形，长约7毫米，宽约4毫米，顶端钝，边缘波状，外被星状毛；雄蕊10，花丝顶端2齿裂，花柱3。蒴果半球形，直径3-3.5毫米，宿萼裂外卷。花期5月。见于紫金山，原产甘肃，南京引种，逸生野外。

绣球

Hydrangea macrophylla (Thunb.) Ser. ｜英｜Garden Hydrangen

　　虎耳草科绣球属。常绿灌木，高0.5-1米，叶近革质，倒卵形或宽椭圆形，长6-15厘米，宽4-10厘米，顶端急尖，基部宽楔形或圆形，边缘具粗齿，侧脉6-8对，多褶皱，小脉网状，两面明显；叶柄粗壮，长1-3.5厘米。伞房状聚伞花序近球形，直径10-20厘米，总花梗短，花密集，多不育；萼片4，宽卵形至近圆形，长宽约1.4-2.4厘米，粉红、淡蓝或白色；孕性花极少数，具2-4毫米的花梗；萼齿卵状三角形，花瓣长圆形，长3-3.5毫米；雄蕊10，花药柱状，花柱3，子房半下位。蒴果长陀螺状。花期5-10月。野生或栽培。

山绣球

Hydrangea macrophylla (Thunb.) Ser.var. alisnorm Wils. [英]Montane Hydrangea

虎耳草科绣球属。灌木，高0.5-4米，基部多分枝。叶对生，倒卵形或椭圆状菱形，长6-15厘米，宽4-11.5厘米，顶端具明显尾尖，基部楔形，边缘具单向粗锯齿，两面无毛或具疏毛，侧脉6-7对，叶下面脉稍凸出；叶柄长1-3.5厘米。花序伞房状呈平顶形，宽10-20厘米，总花梗短，不育花4-7，萼片4，阔卵形或近圆形，长1.5-2.5厘米，宽1-2.5厘米，白色、粉红、淡紫或淡蓝色；孕性花多数，小，粉红、淡紫或淡蓝色，萼筒倒圆锥状，长约2毫米，花瓣长圆形，长约3毫米；雄蕊10，花柱3，蒴果长陀螺状。花期6-8月。产浙江、广东，南京有栽培。

虎耳草

Saxifraga stolonifera Curt. [英] Creeping Rockfoil

虎耳草科虎耳草属。多年生草本植物，高10-45厘米，有细长的匍匐茎，密被长腺毛，叶数个基生或有时1-2生茎下部；叶片肾形、心形至扁圆形，长1.5-7.5厘米，宽2.5-12厘米，先端钝，基部圆形、心形或截形，两面被腺毛；叶面绿色，叶背面常红紫色或有斑点，具掌状脉序；叶边缘具不明显的9-11浅裂或呈波状，具细齿；叶柄长3-21厘米，被腺毛；茎生叶披针形，长约6毫米。圆锥花序稀疏，长7.3-26厘米，花序分枝长2-8厘米，花梗细弱，分花序具花2-5朵；花萼5，卵形；花瓣5，白色，中上部具紫红色斑点，基部具黄色斑点，下面2个较大，披针形，长约10毫米；雄蕊10，花丝棒状，花盘半环形，花柱2，子房卵球形。花期4-5月。见于紫金山，生阴湿山坡。

海桐

Pittosporum tobira (Thunb.) Ait. [英] Japanese pittosporum

海桐科海桐属。常绿灌木，高1-6米，多分枝，嫩时被柔毛。叶聚生枝端，二年生，革质，光亮，狭倒卵形，长4-9厘米，宽1.5-4厘米，表面深绿色，顶端圆或微凹，基部窄楔形，全缘，侧脉6-8对，网脉明显，叶柄长3-10毫米或更长。花序近伞形，有柔毛；花梗长1-1.5厘米；苞片披针形，长4-5毫米，小苞片长2-3毫米；萼片5，卵形，长3-4毫米；花芳香，白色，后变淡黄色，5瓣，花瓣倒披针形，长约1.2厘米，离生；雄蕊5，2型，正常雄蕊的花丝长约5毫米，花药黄色；子房密生短柔毛，胚珠多数。蒴果近球形，直径约1.2厘米，成熟时3瓣裂，种子多数，暗红色。南京多为栽培植物。花期5月，果期9-10月。

檵木

Loropetalum chinense (R.Br.) Oliver [英 | China Loropetal

　　金缕梅科檵木属。落叶灌木或小乔木，小枝具褐锈色星状毛。叶革质，卵形，长2-6厘米，宽1.5-2.5厘米，顶端锐尖，基部圆，偏斜，全缘，叶下密被星状柔毛，侧脉5对，叶柄长2-5毫米。花两性，3-8朵簇生；苞片线形，长约3毫米；萼筒被星状毛，萼齿4，卵形，长2毫米；花瓣4，白色，线形，长1-2厘米；雄蕊4，花丝极短，退化与未退化雄蕊互生，鳞片状。子房半下位，2室，每室1胚珠，花柱2，极短。蒴果褐色，近卵形，长约1厘米，木质，有星状毛，2瓣裂，每瓣2浅裂；种子长卵形，长4-5毫米。花期4-5月，果期7-8月。生山坡、丘陵灌丛。见于城南云台山。常见为红花变种。本种为野生。

红花檵木

Loropetalum chinense var.rubrum Yieh [英] Redflower Loropetal

　　檵木变种。常绿灌木，叶革质，卵形，全缘，侧脉5对；托叶膜质，三角状披针形，早落。花红色或紫红色，数朵簇生，花瓣长约2厘米，花梗短，先叶或与叶同时开放。花期3-4月。分布于华南及西南。南京常见栽培观赏，莫愁湖公园见较大植株。

龙芽草

Agrimonia pilosa Ledeb. [英] Cocklebur

　　蔷薇科龙芽草属。多年生草本，高可达1米，茎、叶柄及花序轴均被柔毛。奇数羽状复叶5-11片，大小不等，下部叶渐小，两小叶间有无柄附属小叶数对，上部3对小叶，椭圆状卵形或倒卵形，长2-5厘米，宽1-3厘米，两面均疏生柔毛，下面有多数腺点，边缘具粗齿，顶端渐尖，基部楔形，叶柄长1-2厘米，叶柄与叶轴具稀疏柔毛，托叶近卵形。顶生总状或穗状花序多花，总长10-20厘米，花小，近无梗，苞片卵形，细小，常3裂；萼片三角状卵形，裂片5，边缘生钩状刺毛；花瓣5，倒卵形，黄色；雄蕊10，心皮2。瘦果倒圆锥形，具钩刺，萼裂片宿存。花果期5-10月。生山坡、沟边。

桃

Amygdalus persica Linn. [英] David Peach

蔷薇科桃属。落叶小乔木，高5-9米，树冠开展，树皮光滑；小枝纤细。叶互生，叶片卵状披针形，长5-10厘米，宽2-4厘米，顶端长渐尖，基部楔形，边缘具细锐齿，两面无毛。花单生，先于叶开放；花梗短，或近无梗；萼筒钟状，萼裂片5，裂片卵形，无毛；花瓣5，直径2-3厘米，瓣粉红色或白色，宽倒卵形或卵形；雄蕊多数，子房被柔毛。核果卵球形，淡黄色，被黄褐色柔毛；果肉离核；核小，表面具网状沟纹。种子一枚，棕红色。花期3-4月，果期5-7月。普遍栽培或有野生。

麦李

Cerasus glandulosa（Thunb.）Loisel ［英］Amond cherry

蔷薇科樱属。落叶灌木，高0.5-1.5米，或更高。小枝灰褐色，无毛或仅嫩枝被短柔毛。叶椭圆状披针形或宽披针形，长2.5-6厘米，宽1-2厘米，顶端渐尖或圆，基部楔形，近中部最宽，边缘具细钝齿，上面绿色，下面淡绿色，两面无毛或下面中脉上有疏毛；侧脉4-5对；叶柄长1.5-3毫米；托叶条形，早落；花单生或2朵簇生于叶腋或枝上，花叶同生或花稍早开，花直径约2厘米；花梗长近1厘米；萼筒钟状，有疏短毛或近无毛，裂片卵形，顶端急尖，边缘有齿；花瓣白色或粉红色，倒卵形；雄蕊30枚；花柱长于雄蕊。核果近球形，红色或紫红色，直径1-1.3厘米。花期3-4月，果期5-8月。生山坡向阳处，南京羊山有发现。

粉花重瓣麦李

Cerasus glandulosa f.sinensis (Pers.) Koehne ［英］Doubleflower Amondcherry

栽培型。玄武湖情侣园见2株，株高分别为0.5米及0.8米。

郁李

Cerasus japonica (Thunb.) Lois. [英] Chinese bush cherry

　　蔷薇科樱属。落叶灌木，高1-1.5米，小枝褐色，无毛。叶卵形或长椭圆形，长3-6厘米，宽1-2厘米，顶端渐尖或圆钝，基部圆形，边缘具单向锐齿，叶表面深绿色，叶下面淡绿色，常无毛，嫩时有柔毛或脉上有柔毛，侧脉5-7对，叶柄短；托叶线形，长约5毫米，具腺齿。花2-3朵簇生，与叶同出或先叶开放，花梗长5-10毫米，萼筒宽钟状，长约3毫米，无毛，萼裂片椭圆形，比萼筒略长，顶端圆钝，边缘具细齿；花苞淡红色，花粉红色或白色，花瓣常分离，菱状椭圆形，雄蕊多数，花药黄色，花柱与雄蕊近等长，无毛。核果近球形，红色，直径约1厘米，表面光滑。花期3-4月，果期5-6月。生山坡灌丛，见于幕府山。

关山樱

Cerasus serrulata 'Sekiyama' [英] Sekiyama cherry

蔷薇科樱属。小乔木，高可达2.5米，分枝多，上弯，嫩叶褐色，簇生于小枝，叶长6-10厘米，宽3-7厘米，先端尾尖，基部圆或钝，边缘具单向锐锯齿，侧脉6-8，背面突起。花生于小枝，或与叶共生，花蕾红色，花梗长5-7厘米，伞形花序1-3朵，成束下垂；萼片5-6，卵状披针形，紫褐色；花粉红色，直径约6厘米，花瓣30多枚，花柱2，花丝少而短。花期3-4月。

大叶早樱

Cerasus subhirtella （Miq.）S. Ya. Sokolov [英] Spring Cherry

蔷薇科樱属。落叶乔木，高3-10米，嫩枝绿色，被白柔毛。叶卵形至卵状长圆形，长3-6厘米，宽1.5-3厘米，先端渐尖，基部宽楔形，边缘具齿，上面绿色，下面淡绿色，侧脉5-10对，平行；叶柄长5-8毫米，被白柔毛；托叶线形。伞形花序，常有花三朵，花叶同时出现；总苞片倒卵形，长约4毫米，宽约3毫米，早落；花梗长1-2厘米；萼筒管状，长4-5毫米；萼片长卵圆形，先端急尖，有疏齿；花瓣淡红色至白色，倒卵状长圆形，先端具小凹缺；雄蕊20，核果卵球形，黑色。花期3-4月，果期4-5月。南京多栽培。

毛樱桃

Cerasus tomentosa (Thunb.) Wall. [英] Downy cherry

蔷薇科樱属。落叶灌木或小乔木，常高0.3-1米，小乔木则高可达2-3米。小枝紫褐色或灰褐色。叶卵状椭圆形或倒卵状椭圆形，长3-7厘米，宽1.5-4厘米，顶端急尖或渐尖，基部楔形或近圆形，叶缘具粗锐锯齿，上面有皱纹，侧脉4-7对；叶柄长2-8毫米；托叶线形，早落。花单生或2朵簇生，先于叶开放或同时开放，花梗长2毫米或近无梗，萼筒管状或杯状，萼片三角形，顶端圆钝或急尖；花白色或粉红色，直径1.5-2厘米，倒卵形，圆钝；雄蕊20-25，短于花瓣；花柱伸出，心皮1，子房被毛。核果近球形，深红色，直径约1厘米。花期3-4月，果期5-6月。生山坡草丛、林缘，分布紫金山、幕府山等地。

皱皮木瓜（贴梗海棠）

Chaenomeles speciosa (Sweet) Nakai [英] Wrinkle Floweringquince

蔷薇科木瓜属。落叶灌木，株高可达2米，小枝开展，无毛，有长刺。叶片卵形至椭圆形，长3-9厘米，宽1.5-5厘米，顶端急尖或钝，基部楔形至宽楔形，具齿，两面无毛；托叶大，肾形或圆形，有深齿。花3-5朵簇生，与叶几同时开放，近无柄；花托钟状，外无毛；萼片直立，长约为筒长的一半，全缘或有波状齿，具黄褐色睫毛，花瓣乳白或红色，倒卵形或近圆形，基部下延成短爪；雄蕊45-50枚；花柱5，基部合生。果近球形或卵球形，直径4-6厘米，黄色或带红色，芳香，萼片脱落。花期3-5月，果熟期9-10月。原产我国陕、甘、川及粤地区，栽培植物。

华中枸子

Cotoneaster silvestrii Pamp | 英 | Central China Cotoneaster

蔷薇科枸子属。落叶灌木，高1-2米，小枝细弯，棕红色，幼时有短柔毛，后脱落。托叶线形，微具细柔毛，早落。叶椭圆形至卵形，长1.5-3.5厘米，宽1-2厘米，先端急尖或圆钝，基部宽楔形或近圆形，侧脉4-5对，全缘，上面深绿色，下面被薄层灰密绒毛，叶柄细，长3-5毫米，具绒毛。聚伞花序有花4-9朵，总花梗和花梗被细柔毛，总花梗长1-2厘米，花梗长1-3毫米；花直径约1厘米，萼筒钟状，外生细长柔毛，裂片三角形；花瓣5，白色，平展，近圆形，先端微凹，基部有短爪，内面近基部有白色细柔毛；雄蕊20，稍短于花瓣；花药黄色，花柱2，短于雄蕊，离生；子房先端有白毛。果实近球形，直径8毫米，红色，通常2核连合为1；萼裂片宿存。花期5-6月，果期8-9月。生山地林中。

野山楂

Crataegus cuneata Sieb et Zucc. [英] Wild Hawthorn

蔷薇科山楂属。落叶灌木，高1-1.5米，有时成小乔木；枝密生，有刺。叶宽倒卵形或倒卵状长圆形，长2-6厘米，宽1-4.5厘米，顶端常3裂，时有5-7浅裂，基部楔形，下延至叶柄，边缘具尖齿，叶脉明显；托叶大，近卵形，有粗齿；叶柄具翅，长4-15毫米。伞房花序，3-7朵花丛生，花托钟状；花白色，直径约1.5厘米；萼片5，全缘或有齿，外被柔毛；花瓣5，近圆形或倒卵形，雄蕊20，花药红色，花瓣基部有短柄，花柱4-5，基部被绒毛，子房下位，3-5室。梨果球形或扁球形，直径1-1.5厘米，红色或黄色，顶端常有宿存的反折萼裂片及1叶状苞片；内有4-5小核，核两侧表面平滑。花期4-5月，果期9-10月，生山地灌丛。

湖北山楂

Crataegus hupehensis Sarg.[英]Hubei Hawthorn

蔷薇科山楂属。落叶小乔木或灌木，株高3-5米，枝开展，圆柱形，紫褐色，常无刺。叶浅裂片，裂片卵形，端尖；叶柄长3.5-5厘米，托叶草质，披针形或镰刀形。伞房花序多花，总花梗及花梗均无毛，花梗长4-5毫米；苞片膜质，早落；花直径约1厘米，萼筒钟状，无毛，萼片5，三角状卵形，长3-4毫米，尾渐尖，全缘；花瓣卵形，长约8毫米，宽约6毫米，白色；雄蕊20，花药紫色，稍短于花瓣；花柱5，基部被白绒毛，柱头头状。果实近球形，直径约2.5厘米，深红色，有斑点。花期4-5月。见于六合金牛山。

华中山楂

Crataegus wilsonii Sarg.Pl.Wils. [英]Central China Hawthorn

蔷薇科山楂属。落叶灌木，花白色，花瓣近圆形，瓣间稍重叠。果实椭圆形。花期4-5月。见于六合金牛山。

蛇莓

*Duchesnea indica (*Andrews.) Focke. [英] Indian Mock Strawberrg

　　蔷薇科蛇莓属。多年生草本植物，根茎短粗。匍匐茎多数，全株有柔毛。3出复叶，叶片倒卵形至菱状长圆形，长1.5-4厘米，宽1-3厘米，先端圆钝，边缘有钝锯齿；两小叶基部略扁斜；托叶卵状披针形，长5-8毫米，有时3裂。花单生于叶腋，直径1-2厘米；花梗长3-6厘米，花托扁平；萼片两层，主层5片，卵形，长4-6毫米，先端锐尖，副层5片，长5-8毫米，先端3-5齿裂；花黄色，瓣倒卵形，长5-10毫米，先端圆钝；雄蕊20-30；心皮多数，离生；花托果期膨大成近球形聚合果，海绵质，暗红色，外包宿存萼片，直径1-2厘米；瘦果卵形，长约1.5毫米。花期3-4月，果期5月。市郊各地常见，生向阳山坡路边。

白鹃梅

Exochorda racemosa (Lindl.) Rehd. [英] Common Pearlbush

蔷薇科白鹃梅属。落叶小乔木，高3-5米，枝条开展，小枝红褐色，圆柱形，无毛。叶椭圆形、长椭圆形至倒卵形，长3.5-6.5厘米，宽1.5-3，5厘米，顶端圆钝或急尖，基部楔形或宽楔形，全缘，但同株中亦有叶中部以上具锯齿的，两面无毛，光亮；叶柄长5-15毫米，或近无柄，无托叶。总状花序，有白花6-10朵，花直径3-4.5厘米，花梗长3-10毫米，苞片小，披针形；萼筒浅钟状，无毛，萼裂片宽三角形，黄绿色；花瓣倒卵形，长1.5厘米，基部具短爪；花瓣5，花盘绿色，雄蕊15-20，分5束着生于花盘边缘，心皮5，花柱分离。花期3-4月，果期5-7月。蒴果倒圆锥形。生山坡灌丛，牛首山、幕府山及云台山有少量分布；又见仙林羊山尚存较多小树。

棣棠花

Kerria japonica (L.) DC. [英] Kerria

蔷薇科棣棠花属。落叶灌木，高1-2米；小枝绿色，具棱，无毛。单叶互生，叶卵形或三角状卵形，长2-8厘米，宽1.2-3厘米，顶端长渐尖，基部截形或近圆形，边缘具单向锐齿，两面绿色，无毛或具疏短柔毛；叶柄长5-15毫米，无毛，有早落的膜质披针形托叶。花两性，单花大，着生于侧枝顶端，花梗长8-20毫米，无毛；花直径3-6厘米，萼筒扁短，裂片5，卵形，顶端尖，具小尖头，全缘，无毛，果时宿存；花瓣黄色，宽椭圆形，顶端微凹，长为萼片的1-4倍，具短爪；雄蕊多数，离生，花盘环状，被疏毛；雌蕊5-8，分离；花柱顶生，直立，心皮5-8。瘦果倒卵球形，侧扁，黑褐色。花期4-6月，果期6-8月。生宁镇山坡灌丛。

重瓣棣棠花

K.japonica (L.) DC. f. pleniflora (Witte) Rehd. [英] Doubleflower Kerria

为园林栽培种。南京市园林有栽培。常见。

台湾林檎

Malus doumeri (Bois)Chev. [英] Doumeri Apple

蔷薇科苹果属。乔木，高达15米，小枝圆柱形，嫩枝被长柔毛；冬芽卵形，红紫色。叶嫩时两面被白色绒毛，后脱落；叶长椭圆形至卵状披针形，长9-15厘米，宽4-6.5厘米，先端渐尖，基部圆或楔形，边缘具尖锐锯齿；叶柄1.5-3厘米，嫩时被绒毛，后脱落；托叶膜质，线状披针形，先端尖，早落。花序近伞形，花朵4-5，花梗长1.5-3厘米，被白绒毛；苞片膜质，线状披针形，先端钝，全缘，无毛；花直径2.5-3厘米，萼筒倒钟形，外具绒毛；萼片卵状披针形，与萼筒等长或稍长，先端渐尖，全缘，长约8毫米，内被白绒毛；花瓣卵形，基部有短爪，黄白色；雄蕊约30，花药黄色，花柱4-5，较雄蕊长，基部有长绒毛，柱头半球形。果梗长1-3厘米，果实球形，黄红色，直径4-5.5厘米，宿萼具短筒，萼片反折。花期4-5月。南京有栽培。

垂丝海棠

Malus halliana Koehne [英] Hall crabapple

蔷薇科苹果属。落叶乔木，高可达5米，小枝细。叶卵形或椭圆形，长3.5-8厘米，宽2-4.5厘米，顶端尖，基部楔形至近圆形，边缘具圆钝细齿，上面深绿，有光泽，叶柄长5-25毫米；托叶小，披针形，早落。伞房花序，有花4-6朵，花梗细，长2-4厘米，下垂，紫色；花直径3-3.5厘米，花托紫红色，萼片三角状卵形，长3-5毫米，全缘；花瓣粉红色，倒卵形，长约1.5厘米，常5瓣；雄蕊20-25，花丝长约为花瓣之半，花柱4-5。果实梨形，或倒卵球形，直径6-8毫米，熟时紫色，萼片脱落。花期3-4月，果期9-10月。原产南京等地，生山坡林中，现常园林栽培。

光萼林檎

Malus leiocalyca S.Z.Huang [英] Glabroussepal Apple

蔷薇科苹果属。落叶灌木或小乔木，高4-8米，小枝暗灰褐色。单叶互生，叶片椭圆形至卵状椭圆形，长5-10厘米，宽2.5-4厘米，先端急尖或渐尖，基部圆形至宽楔形，边缘具圆钝锯齿，嫩时密被淡黄色柔毛，后脱落；叶柄长1.5-2.5厘米；托叶线状披针形。近伞形花序，有花5-7朵，花梗长3-5厘米，无毛，花直径约2.5厘米；萼片5，三角状披针形，顶端渐尖，长于萼筒，内面具绒毛；花瓣5，倒卵形，基部有短爪，长1-2厘米，白色；雄蕊30，花丝长短不等；花柱3，基部合生，具白绒毛，柱头棒状，子房下位。球果黄红色，直径1.5-2厘米，顶端有宿存萼片。花期5月，果熟期8-9月。见于鸡鸣寺外及莫愁湖公园。

西府海棠

Malus micromalus Makino ［英］Midget crabapple

蔷薇科苹果属。小乔木，高2.5–5米，叶椭圆形，长5–10厘米，宽2.5–5厘米，先端急尖或渐尖，基部楔形，边缘有尖锯齿，叶柄长2–3.5厘米。伞形总状花序，有花4–7朵，集生于小枝顶端，花梗长2–3厘米，花直径约4厘米；萼片三角状卵形至长卵形，花瓣近圆形或长椭圆形，长约1.5厘米，粉红色；雄蕊20，花丝长短不等，花柱5，花药黄色。果实近球形，直径1–1.5厘米，红色。花期4–5月，果期8–9月。

委陵菜

Potentilla chinensis Ser. [英] Chinese Cinquefoil Herb

蔷薇科委陵菜属。多年生草本，高30-60厘米。茎直立，丛生，密被灰白绵毛。单数羽状复叶，基生叶8-11对，顶端小叶大，小叶长椭圆形，长2-5厘米，宽约1.5厘米，羽状深裂，裂片三角状披针形，边缘微反卷，上面被短柔毛，下面密生白绵毛，叶柄短，托叶长披针形，基部与叶柄合生，叶轴具长柔毛；茎生叶较小。花多数，呈顶生聚伞花序；总花梗与花梗被白柔毛；花萼5裂，裂片广卵形，副萼5片，线形，均被白绵毛；花瓣5，黄色，直径约1厘米，倒卵圆形，顶端凹或圆；雄蕊多数，花药黄色；雌蕊多数，聚生，子房卵形，花柱侧生。瘦果卵形，多数，褐色，有肋纹，包于宿存花萼内。花期5-7月，果期7-9月。生山坡、林缘及路边草丛。

翻白草

Potentilla discolor Bunge [英] Discolor Cinquefoil

蔷薇科委陵菜属。多年生草本植物，高15-40厘米，根状茎短。基生单数羽状复叶，丛生，小叶5-9，长矩圆形至椭圆状披针形，长1-5厘米，宽6-10毫米，顶端圆钝或急尖，基部楔形或偏斜圆形，边缘具圆钝齿，齿尖端红色，上面绿色，下面密生白或灰白色绒毛；茎生小叶1-2，常为掌状三出；基生叶托叶膜质，褐色，外被白色长柔毛，茎生叶托叶草质，绿色，边缘常具缺刻状齿，下面被白绒毛。聚伞花序顶生，多花，常两歧状疏散排列，花茎直立，总花梗、花梗、副花萼及花萼外面皆密生白色绒毛；花黄色，直径1-2厘米，萼片5，狭卵形，长约3毫米，副萼片5，披针形，短于萼片，花瓣5，宽倒卵形，顶端凹；雄蕊20，雌蕊多数，花柱近顶生。瘦果卵形，光滑。花期4-5月。分布紫金山及东郊山地，生向阳山坡。不常见。

莓叶委陵菜

Potentilla fragarioides L. [英 | Dewberryleaf Clinquefoil

蔷薇科委陵菜属。多年生草本，根簇生，茎直立或斜生，高5-25厘米，被长柔毛。单数羽状复叶，基生小叶5-7，下方一对小叶较顶端3小叶小，叶椭圆形、倒卵形或长椭圆形，长0.8-4厘米，宽0.6-2厘米，基部楔形，顶端尖或钝，基部全缘，中上部边缘有不规则齿，被柔毛，羽状叶脉多条，明显；茎生叶常具3小叶。伞房状聚伞花序，多花，松散分布，总花梗与小花梗纤细，长1.2-2厘米，被长柔毛；花黄色，直径1-1.7厘米；萼片5，三角状卵形，顶端尖，副萼片5，椭圆形；花瓣5，倒卵形，顶端微凹；花柱近顶生。瘦果近肾形，直径约1毫米。花期4-6月，果期6-8月。生湿地、草丛及林缘。牛首山、紫金山有分布。

三叶委陵菜

Potentilla freyniana Bornm. [英] Three-leaf Cinquefoil

蔷薇科委陵菜属。多年生矮小草本，高约30厘米。茎细长，绿或紫色，有时匍匐，被柔毛。三出复叶，基生小叶椭圆形或菱状椭圆形，长1.5-3厘米，宽1-2厘米，基部楔形，顶端圆钝或急尖，叶缘具钝齿，近基部全缘，叶脉明显，叶下沿脉有较密的柔毛；叶柄细长，有柔毛；茎生小叶较小，叶柄短或无；托叶卵形，被毛。总状聚伞花序顶生，总花梗及小花梗有柔毛，花梗上有小苞片；花较小，少数，直径10-15毫米，黄色；副萼片5，线状披针形，萼片5，卵状披针形，外均被柔毛；花瓣5，倒卵形，顶端圆或微凹；雄蕊多数，雌蕊多数，花柱侧生，花托稍被毛。瘦果小，黄色，卵形。花期4-5月。生向阳山坡、林缘及路边。

本种与蛇莓的不同在花数朵生于枝或分枝之顶，而蛇莓的花则单生于叶腋，且副萼片大，3裂。

蛇含委陵菜

Potentilla kleiniana Wight et Arn. [英] klein Cinquefoil

　　蔷薇科委陵菜属。一、二年生或多年生宿根草本，茎多分枝，细长，稍匍匐，常节处生根，被疏毛。掌状复叶，基生鸟足状5小叶，倒卵形或倒卵状披针形，长1.5-5厘米，宽1-2厘米，顶端圆钝或钝尖，基部楔形，全缘，基部以上有粗齿，两面绿色，被疏柔毛，小叶几无柄，但基生叶具长柄；托叶近膜质，贴生于叶柄；茎生叶常具3小叶，叶柄较短，托叶草质，绿色。伞房状聚伞花序生枝顶，花梗长5-20毫米，密被柔毛，花直径约8毫米，黄色；萼片三角状卵圆形，顶端急尖或渐尖，副萼片条形或披针形，外被疏毛；花瓣倒卵形，顶端微凹，长于萼片；花柱近顶生，圆锥形，基部膨大，柱头扩大。瘦果宽卵形，黄褐色，微纵皱。花期4月，果期4-9月。生山坡草地，见于紫金山。

绢毛匍匐委陵菜

Potentilla reptans L.var. *sericophylla* Franch. [英] Hair creeping Cinquefoil

　　蔷薇科委陵菜属。多年生匍匐草本，茎纤细，被柔毛，多匍匐，常带淡紫红色，被疏柔毛或脱落，节上时生不定根，茎枝长20-80厘米。基生叶3-5出鸟足状复叶，叶柄长3-7厘米，叶柄及叶下伏生绢状柔毛；小叶片倒卵形或菱状倒卵形，长1-3厘米，宽0.5-2厘米，有短柄或无柄，边缘具粗齿，顶端钝，基部楔形，近基部1/3全缘；枝上叶常掌状三出，两小叶浅裂至深裂，时有不裂者，叶柄亦生绢毛。花单生于叶腋或与叶对生，花梗长2-7厘米，红色，被疏伏毛，花直径约2厘米；萼片5，卵状披针形，副萼片长椭圆形，外被疏柔毛；花瓣5，黄色，宽倒卵形，顶端微凹或圆，花瓣长于萼片；花柱近顶生，基部细，柱头扩大。瘦果黄褐色，卵球形。花果期4-6月。生向阳山坡及湿处。不常见。

朝天委陵菜

Potentilla supina L. [英] Carpet Cinquefoil

蔷薇科委陵菜属。一年或二年生草本，高20-50厘米，叉状分枝多，疏生柔毛。基生羽状复叶，小叶7-17枚，小叶互生或对生，无柄，小叶片倒卵形或矩圆形，长1-2.5厘米，宽0.5-1.5厘米，顶端圆钝或急尖，基部楔形或宽楔形，边缘有缺刻状疏齿，两面绿色；茎生叶与基生叶相似，向上小叶对数渐少，有时为三出复叶，托叶阔卵形。花单生叶腋，花梗长0.8-1.5厘米或更长，具柔毛，花梗上部分枝呈伞房状聚伞花序；花梗约长1厘米，花直径0.6-0.8厘米；萼片三角状卵形，顶端急尖，副萼片椭圆状披针形，顶端渐尖，稍长于萼片或近等长；花瓣黄色，倒卵形，顶端微凹，稍短于萼片或近等长；花柱近顶生。瘦果椭圆形。花期4-7月，果期8-10月。生荒地、河岸及山坡湿地。南京紫金山等地有分布。

短叶中华石楠

Photinia beauverdiana var.*brevifolia* Card.[英] Short-leaf Photinia

蔷薇科石楠属，落叶灌木或小乔木，高3-10米；小枝无毛，紫褐色。叶纸质，卵形或椭圆形，长3-6厘米，宽1.5-3.5厘米。顶端短尾状渐尖，基部圆形或楔形，侧脉5-7对，边缘有疏齿，上面光亮无毛，下面中脉疏生柔毛；叶柄长5-10毫米，疏生柔毛。花多数，成复伞房花序，直径5-7厘米；总花梗及花梗无毛，密生疣点，花梗长7-15毫米，花直径5-7毫米；萼杯状，长

1-1.5毫米，外有微毛；萼片三角状卵形；花瓣白色，5瓣，卵形，长2毫米，顶端圆钝，无毛；雄蕊20；花柱2-3，基部合生。果实卵形，长7-8毫米，直径5-6毫米，紫红色，无毛，微有疣点，萼片宿存；果梗长1-2厘米，花期5月，果期7-8月。牛首山及老山、紫金山有分布。

中华石楠

Photinia beauverdiana Schneid [英] China Photinia

蔷薇科石楠属。落叶灌木或小乔木，高3-10米。叶纸质，长圆形、倒卵状长圆形或卵状披针形，长5-10厘米，宽2-4厘米，先端突渐尖，基部圆或楔形，边缘疏生腺齿，光亮无毛，侧脉9-14对。复伞房花序多花，萼片三角状卵形；花瓣白色，卵形或倒卵圆形，雄蕊20，花柱2-3。果实卵形，紫红色。花期3-4月，果熟期7-8月。

红叶石楠

Photinia × *fraseri* Dress. [英] Red –leaved Photinia

  蔷薇科石楠属。常绿灌木或小乔木，常见灌木高1.5-2米；叶革质，长圆形至倒卵状长圆形，长5-15厘米，宽2-5厘米，叶先端突尖，基部楔形，边缘具锯齿，叶端部锯齿明显尖长，侧脉12对；叶红褐色至暗绿色。复伞房花序，花白色，直径约1厘米。花期4-5月。为杂交观赏种。

小叶石楠

Photinia parvifolia (Pritz.)Schneid. [英] Small–leaf Photinia

　　蔷薇科石楠属。落叶灌木，高1-3米，小枝细，红褐色，无毛，具疏散黄色皮孔。叶革质或厚纸质，椭圆形或椭圆状卵形，或菱状卵形，长4-8厘米，宽1.8-3.5厘米，顶端渐尖或尾尖，基部宽楔形或近圆形，边缘具有有腺的锐齿，叶面光亮，背面苍白；侧脉4-6对；叶柄长1-2毫米，无毛。伞形花序生侧枝顶端，有花2-9朵，无总花梗，小花梗细，长1-3厘米，无毛，有疣点；花白色，直径5-15毫米；萼筒杯状，外无毛，5裂片卵形；花瓣5，圆形，顶端钝，具极短的瓣柄；雄蕊20；子房顶端密生长柔毛，花柱2-3，中部以下合生。梨果椭圆形或卵形，桔红色或紫色，直径5-7毫米，长9-12毫米，无毛；宿存萼直立。花期4-5月，果期7-8月。生山坡，较少见。

　　本种特征为小枝红褐色，无总花梗，白花常6-7朵顶生，花白叶绿，为本属中更具观赏性的品种。

石楠

Photinia serrulata Lindl. [英] Photinia

　　蔷薇科石楠属。常绿乔木，高常在10米以下。枝灰褐色，无毛。冬芽褐色，卵状；叶片革质，长椭圆形，长8-20厘米，宽2.5-6.5厘米，顶端尾尖，基部宽楔形至圆形，边缘具带腺体的疏小齿，近基部全缘，叶面光亮无毛，侧脉20对左右，背面中脉凸起，幼叶边缘齿锐尖；叶柄粗壮，长2-4厘米。伞房花序顶生，总花梗及花梗无毛，无皮孔；萼筒杯状，无毛；花白色，5瓣，多花密集，花直径6-8毫米，瓣近圆形，雄蕊20，外轮长于花瓣，内轮较花瓣短；花柱2，基部合生，柱头头状，2-3裂，子房顶端有柔毛；果实近球形，直径5-6毫米，红色，后变紫褐色；种子1粒，棕色，卵形，平滑。花期4-5月，果期10月。山地常见。

毛叶石楠

Photinia villosa (Thunb.) DC. [英] Hair-leaf Photinia

蔷薇科石楠属。落叶灌木或小乔木，高2-5米。叶互生，叶柄长1-5毫米，有长柔毛；叶倒卵形或矩圆状倒卵形，长3-8厘米，宽2-4厘米，顶端尾尖，基部楔形，边缘上半部具细密尖齿，侧脉5-7对；叶柄长1-5毫米，有长柔毛。花两性，顶生伞房花序有花10-20朵，直径3-5厘米；总花梗和花梗有长柔毛，花梗长1.5-2.5厘米；苞片及小苞片钻形；萼筒杯状，长2-3毫米，外被白色长柔毛；萼片5，三角状卵形，长2-3毫米，顶端钝，外被长柔毛；花白色，5瓣，直径7-12毫米，花瓣近圆形；雄蕊20，短于花瓣；花柱3，离生，子房顶端密生白柔毛。梨果椭圆形或卵形，直径6-8毫米，红色或黄色，顶端有直立的宿存萼片。花期4月，果期8-9月。生山坡灌丛，南京有少数分布。

本种又名"庐山石楠"。花5-15朵，与小叶石楠相似。但小叶石楠各部无毛，花序中花朵少。

紫叶李

Prunus cerasifera f. *atropurpurea* (Jacq.) Rehd. [英] Brown-leaved Plum

蔷薇科李属。小乔木，高可达8米，多分枝，小枝暗红色，开展。叶紫红色，椭圆形、卵形或倒卵形，长3-6厘米，宽2-3厘米，先端急尖，基部楔形或近圆形，边缘具圆钝齿，侧脉5-8对，叶柄长约1厘米，常无毛；托叶披针形，早落。花1-2朵，花梗长约2厘米，花直径2-2.5厘米，萼筒钟状，萼片长卵形，花瓣白色，椭圆形，雄蕊25-30，花丝不等长，雌蕊1，心皮被长柔毛；柱头盘状。核果近球形，直径2-3厘米，黄、红或紫红色，被蜡粉，具浅沟。核椭圆形。花期3-4月，果期5-6月。栽培观赏。

尾叶樱

Prunus dielsiana Schneid. [英] Diels Cherry

蔷薇科李属。落叶灌木或小乔木，高5-10米，小枝灰褐色，嫩枝或被褐色长柔毛。叶椭圆状倒卵形至椭圆形，长5-10厘米或更长，宽3-5厘米，顶端尾状渐尖，基部圆形或宽楔形，边缘具单向尖锯齿，上面深褐色，无毛，背面淡绿，沿叶脉疏生柔毛，具侧脉10-13对；叶柄长约1-1.5厘米，具柔毛，后脱落；托叶狭带形，长约1厘米。伞形花序，有3-5朵花，先于叶开放，花梗长1.5-3厘米，被褐色柔毛，基部有叶状苞片；花白色或粉红色，5瓣，瓣卵圆形，顶端浅2裂，直径约2.5厘米，萼筒钟状，有毛，紫红色，萼片长于萼筒，边缘具毛，矩圆形或披针形；雄蕊32-36，离生；花柱与雄蕊近等长。核果球形，直径8-9毫米；核表面光滑。花期3-4月，果期4-5月。生山坡、草丛，分布紫金山等地。

李

Prunus salicina Lindl. [英] Japan Plum

　　蔷薇科李属。落叶乔木或亚灌木，高3－10米，树皮灰褐色。叶长圆倒卵形、长椭圆形，长6－8厘米，宽3－5厘米，先端渐尖、急尖或短尾尖，基部楔形，边缘有细锯齿，叶上面深绿有光泽，侧脉6－10对，不达叶边缘，两面无毛；托叶膜质，线形，先端渐尖，早落；叶柄长1－2厘米。花常3朵并生，花梗长1－2厘米；花直径1.5－2.2厘米；萼筒钟状，萼片长圆卵形，长约5毫米；花瓣白色，长圆倒卵形，先端或有啮蚀状，基部楔形，具紫脉纹及短爪。雄蕊多数，花丝2轮，长短不等；雌蕊1，花柱稍长于雄蕊。核果球形或卵球形，直径3.5－5厘米，熟时黄色、红色至紫色。花期3－4月，果期6－8月。栖霞山有分布。

火棘

Pyracantha fortuneana (Maxim.) L. [英] Firethorn

蔷薇科火棘属。常绿灌木或小乔木，高可达3米，侧枝短，顶端尖刺状，暗褐色。叶互生，在短枝上簇生；叶柄短；叶片倒卵形或倒卵状长圆形，中部以上最宽，长1.5-6厘米，宽0.5-2厘米，顶端圆钝或微凹，有时具短尖头，基部楔形，下延至叶柄，近基部全缘，叶中上部边缘有细齿，齿尖内弯，两面无毛。集生复伞房花序，花两性；有花10-22朵，花序直径3-4厘米；萼筒短钟状，萼片5，裂片三角状卵形，顶端钝；花瓣5，白色，圆形，开展，直径约1厘米；雄蕊约20，花药黄色，花柱5，离生，胚珠10，子房下位。梨果10-20个，成果穗状，果直径约5-10毫米，果桔红色至深红色，萼片宿存；果9-10月变红，可保持到来年2月。花期3-5月，果期8月以后。为绿篱灌木，有野生，常见。

杜梨（棠梨）

Pyrus betulifolia Bunge ［英］Birchleaf Pear

蔷薇科梨属。落叶乔木，高可达10米，枝常有刺；小枝嫩时被灰白色绒毛，后脱落。叶菱状卵形至卵圆形，长4-8厘米，宽2.5-3.5厘米，顶端渐尖，基部圆形或楔形，边缘具单向锐齿，幼叶上下面及叶柄被短绒毛，后脱落；叶柄长2-3厘米；托叶线状披针形，长1-2厘米，早落。伞形总状花序，有花10-15朵，花梗长约2.5厘米；苞片膜质，线形，早落；花直径1.5-2厘米，萼筒及萼片外被

绒毛，萼片三角状卵形；花白色，花瓣5，宽卵形，长5-8毫米，宽3-4毫米，顶端圆钝，基部有爪；雄蕊20，花药紫红色；花柱2-3枚。果实近球形，直径5-10毫米，褐色，有淡色斑点；萼片脱落。花期4月，果期8-9月。

豆梨

Pyrus calleryana Dcne. [英] Bean Pear

蔷薇科梨属。落叶乔木，高3-8米，小枝粗壮，圆柱形，褐色。叶3-4片聚生于小枝顶端，叶广卵形至卵形，稀长卵形，长4-8厘米，宽3-6厘米，顶端渐尖，基部宽楔形至近圆形，叶缘具波状粗锯齿，两面无毛；叶柄长2-5厘米，无毛；托叶长4-7毫米，线状披针形。伞形总状花序，有花6-12朵，直径4-6厘米，花梗长1.5-3厘米，无毛；花白色，直径2-2.5厘米，5瓣，卵形，基部具短柄，花柱2-3枚，雄蕊20，花药紫红色；萼筒及萼裂片外无毛；苞片膜质，线状披针形。梨果球形，直径约1厘米，褐色，宿存萼片常脱落。梨果如豆，故名。花期3-4月，果期8-9月。生向阳山坡及灌丛。幕府山及紫金山有分布。

本种与棠梨不同。豆梨叶光亮无毛，棠梨多绒毛；豆梨叶边缘具波状粗齿，而棠梨叶缘则为单向锐锯齿；豆梨有花6-12花，棠梨有花10-15朵。

毛豆梨

Pyrus calleryana f. *tomentella* Rehd. [英] Hair bean pear

　　蔷薇科梨属。落叶乔木，高3-8米。小枝褐色，圆柱形，被绒毛。叶生小枝顶端，广卵形，基部圆，全缘，被绒毛，不似豆梨光亮；叶柄长约3厘米，被绒毛；托叶线状披针形，全缘。伞形总状花序，有花5-10朵，直径约5厘米，苞片膜质，线状披针形，长约10毫米，内外具绒毛；萼筒被绒毛，萼片披针形；花瓣5，白色，卵形，基部有爪；雄蕊20，花柱2。梨果球形，褐色，具斑点。花期3-4月，果期7-9月，生幕府山等山地。本种与豆梨的差异在幼时小枝、叶柄、叶面及花梗、萼筒等处皆被绒毛。

沙梨

Pyrus pyrifolia（Burm.f）Nakai ［英］Asina Pear

　　蔷薇科梨属。乔木，高7-15米。叶卵状椭圆形或卵形，长7-12厘米，宽4-6.5厘米，先端长渐尖，基部圆或宽楔形，边缘具刺芒状锐锯齿，嫩时有绵毛，叶柄长3-4.5厘米，嫩时被绒毛；托叶膜质，线状披针形，长1-1.5厘米，先端渐尖，全缘、边缘柔毛早落。伞形总状花序，花梗长3.5-5厘米，苞片膜质，线形，边缘具长柔毛；有花6-9朵，花序直径5-7厘米，花径约3厘米；萼片三角状卵形，长约5毫米，先端渐尖，边缘有腺齿；花瓣白色，卵形，长15-17毫米，先端啮齿状，基部有短爪；雄蕊20，长为花瓣之半；花柱5，约与雄蕊等长。果实近球形，先端微下陷，浅褐色，具浅色斑点，萼片脱落；种子卵形，微扁，长8-10毫米，深褐色。花期4月，果熟期8月。

鸡麻

Rhodotypos scandens (Thunb.) Makino [英] Black Jetbead

　　蔷薇科鸡麻属。落叶灌木，高0.5-2米，枝紫褐色，无毛。叶对生，卵形，长4-9厘米，宽2-6厘米，顶端尾尖，基部圆形或宽楔形，边缘锐齿大小交错，约有10对平行侧脉直达叶边缘的大齿尖，叶脉表面凹入；叶柄长3-5毫米，与花梗均被黄白色绒毛；托叶膜质，条形，被疏毛。花单生新枝顶端，直径3-5厘米；花梗长7-20毫米；萼筒短，裂片4，宿存，卵状椭圆形，顶端尖，边缘有锐齿，外被绢毛；4副萼片小，条形，与萼片互生；花瓣白色，4瓣，近圆形，稍长于萼片；雄花多数，心皮4。核果1-4，黑褐色，倒卵球形，长7-8毫米，黑色，光亮。花期4-5月，果期6-9月。生山坡疏林。见于紫金山。

木香花

Rosa banksiae Aiton [英] Banks Rose

蔷薇科蔷薇属。攀援小灌木，高可达6米，小枝圆柱形，有皮刺或枝条无皮刺。小叶3-5，连叶柄长4-6厘米，叶片椭圆状卵形或宽披针形，长2-5厘米，宽0.8-1.8厘米，先端尖，基部近圆或宽楔形，边缘有细齿，中脉突起。伞形花序，多朵，花直径1.5-2.5厘米，花梗长2-3厘米；萼片卵形，全缘；花重瓣，白色，倒卵形，先端圆，基部楔形；心皮多数，花柱离生。花期3-4月。

黄木香花

Rosa banksiae f. *lutea*.(Lindl.)Rehd. [英] Yellowish Banks Rose

　　蔷薇科蔷薇属。攀援小灌木，高可达6米；小枝圆柱形，具短小皮刺。小叶常3-5，连叶柄长4-6厘米，小叶椭圆状卵形或长圆状披针形，长2-5厘米，宽8-18毫米，先端常尖，基部近圆形或宽楔形，边缘具细齿，上面绿色，下面色淡，中脉突起，小叶柄具疏毛及小皮刺；托叶线状披针形。花小，无香气，多朵成伞形花序，花直径1.5-2.5厘米，花梗长2-3厘米；萼片卵状，长渐尖，全缘，内面具白柔毛；花黄色，重瓣，倒卵形，顶端圆，基部楔形；心皮多数，花柱离生，密被柔毛。花期4-5月。

单瓣白木香

Rosa banksiae var. *normalis* Rogel [英] Wild Banks Rose

蔷薇科蔷薇属。半常绿攀援灌木，小枝圆柱形，无毛，具短皮刺或无刺。小叶3-5，椭圆状披针形，长2-6厘米，宽8-18毫米，顶端渐尖或钝，基部近圆形，边缘具细锯齿，小叶无柄，两面无毛，或只背面沿中脉有毛，叶上面深绿，光亮，叶下面淡绿色，中脉突起，侧脉不明显；托叶线状披针形，膜质，与叶柄分离，早落。伞形花序，多花，白色，直径约2厘米，花梗长2-3厘米；萼片卵形，顶端长渐尖，全缘；花瓣宽倒卵形，顶端微凹，基部楔形，花柱离生，短于雄蕊。蔷薇果近球形，直径3-6毫米，熟时红色。花期4-5月，果期10月。南京有野生。

美蔷薇

Rosa bella Rehd. et Wils. [英] Solitary Rose

蔷薇科蔷薇属。灌木，高1-3米；小枝细，散生皮刺。单数羽状复叶，小叶7-9，椭圆或长椭圆形，长1-3厘米，宽1-2厘米，顶端尖，基部近圆形，边缘有锐齿，下面沿脉有柔毛，中脉上有腺体及小刺；托叶宽，边缘具腺齿。花常单生或2-3朵聚生，苞片卵状披针形；花梗长5-10毫米，与萼筒皆被腺毛；萼片卵状披针形，全缘；周位花直径4-5厘米，花瓣5，粉红色，宽倒卵形，顶端凹，基部楔形；花柱离生，密被柔毛。蔷薇果长椭球形，直径约1厘米，长约2厘米，具腺毛，熟时深红色，萼片宿存。花期4-6月，果期7-10月。偶见。

月季花

Rosa chinensis Jacq. [英] China Rose

蔷薇科蔷薇属。半常绿灌木，高1-1.5米，枝具钩刺或无刺，叶3-5，连叶柄长5-11厘米，小叶宽卵形至卵状长圆形，长2.5-6厘米，宽1-3厘米，先端渐尖，基部近圆形至宽楔形，边缘具锐齿，两面无毛。花数朵生枝端，花梗长2.5-6厘米；萼片卵形，先端尾渐尖；花直径4-5厘米，单瓣、半重瓣或重瓣，红色、粉红色及白色，倒卵形，先端凹入；花柱离生。果梨状，红色。花期4-9月，果期6-11月。

小果蔷薇

Rosa cymosa Tratt. [英] Rosa cymosa

蔷薇科蔷薇属。落叶蔓生灌木，高2-5米，小枝纤细，有钩状刺；奇数羽状复叶互生，小叶3-5，少数7，连柄长5-10厘米；叶柄有钩状小皮刺，小叶卵状披针形或椭圆形，长1.5-5厘米，宽0.7-3厘米，端部叶大，两侧叶小，基部叶最小，叶顶端渐尖，基部宽楔形或近圆形，边缘有稍下弯的齿，托叶披针形，有梳状细齿。抱茎。花多数，两性，成伞房花序；花

梗被柔毛；萼片5，卵状披针形，边缘羽状分裂，背面有细刺；花白色，5瓣，花直径约2厘米，花瓣倒卵状矩圆形，顶端凹；雄蕊多数，花柱离生，稍伸出花托口外。蔷薇果小，近球形，直径4-6毫米，熟时红色。花期4-5月，果期8-12月。向阳山坡多见。

大花白木香

Rosa fortuneana Lindl [英] Fotones Rose

　　蔷薇科蔷薇属。攀援灌木，具稀疏皮刺，小叶3，卵状披针形，托叶早落，叶互生，小叶边缘有细锯齿，枝条柔软。花单生细枝，白色，重瓣，盛开后下垂，有香气。花期3-5月。

软条七蔷薇

Rosa henryi Boulenger [英] Rose henryi

蔷薇科蔷薇属。落叶匍匐灌木，枝条上有常为紫色的钩状皮刺；枝长可达3-5米。奇数羽状复叶互生，小叶通常5，薄革质，光滑，椭圆形或长卵形或宽披针形，长3-8厘米，宽1.5-3厘米，顶端渐尖或尾尖，基部圆形或楔形，边缘有单向锐齿；叶柄及叶轴有散生钩状小皮刺；托叶狭。花白色，生于枝顶，构成伞形的伞房花序，花梗长1.2-2厘米，被柔毛及腺毛；花托被柔毛；花两性，多花，花5瓣，直径2-3厘米，芳香，花瓣宽倒卵形，顶端凹入；萼片5，卵状披针形，长尖，全缘，外被柔毛和腺毛，反折；花柱合生成柱状；雄蕊多数，心皮多数。聚合蔷薇果球形，直径8-10毫米，暗红色。花期4-5月，果期9-10月。生向阳山坡。

本种与小果蔷薇的区别在叶较窄长、较厚、光亮，花更多，也较大些，果也大些。

金樱子

Rosa laevigata Michx. [英] Chrokee rose

　　蔷薇科蔷薇属。常绿攀缘灌木，高可达5米，小枝粗壮，无毛，散生钩状皮刺和刺毛。羽状复叶，小叶3或5，革质，椭圆状卵形或披针状卵形，长2.5-7厘米，宽1.5-4厘米，顶端圆钝或急尖，基部宽楔形或近圆形，边缘有细齿，绿色，叶面光亮无毛，叶下面色淡，脉明显；小叶柄和叶轴有皮刺及腺毛；托叶离生，披针形，边缘有细齿，早落。花单生于侧枝顶端，白色，直径5-8厘米，花梗长约2厘米，花梗与萼筒外密生刺毛；萼片卵状披针形，有刺毛，短于花瓣；花瓣宽倒卵形，顶端微凹；雄蕊多数，黄色；心皮多数；花柱离生，短于雄蕊。蔷薇果球形或梨形，褐色，长2-4厘米，外被直刺，顶端有宿存萼片。花期5月，果期8-10月。生向阳山坡。城郊各山地偶有分布。

野蔷薇

Rosa multiflora Thunb. [英] Manyflowered Rose

　　蔷薇科蔷薇属。落叶攀援灌木，高1-2米，小枝圆柱形，细长，上升或蔓生，常无毛，有红色短皮刺。单数羽状复叶，小叶5-9，倒卵圆形，连叶柄长5-10厘米，小叶长1.5-5厘米，宽8-20毫米，顶端急尖或稍钝，基部楔形至圆形，边缘有尖锐的单锯齿，下面有柔毛；小叶柄和叶轴有柔毛或腺毛；托叶大部贴生于叶柄，边缘梳状分裂，常有腺毛。多花排成圆锥状伞房花序，花白色或粉红色，单瓣5，芳香，直径约2厘米，花瓣宽倒卵形，顶端微凹，基部楔形；花柱合成束状，稍长于雄蕊，无毛；花梗长约2厘米，有柔毛，基部有小苞片；萼片5，披针形，内面有柔毛。蔷薇果暗红色，近球形，直径约7毫米。花期5-6月。分布南京市郊各地，生山坡林缘。常见。

荷花蔷薇

Rosa multiflora var. *carnea* Thory [英] Flesh–coloured manyflowered Rose

蔷薇科蔷薇属。野蔷薇的一变种。矮小灌木，高约40厘米，小叶7-11，甚小，花直径3-5厘米，重瓣，粉红色。花期6-7月。见于市内复成河岸。

粉团蔷薇

Rosa multiflora var.*cathayensis* Rehd. et Wils.[英] Cathaya Japan Rose

　　蔷薇科蔷薇属。本种为一变种，攀援灌木，细枝上有稍弯皮刺。小叶5-9，纸质，近花序小叶有时3，连叶柄长5-10厘米，叶片倒卵形或椭圆形，长1-5厘米，宽0.8-2.5厘米，顶端急尖或圆钝，基部楔形或圆形，边缘具锐齿，上面无毛，下面色淡具疏毛；托叶梳状，贴生叶柄。花多数，成圆锥花序，花梗长1.5-2.5厘米，基部具齿状小苞片；花直径2-4厘米。萼片披针形，外无毛；单瓣，粉红色，宽倒卵形，顶端凹入，基部楔形；花柱合成束状。果近球形，直径6-8毫米，红褐色，有光泽，萼片脱落。生山地灌丛，花期4-5月，见于牛首山。

七姊妹

Rosa multiflora var. *carnea* Thory [英]Seven Sisters Rose

蔷薇科蔷薇属。野蔷薇的变种。攀援灌木，小叶常7，花重瓣，粉红色或白色。花期4-5月。见于六合金牛湖。

掌叶覆盆子

Rubus chingii Hu [英] Palmleaf Raspberry

蔷薇科悬钩子属。落叶灌木，株高可达3米，疏生小皮刺。单叶，叶片近圆形，直径4-9厘米，基部心形，掌状3-7深裂，裂片椭圆形或菱状卵形，顶端渐尖，基部渐狭，边缘有锯齿。托叶线状披针形，叶柄长2-4厘米。单花腋生，直径2.5-4厘米，花梗长约3厘米；萼片卵形；花瓣椭圆形，白色，长约1.5厘米；雄蕊多数。聚合果近球形，红色，直径约1.5厘米。花期3-4月，果期5-6月，生林下灌丛。

山莓

Rubus corchorifolius L.f. [英] Jutaleaf Raspberry

蔷薇科悬钩子属。直立落叶小灌木，高1-2米，具根出枝条，枝具皮刺，小枝红褐色；幼枝绿色，被柔毛。单叶互生，卵形至卵状披针形，长3-10厘米，宽2-5厘米，顶端渐尖，基部心形，边缘有不规则尖锯齿，并常具缺刻3-4，基部3脉，沿中脉疏生小皮刺，背面脉上散生细钩刺；叶上面色淡，叶下色较深；叶柄长5-20毫米，疏生皮刺；托叶线状披针形，贴生于叶柄，具柔毛。花白色，直径2-3厘米，单生或数朵聚生于短枝上，小枝常2叶1花；萼片5，卵状披针形，宿存；花瓣椭圆形，顶端钝，长9-12毫米，宽6-8毫米，长于萼片；雌、雄蕊多数；花丝稍扁。聚合果球形，直径10-12毫米，成熟时红色。花期3-4月，果期4-5月。紫金山、阳山、栖霞山及东郊各山地有分布，生向阳山坡，常见。

插田泡

Rubus coreanus Miq. [英] Korean Raspberry

蔷薇科悬钩子属。落叶灌木，高1-3米，茎直立或弯曲，小叶红褐色，具钩状扁平皮刺。单数羽状复叶，小叶3-7，常5枚，长3-7厘米，宽2-5厘米，卵状，椭圆形或菱状卵形，顶端急尖，基部宽楔形或近圆形，基部向上边缘有不整齐的粗齿或缺刻，齿缘红色，顶生小叶有时具3浅裂，单侧叶脉5-7条，正面凹入而反面凸出；叶纸质；反面淡绿色，被短柔毛；叶柄长2-4厘米，与叶轴均被短柔毛并散生小皮刺；托叶线形或线状披针形。伞房花序顶生或腋生，有花数朵至30朵，花淡红色至深红色，5瓣，花直径7-10毫米，花托外被短柔毛，总花梗和花梗有柔毛；萼片卵状披针形，顶端具长尖，边缘有柔毛，果时反折；雌雄蕊多数。聚合果卵形，直径5-8毫米，成熟时黑紫色。花期4-6月，果期6-8月。生山坡灌丛。已不常见。

蓬蘽

Rubus hirsutus Thunb. [英] Hirsute Raspberry

蔷薇科悬钩子属。多年生小灌木，高0.5-1米。枝红褐色，疏生皮刺。单数羽状复叶，小叶3-5枚，卵形或宽卵形，长3-7厘米，宽2-3.5厘米，顶端急尖或渐尖，基部宽楔形至圆形，两面被柔毛，边缘具不整齐的锐齿，脉或有小皮刺；叶柄长2-3厘米，顶生小叶的柄长约1厘米，均具柔毛及腺毛，并疏生皮刺；托叶披针形，两面被柔毛。花单生于小枝顶端，偶有腋生；花梗长3-6厘米，具柔毛、腺毛和细皮刺；萼片5，三角状披针形，顶具长尾尖，外被腺毛，两面被绒毛；萼片花后反折；花白色，直径3-4厘米，瓣5，倒卵圆形，基部具爪，花丝较宽。聚合果近球形，直径1-2厘米，无毛，成熟时鲜红色。花期4月，果期5月。市郊各山区常见，生山坡林缘。

高粱泡

Rubus lambertianus Ser. [英] Lambert raspberrg

蔷薇科悬钩子属。半常绿半蔓生灌木，高达3米；茎散生钩状小皮刺，茎有棱，幼枝具短柔毛。单叶互生，叶卵形或稍长宽卵形，长7-10厘米，宽4-9厘米，顶端渐尖，基部心形，边缘具波状浅裂及细齿，两面疏生柔毛，背面叶脉初被硬毛，后脱落，中脉疏生小皮刺；叶柄长2-5厘米，疏生柔毛，散生小皮刺。圆锥花顶生或腋生，被柔毛；花梗长0.5-1厘米；花序长8-14厘米；总花梗、花梗及萼筒均外被细柔毛；萼片卵状三角形，顶端尾尖，边缘具白柔毛；花白色，直径约1厘米，花瓣卵形，顶端钝。聚合果成熟时红色，球状，直径5-8毫米。花期7-9月，果期9-11月。生山坡草丛。不常见。

太平莓

Rubus pacificus Hance [英] Pacific raspberry

　　蔷薇科悬钩子属。常绿小灌木，高40-60厘米，枝细，圆柱形，分枝2-4，散生细皮刺。单叶，革质，卵状心形或心形，长8-15厘米，宽4.5-12厘米，顶端渐尖，基部心形，边缘具锐尖细齿，并常有不明显的浅裂；基生5出脉，下面网脉凸出，侧脉2-3对，叶上面无毛，下面被灰白色绒毛；叶柄长4-8厘米，疏生细皮刺；托叶大，叶状，长可达2.5厘米，近顶端具缺刻状条裂。花白色，直径1.5-2厘米，3-6朵成顶生总状花序，或单生叶腋；花梗长1-3厘米；苞片似托叶，但稍小；萼片卵形至卵状披针形，顶端渐尖，外萼片顶端常条裂，内萼片全缘，果期常反折；花瓣近圆形，顶端微缺刻；雄蕊多数，花药具长柔毛；雌蕊多，稍长于雄蕊。聚合果红色，直径1.2-1.5厘米，无毛。花期6-7月，果期7-9月，生山地灌丛。见于紫金山。

茅莓

Rubus parvifolius L. [英] Japanese Raspberry

　　蔷薇科悬钩子属。落叶小灌木，高约1米，枝拱形弯曲，被短柔毛及疏生钩状皮刺；羽状复叶3-5枚，菱状圆形至宽倒卵形，长宽均2-5厘米，顶端圆钝或尖，基部宽楔形或圆形，上面疏生伏毛，下面密被灰白色绒毛，边缘有不整齐的粗齿或缺刻，亦常具浅裂；叶柄长2-10厘米，顶生叶叶柄长1-2厘米，均被柔毛并疏生小皮刺；托叶线形，长5-7毫米，具柔毛。伞房花序顶生或腋生，具花数朵至多朵，总花梗及花梗被柔毛和细刺；苞片线形，有柔毛；花直径约1厘米；萼片披针形或卵状披针形，有时条裂，外被柔毛及细刺，花果时均直立开展；花瓣卵圆形，粉红色至紫红色，基部具爪；雄蕊花丝白色，稍短于花瓣；聚合果球形，直径约1厘米，红色无毛或具疏毛；花期5-6月，果期7-8月。市郊各山地均有分布，生山坡。常见。

灰白毛莓

Rubus tephrodes Hance ［英］Grey-white Raspberry

蔷薇科悬钩子属。落叶攀援灌木，长达3-4米，枝、叶背等处被灰白绒毛，疏生小皮刺。单叶近圆形，直径5-8厘米，顶端急尖或圆钝，基部心形，边缘5-7浅裂，具细齿，基出5脉，叶柄长3厘米；托叶离生。圆锥花序顶生，花瓣近圆形，白色。聚合果球状，成熟时黑紫色。花期6-8月，果期8-10月。生山坡灌丛。

地榆

Sanguisorba officinalis L. [英] Garden Burnet

蔷薇科地榆属。多年生草本，高30-120厘米。茎直立，有棱。基生叶为单数羽状复叶，小叶常2-5对，长椭圆形或矩圆状卵形，长2-6厘米，宽0.5-2厘米，顶端圆钝或稍尖，基部心形或楔形，边缘有圆钝或波状齿；茎生叶少，小叶狭长几成长圆状披针形，顶端急尖，基部圆至心形；托叶包茎，边缘有锐齿。穗状花序密集顶生，成圆柱形或卵球形，常1-3厘米，横径0.5-1厘米，直立，具光滑的长花序梗；花从花序顶端向下开放；小苞片披针形，萼裂片4枚，花瓣状，紫红色，椭圆形，顶端常具短尖；无花瓣；雄蕊4，花丝丝状；花柱短于雄蕊，柱头顶端扩大成盘状。瘦果褐色，4棱，包于宿萼内。花期8-9月。紫金山及市郊丘陵地带有分布，生山坡草丛及疏林，常见。

珍珠梅

Sorbaria sorbifolia (L.) A.Br. [英] Mountainash Falsespiraea

蔷薇科珍珠梅属。落叶灌木，高可达2米，枝条开展。羽状复叶，小叶片对生，11-17枚，披针形至卵状披针形，先端尖，基部圆或宽楔形，叶缘有锯齿，具网脉，侧脉多对，长5-7厘米，宽1.5-2.5厘米。顶生密集圆锥花序，花小，白色，直径10-12毫米，苞片披针形，萼筒状，萼片三角卵形，花瓣倒卵形，长5-6毫米，宽3-5毫米，雄蕊40-50，长于花瓣，蕊黄色。蓇葖果长圆形。花期3-4月。

绣球绣线菊

Spiraea blumei G. Don [英] Blume Spiraea

　　蔷薇科绣线菊属。落叶小灌木，株高可达2米。小枝细，稍弯曲，红褐色，无毛。叶菱状卵形或倒卵形，长2-4厘米，宽1-2厘米，先端微尖或钝，基部宽楔形，边缘具缺刻齿及2-5浅裂，基出三脉或羽状脉。伞形花序着生于短枝顶端，具总梗，小花梗长6-10毫米，无毛；花直径5-8毫米，苞片披针形；萼筒钟状，外无毛，萼片5，三角形，先端急尖或短渐尖，内面疏生短柔毛；花瓣5，白色，宽倒卵形，先端微凹，长2-3.5毫米，宽长几相等，雄蕊10-20，短于花瓣，花小，有花15-20朵，集成半球状，花盘由8-10个裂片组成；子房常无毛，花柱短于雄蕊。蓇葖果宿存，直立，无毛，萼片直立。花期4-6月，果期8-10月。生山坡灌丛，常栽培观赏。

中华绣线菊

Spiraea chinensis Maxim. [英] China Spiraea

蔷薇科绣线菊属。灌木，高1.5-3米，小枝红褐色，拱形弯曲。叶菱状卵形至倒卵形，长2.5-6厘米，宽1.5-3厘米，边缘中上部有数枚粗齿，或具不明显3裂，顶端尖或钝，基部常楔形，上面深绿，被短柔毛，下面被黄色柔毛；叶柄短，被短绒毛。伞形花序，有花多数，花梗长约1厘米，被短绒毛；苞片线形，被短柔毛；花直径3-4毫米，萼筒钟状，被柔毛，萼片卵状披针形，长渐尖，内具短柔毛；花瓣5，近圆形，白色，顶端微凹；雄蕊22-25，花柱顶生。蓇葖果被短柔毛。花期3-5月，果期4-8月。生山坡草丛。见于紫金山。

光叶绣线菊

Spiraea japonica L. [英] Taperleaf Spiraea

蔷薇科绣线菊属。落叶小灌木，高0.5-1米；小枝淡绿至白色。叶互生，宽披针形至窄椭圆形，长5-8厘米，宽1-2厘米，顶端渐尖，基部楔形，边缘具单向尖齿，两面常无毛，表面绿色，反面色淡；叶柄短，长3-5毫米，有短柔毛或无毛，复伞房花序生于当年生新枝顶端，直径4-8厘米，多花密集，小花梗长约5毫米，被柔毛；苞片披针形至线状披针形；萼筒钟状，外被疏短柔毛，萼裂5，三角形，顶端尖；花红色或淡紫红色，直径4-6毫米，5瓣，圆形至卵圆形，长2.5-4毫米；雄蕊多数，花丝长于花瓣，花盘环形，心皮5，离生，蓇葖果5，常稍开裂；种子细小。花期5-10月，果期6-11月。南京有栽培。

三裂绣线菊

Spiraea trilobata L. [英] Threelobed Spiraea

　　蔷薇科绣线菊属。落叶小灌木，高1-2米；小枝褐色，无毛。单叶互生，叶片扇形或广椭圆形，长2-3厘米，宽1.5-3厘米，先端圆钝，常3裂，基部宽楔形或圆形，两面无毛，具显著的基部三出脉；无托叶，有短柄。伞形花序具长的总花梗，花梗长10-15毫米，无毛；萼片5，萼筒钟状，外面无毛，裂片三角形；花15-30朵，白色，直径6-8毫米，5瓣，圆形至宽倒卵形，先端微凹；雄蕊18-20，短于花瓣；心皮5，离生，子房上位，1室。蓇葖果张开，无毛或沿腹缝具短柔毛，长圆形，有种子数粒。花期4-5月。分布于紫金山、阳山及市内九华山，生向阳山坡、林缘或灌丛。不常见。

菱叶绣线菊

Spiraea vanhouttei (Briot.) Zabel. [英] Rhomboidleaf Spiraea

蔷薇科绣线菊属。灌木，高1-2米，小枝拱形弯曲，红褐色，无毛。叶柄短，无毛；叶片菱状卵形或圆形至扁椭圆形，基部圆形，叶外缘有圆形或波纹状3-5裂片，上表面绿色，背面稍色淡，羽状脉不明显。伞形花序多花，花梗长约1厘米，无毛；苞片线形；萼筒及萼裂均无毛；花瓣白色，雄蕊多数，紫红色；子房无毛。蓇葖果，萼片宿存。花期4-5月；果期8-9月。生山坡灌丛。见于紫金山。本种的叶与中华绣线菊及三裂绣线菊不同，区别是叶缘有圆齿而非尖齿，叶圆形，叶基部亦为圆形。

野珠兰（华空木）

Stephanandra chinensis Hance [英] Chinese Stephanandra

蔷薇科野珠兰属。落叶灌木，高2-5米，枝纤弱，常伏垂于山崖，小枝红褐色，有扁棱。单叶互生，叶卵形至长卵形，长5-8厘米，宽2-4厘米，顶端渐尖至长尖，基部宽圆平截或宽楔形，边缘浅裂并有粗锯齿，两面密布短柔毛；叶柄长5-10毫米，有疏毛，托叶叶状。圆锥花序顶生，花多而小，疏散；总花梗、花梗纤细，无毛；萼筒杯状，萼片5，宿存；花瓣5，直径4-5毫米，白色，常反卷；雄蕊10，黄褐色，宿存，花丝短，心皮1，花柱侧生。蓇葖果偏斜，近球形，直径约2毫米，疏生柔毛，内有种子1-2粒。生向阳山坡。花期5月。见于紫金山，不常见。

合欢

Albizia julibrissin Durazz. [英] Silktree Siris

　　豆科合欢属。落叶乔木，高可达16米，树冠开展。二回羽状复叶，羽片4-12对，小叶10-30对，线形至长圆形，长6-12毫米，宽1-4毫米，向上偏斜，中脉上偏。头状花序在枝顶成圆锥花序，花集成簇状；花萼管状，长3毫米；花冠长约8毫米，裂片三角形；花丝长2.5-4厘米，中上部粉红色，基部白色。荚果条形。花期6-9月，果期8-10月。紫金山有野生，南京各地有栽培。

山合欢

Albizia kalkora (Roxb.)Prain [英 | Lebbek Albizzia

豆科合欢属。落叶小乔木或乔木，高3-15米。枝褐色，被短柔毛，有皮孔。二回羽状复叶，羽片2-4对，小叶5-14对，矩圆形或圆状卵形，长1.5-4.5厘米，宽1-1.8厘米，先端圆或尖，有小尖头，基部近圆形，扁斜，中脉明显扁向叶面上侧，两面均被短柔毛。头状花序2-3枚生于叶腋或多枚于枝顶成伞形花序；花初白色，后变黄色，花梗短小，连雄蕊长约3.5厘米；花萼管状，5齿裂；花冠在中部以下合生呈管状，裂片披针形，花萼、花冠均被柔毛；雄蕊长约3厘米，基部合生。荚果扁长，棕色，嫩时被柔毛；种子4-12粒，倒卵形。花期5月，果期8-9月。紫金山、牛首山及江宁各地有分布，生山坡疏林。

黑荆（黑金合欢）

Acacia mearnsii De Wilde [英] Black Wattle

豆科含羞草亚科金合欢属。乔木，高9-15米，小枝有棱。二回羽状复叶，长2-7厘米，羽片8-20对，叶轴有腺坑；小叶约40对，线形，长2-3毫米，宽约1毫米。头状圆锥花序，小花球直径约7毫米，花淡黄或白色。荚果长圆形，扁平。花期6月，果期8月。原产澳洲。

紫穗槐

Amorpha fruticosa L. [英] Indigobush Amorpha

豆科紫穗槐属。落叶丛生灌木，高1-4米，叶互生，单数羽状复叶，长10-15厘米，基部有一对线形托叶，小叶11-25片，叶柄长1-2厘米；小叶全缘，椭圆形或卵形，长1.5-4厘米，宽0.6-1.5厘米，先端圆形或微凹，有短尖，基部宽楔形或圆形，上面无毛或被短柔毛，下面被白色短柔毛。穗状花序1-2枝生于枝顶部叶腋，长7-15厘米，密被短柔毛；有短花梗，苞片长3-4毫米；花萼钟状，5齿裂，长2-3毫米，萼齿三角形，短于萼筒；花冠紫色，旗瓣心形，无翼瓣和龙骨瓣；雄蕊10，下部合生成鞘，上部分成两组，包于旗瓣中，并伸出花冠外。荚果棕褐色。花期5月。紫金山等城郊各地均有分布，生山坡灌丛。

两型豆

Amphicarpaea edgeworthii Benth ［英］Trisperma Amphicarpaea

豆科两型豆属。一年生缠绕草本，枝密生淡黄色柔毛。小叶3，菱状卵形或扁卵形，长2-6厘米，宽1.5-3.5厘米，先端急尖，基部圆形，两面具白色长柔毛。花二型，下部有单生无瓣而能育的花，但通常为3-5花排成腋生总状花序；苞片卵形，具纵脉，有柔毛；小苞片2枚，披针形；花萼筒状，萼齿5，不整齐，有淡黄色长柔毛；花冠白色或有淡紫色，长1-1.5厘米；旗瓣倒卵圆形，直立，翼瓣长圆形，弯曲；雄蕊二体，花药均相同。荚果长圆形，扁平，长约2-3厘米，有毛，尤以腹缝线为密；种子3，红棕色，有黑斑。花果期8-9月。分布紫金山及城郊山地，生林缘草丛。

紫云英

Astragalus sinicus L. [英] Chinese milk vetch

　　豆科黄芪属。一年或越年生草本，茎直立或匍匐，高10-30厘米，被白色疏柔毛。奇数羽状复叶，具7-13小叶，小叶宽椭圆形或倒卵形，长10-15毫米，宽5-12毫米，顶端圆或微凹，基部宽楔形，两面疏生白柔毛；叶柄短，托叶离生，卵形，长3-6毫米，顶端尖，具缘毛。总状花序近伞形，花5-10朵；总花梗腋生；苞片三角状卵形，短；花梗短；花萼钟状，长约4毫米，被白色柔毛，萼齿三角形；花冠紫红色或白色，旗瓣倒卵形，长约1厘米，顶端微凹，基部渐狭成柄，翼瓣长约8毫米，瓣片椭圆形，具短耳，龙骨瓣与旗瓣近等长，瓣片半圆形。荚果条状矩圆形，微弯，具短喙；种子肾形。花期2-4月，果期3-5月。生田野、路边。

云实

Caesalpinia decapetala（Roth）Alston. [英] Mysore thorn

豆科云实属。落叶藤本灌木，枝、叶轴和花序均被柔毛和倒钩状刺。二回羽状复叶有3-8对羽片，对生，具柄，基部有刺一对；小叶6-12对，膜质，长圆形，长10-25毫米，宽6-11毫米，先端圆，微凹，基部圆，微扁斜；托叶小，早落。总状花序顶生，直立，长15-30厘米，多花；总花梗多刺；小花梗细，长3-4厘米，被毛；花萼下具关节，故花易脱落；萼片5，长圆形，萼筒短；花瓣5，黄色，膜

质，有光泽，长10-12毫米，圆形或倒卵形，盛开时稍反卷；雄蕊10，稍长于花瓣，花丝基部扁平。荚果长椭圆形，扁平，长约10厘米，宽约3厘米，栗褐色，光滑，顶端有喙，沿缝有约3毫米宽的狭翅；种子6-9粒。花期4-5月。生山坡。

杭子梢

Campylotropis macrocarpa (Bunge.)Rehd. [英] Clovershrub

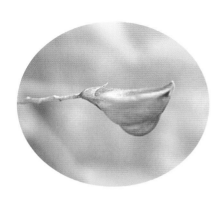

豆科杭子梢属。灌木，高可达2.5米；幼枝密生白色短柔毛。羽状复叶常3小叶；托叶披针形，叶柄长2-3毫米，顶生小叶椭圆形，长3-6.5厘米，宽1.5-3.5厘米，顶端圆或微凹，有短尖，基部近圆或呈楔形，上面无毛，网脉明显，下面贴生柔毛；侧生小叶较小。总状花序腋生及顶生，花序及总花梗总长可达10厘米，苞片卵状披针形，小苞片线形；小花梗长6-12毫米，生柔毛；花萼宽钟形，萼齿4，被短柔毛；花冠紫红色、红色或淡红色，长约10毫米，旗瓣椭圆形或倒卵形，基部狭，翼瓣稍短，龙骨瓣内弯。荚果斜椭圆形，长约1.2厘米，扁，宽约0.5厘米，顶短具短喙尖，具网纹。花期7-9月。生山坡、林缘。紫金山有分布。

锦鸡儿

Caragana sinica (Buchoz) Rehd. [英] Peashrub

　　豆科锦鸡儿属。灌木，高1-2米，有短刺，小叶2对，羽状排列，倒卵形或长圆状倒卵形，长1-3厘米，宽约1厘米，先端圆或微缺，基部楔形。花单生，花萼钟状；花冠黄色，常带红色，长约3厘米，旗瓣倒卵形，翼瓣稍长于旗瓣，龙骨瓣宽钝。荚果圆筒状，长约3厘米。花期4-5月，果期7月。

红花锦鸡儿

Caragana rosea Turcz. ex Maxim. [英] Red Peashrub

　　豆科锦鸡儿属。灌木，高0.4-1米，具纵棱，小枝细长，长枝上的托叶变为长3-4毫米的细刺，短枝上的托叶脱落。叶柄长5-10毫米；小叶4，近革质，拟掌状排列，叶楔状倒卵形，长1-2.5厘米，宽0.4-1.2厘米，先端圆钝或微凹，具刺尖，基部楔形，叶上面绿色较叶下深，无毛，全缘。花单生，花梗长8-18毫米，无毛；花萼管状，长约0.8厘米，萼齿5，三角形，渐尖，内侧密被短柔毛，常紫红色；花冠黄色、紫红色或淡红色，凋谢时变为红色，长约2厘米，旗瓣长卵状倒卵形，顶端凹入，基部渐狭成宽瓣柄，翼瓣长圆状线形，瓣柄稍短于瓣片，耳短齿状，龙骨瓣瓣柄与瓣片近等长，耳不明显；子房无毛。荚果圆筒形，长3-6厘米，具尖头。花期4-6月，果期6-7月。生山坡沟谷。

伞房决明

Cassia corymbosa Lam [英] Flowery Senna， Argentina Senna

豆科决明属。落叶灌木，株高1-2米，偶数羽状复叶2-3对，长5-10厘米，末端一对小叶稍大，长2.5-6厘米，宽1.2-1.8厘米，长卵状披针形，顶端渐尖，基部圆钝，稍偏斜，两面被疏毛，最下一对小叶间的叶轴上有一棒状腺体。伞房花序顶生或腋生，总花梗长约2.5厘米，萼筒短，萼裂片5；黄色花冠，近辐射对称，花瓣卵圆形，顶端微凹；可育雄蕊7枚；花柱弯曲。荚果圆柱形，长8-10厘米，光滑下垂。种子扁，椭圆形。花期7-10月，果期9-12月。原产阿根廷，1994年传入南京。栽培种。

决明

Cassia tora L. [英] Semen Cassiae

豆科决明属。一年生半灌木状草本，高30-200厘米。偶数羽状复叶，长4-8厘米；小叶3对，纸质，倒卵形至倒卵状椭圆形，长1.5-6.5厘米，宽0.8-3厘米，顶端圆钝，具小尖头，基部渐狭，稍不对称，幼时两面疏生柔毛；小叶柄短，约1.5-2毫米；托叶线形，早落。花常2朵生叶腋；总花梗长5-10毫米，花梗长1-1.5厘米；萼片5，膜质，下部合生成短管状，外被柔毛；花瓣5，黄色，宽倒卵形，长约12毫米，下面2片稍长；发育雄蕊7枚，子房无柄，被白柔毛。荚果细条状，长达15厘米，宽3-4毫米，两端渐尖，具纵棱。种子多数，近菱形，淡褐色，有光泽。花期9-10月。生山坡草丛及路边。不常见。

紫荆

Cercis chinensis Bunge [英] Redbud

　　豆科紫荆属。落叶乔木或灌木，高2-5米。叶纸质，近圆形，长5-10厘米，与宽近相等，先端急尖，基部心形，两面无毛，绿色。花紫红色，2-10朵簇生于老枝及主干，幼枝花较少，嫩枝上的花与叶同时开放；花长1-1.3厘米，花梗短，龙骨瓣基部具深色斑纹，子房嫩绿色。荚果扁狭长形，长4-8厘米，宽1-2厘米，线端尖，种子2-6粒。花期3-4月，果期8-10月。

绣球小冠花

Coronilla varia Linn. | 英 | Pueple Crown-vetch

豆科小冠花属。多年生草本，株高50-100厘米，多分枝，具纵棱。奇数羽状复叶，互生，具小叶11-27；托叶小；小叶柄极短。伞形花序腋生，有花5-20朵，密集排列成球状，着生于花序梗顶端；花序梗长5-6厘米；苞片2，披针形，宿存。花萼钟状，膜质；花冠粉红色至白色，长约1.2厘米，旗瓣近圆形，翼瓣长圆形，龙骨瓣先端成喙状。荚果长圆柱形。花期6-7月，果期8-10月。偶见栽培种。

小槐花

Desmodium caudatum(Thunb.)DC. [英] Caudate Tickcloyer

　　豆科山蚂蝗属。亚灌木，高1-2米。羽状三出复叶，托叶线状披针形，具条纹，宿存；叶柄长1.5-4厘米，扁平，具沟；小叶厚纸质，全缘，顶端渐尖，基部楔形，叶面有光泽，侧脉10-12对，不达叶缘；顶生小叶披针形或阔披针形，长4-9厘米，宽1.5-2.5厘米；侧生小叶较小，近无柄。总状花序腋生及顶生，长5-30厘米，花序轴每节2花；苞片钻形；花梗长3-4毫米，密被贴伏柔毛；花萼钟状，萼齿二唇形，上唇2齿，下唇3齿；花冠绿白色，长5-7毫米，具脉纹，旗瓣椭圆形，翼瓣及龙骨瓣长圆形，具瓣柄；子房密生贴伏毛。荚果线形，扁平，长5-7厘米，稍弯，被钩状毛，荚节4-6，长圆形。花期7-9月，果期9-11月。紫金山有分布。

圆菱叶山蚂蝗

Desmodium podocarpum DC. [英] Lozenge-leaf Podocarpium

豆科山蚂蝗属。多年生小灌木，高可达1米，茎有棱。叶互生，三出复叶；两侧叶较小，稍偏斜；顶端叶圆状菱形，长4-7厘米，宽3.5-6厘米，基部宽楔形，顶端尖或圆钝，全缘，两面被短柔毛，叶面绿色，背面淡绿，叶柄长6-12厘米，被柔毛；托叶线状披针形，长约15毫米，被柔毛。总状花序顶生呈圆锥状，长达30厘米，腋生呈总状；花紫红色，花梗长2-3毫米，小花萼钟状，萼齿卵形；旗瓣宽倒卵形，翼瓣与旗瓣等长，龙骨瓣短；子房线状披针形，疏被柔毛。荚果肾形，具短柄，2-3节，两面被钩状毛。花期7-9月。见于紫金山，生山坡、林缘、路边及草丛。不多见。本种即"长柄山蚂蝗"。

尖叶长柄山蚂蝗

Desmodium (Hylodesmum) podocarpum subsp.oxyphyllum（Candolle）H.Ohashi & R.R.Mill［英］Acutifoliate Podocarpium

豆科山蚂蝗属。亚灌木，高1-2米。羽状三出复叶，托叶线状披针形，具条纹，宿存；叶柄长1.5-4厘米，扁平，具沟；小叶厚纸质，全缘，顶端渐尖，基部楔形，叶面有光泽，侧脉10-12对，不达叶缘；顶生小叶披针形或阔披针形，长4-9厘米，宽1.5-2.5厘米；侧生小叶较小，近无柄。总状花序腋生及顶生，长5-30厘米，花序轴每节2花；苞片钻形；花梗长3-4毫米，密被贴伏柔毛；花萼钟状，萼齿二唇形，上唇2齿，下唇3齿；花冠绿白色，长5-7毫米，具脉纹，旗瓣椭圆形，翼瓣及龙骨瓣长圆形，具瓣柄；子房密生贴伏毛。荚果线形，扁平，长5-7厘米，稍弯，被钩状毛，荚节4-6，长圆形。花期7-9月，果期9-11月。紫金山有分布。

野扁豆

Dunbaria villosa (Thunb.) Makino [英] Longfloss Fiedharicot

　　豆科野扁豆属。多年生缠绕草本。茎细弱，有纵棱，密被短柔毛。小叶3，顶生小叶较大，近菱形，长1.5–3.5厘米，宽2–3.5厘米，顶端尖细，基部圆，全缘，侧生两小叶略小，稍偏斜，顶端渐尖；叶上均被短柔毛，叶下毛少。总状花序腋生，长可达6厘米，蝶形黄花2–7朵；花长约2厘米，有短花梗，苞片早落；花萼钟状，萼齿4，最下一枚较长，外被短柔毛及锈色腺点；旗瓣肾形，顶端微凹，基部有耳及爪；翼瓣稍弯，龙骨瓣弯甚；雄蕊10；子房密生柔毛，基部有环状腺体，长花柱纤细。荚果条形，扁平，顶端尖；种子6–8粒，近圆形，黑色。花期8–9月，果期9–10月。生草、灌丛中。不多见。

野大豆

Glycine soja Sieb.et Zucc. [英] Wild Soja

　　豆科大豆属。一年生缠绕草本，长1-4米，茎及小枝纤细，全体被褐色长硬毛。小叶3，顶生小叶较大，具1-2厘米长的叶柄，侧生小叶小，叶柄短或近无柄；叶对称椭圆形，顶端渐尖或钝尖，具小尖头，基部楔形或圆形，叶面叶脉稍凹入，侧脉7-9对，顶生小叶长3-5厘米，宽2-3厘米。短总状花序与叶对生，有花3-8朵，苞片卵状披针形；花萼钟状，萼齿5，披针形；旗瓣椭圆形，顶端圆，白色或淡紫色，基部具紫红色斑，具短柄，翼瓣及龙骨瓣近等长，紫红色。荚果矩圆形，稍弯，两侧稍扁，长2-3厘米，密生黄色长硬毛。种子2-3粒，椭圆形，扁，黑褐色。花期5-6月，果期7-9月，生山坡草丛。紫金山及红山、牛首山等地有分布。

米口袋

Gueldenstaedtia multiflora Bunge [英] Many-flower Gueldenstaedtia

豆科米口袋属。多年生草本。根圆锥状。茎缩短，在根茎丛生。一回单数羽状复叶丛生在短茎上，托叶三角形，基部合生；小叶11-21，椭圆形、卵形或长椭圆形，长6-22毫米，宽3-8毫米；托叶、花萼和花梗均有长柔毛。伞形花序腋生，有花4-6朵；花萼钟形，5齿裂，上面2萼齿较大；花冠紫色，旗瓣卵形，长约13毫米，翼瓣长约10毫米，龙骨瓣短，长5-6毫米；子房圆筒状，花柱内曲。荚果圆筒形，无假隔膜，长17-22毫米；种子多数，肾状，表面光泽，有凹点。花期4-5月。分布于南京城郊各地，生山坡草地及田间空地。

多花木蓝

Indigofera amblyantha Craib [英] Pinkflower Indigo

豆科木蓝属。多年生直立灌木，高80-200厘米，分枝少，枝褐色，幼枝红褐色，具棱，密被白色丁字毛。单数羽状复叶，长可达18厘米，叶柄长2-5厘米，叶轴具浅槽，小叶7-9，对生，常椭圆形，长1.5-4厘米，宽1-2厘米，顶端圆，有短尖，基部宽楔形或圆形，全缘，上面疏生绿色丁字毛，下面淡绿色，被毛较密；侧脉4-6对；小叶柄短，被毛，托叶小。总状花序腋生，长可达15厘米，总花梗短于叶柄，苞片线形，早落，花梗短；花萼扇形，萼齿多片；花冠淡红色，长约5-7毫米，被毛，旗瓣倒宽卵形，龙骨瓣短于翼瓣。荚果棕色，条形，长4-6厘米，被毛，种子褐色，椭圆形。花期5-7月，果期8-10月。生山坡灌丛，见于紫金山。

苏木蓝

Indigofera carlesii Craib. [英 | Carles Indigo

豆科木蓝属。矮灌木，高约1米。茎直立，幼枝具棱。单数羽状复叶，通常有7小叶，椭圆形或卵状椭圆形，长2-4厘米，宽1-3厘米，顶端圆，有针状短尖，基部圆钝或阔楔形，两面密被白色短丁字毛，中脉上面凹入，下面隆起，侧脉6-10对，下面更明显；小叶柄长2-4毫米；小托叶钻形。总状花序腋生，有花多数；总花梗长约1.5厘米，花序轴有棱，被疏短丁字毛；苞片卵形，早落；花梗长2-4毫米；花萼杯状，萼齿披针形，外面有毛；花冠粉红色，旗瓣近椭圆形，外面被毛，翼瓣、龙骨瓣有缘毛；花药卵形，两端有毛。荚果褐色，线状圆柱形，开裂后果皮扭转。花期4-5月。分布于城东、城南各山地，较少见。生山坡灌丛。

华东木蓝

Indigofera fortunei Crabi. [英] East China indigo

　　豆科木蓝属。落叶小灌木，高30-100厘米，茎直立，分枝有棱。单数羽状复叶，小叶7-15，对生，间互生，卵状椭圆形，长1.5-4.5厘米，宽0.8-3厘米，顶端急尖、钝或微凹，有小尖，基部圆或宽楔形，全缘，叶中脉上面凹入，下面凸起，网状细脉明显；小叶柄短；小托叶针状。总状花序腋生，长8-18厘米，总花梗长约3厘米；苞片卵形；小花梗长约3毫米；花萼斜杯状，萼齿5，三角形，最下萼齿稍长；花冠紫红色、淡紫色或粉红色，旗瓣倒宽卵形，顶端微凹，外被柔毛，翼瓣边缘具睫毛，龙骨瓣长可达11.5毫米，距短；花药宽卵形，顶端有尖；子房含10余粒胚珠。荚果线状圆柱形，褐色。花期4-5月，果期6-11月。生山坡疏林。

花木蓝

Indigofera kirilowii Maxim.ex Palibin [英] Kirilow indigo

豆科蝶形花亚科木蓝属。小灌木，高0.3-1米。茎圆柱形，幼枝有棱，疏生白色丁字毛。单数羽状复叶，长6-15厘米；叶柄长约2厘米，具浅槽；托叶披针形，早落；小叶2-5对，菱状椭圆形，长1.5-4厘米，宽1-2.3厘米，顶端渐尖，具小尖头，基部楔形或近圆形，上面绿色，下面粉绿；小叶柄长约2.5毫米；小托叶钻形，宿存。总状花序长5-15厘米，疏花；苞片线状披针形，长2-5毫米；花梗长3-5毫米；花萼杯状，长约3.5毫米，萼齿披针状三角形；花冠淡红色，旗瓣椭圆形，长约15毫米，宽约7.5毫米，顶端圆；花药阔卵形。荚果圆柱形，棕褐色；种子赤褐色，长约5毫米。花期4-6月，果期7-8月。见于江宁谷里金牛山。

河北木蓝

Indigofera bungeana Walp. [英] False indigo

豆科木蓝属。灌木，高40–100厘米，枝银灰色，被毛。羽状复叶长2.5–5厘米，叶柄长约1厘米，小叶2–4对，对生，椭圆形至宽卵形，长5–15毫米，宽3–10毫米，先端钝圆，基部圆形，小叶柄短。总状花序腋生，长4–7厘米，苞片线形，长1.5毫米；花梗与花萼甚短；花冠紫红色，旗瓣宽倒卵形，翼瓣与龙骨瓣等长。荚果线状圆柱形，种子椭球形。花期5–6月，果期8–9月。

中华胡枝子

Lespedeza chinensis G.Don [英] China Bushclover

　　豆科胡枝子属。小灌木，高达1米。茎直立或铺散，全株被白伏毛，茎下部毛渐脱落，分枝斜升，被柔毛。托叶钻形，长3-5毫米；叶柄长约1厘米，羽状复叶3小叶，小叶倒卵形或倒卵状长圆形、卵形或倒卵形，长2-3厘米，宽1-1.5厘米，先端截形微凹，具小尖，上面无毛或具疏毛，下面密被白伏毛，基部楔形。总状花序腋生，少花，总花梗短，花梗长1-2毫米，苞片及小苞片披针形，小苞片2，长约2毫米；花萼长为花冠之半，5深裂，裂片狭披针形，长约3毫米，具缘毛；花冠白色或淡黄色，旗瓣椭圆形，长约7毫米，翼瓣狭长圆形，长约6毫米，具长瓣柄，龙骨瓣长约8毫米。荚果卵圆形，长约4毫米，先端具喙，表面具网纹，密被白伏毛。花期8-9月，果期10-11月。生紫金山林缘、灌丛。

多花胡枝子

Lespedeza floribunda Bunge [英] Flowery Bushclover

　　豆科胡枝子属。小灌木，高30-100厘米，基部分枝，具棱，有白毛。托叶线形，长4-5毫米；3小叶羽状复叶，叶倒卵形或椭圆形，长1-2.5厘米，宽5-10毫米，顶端微凹、平截或圆，有小尖，基部楔形，上面被疏毛，下面密被白柔毛，侧生叶较小；小叶柄长约7毫米。总状花序腋生，总花梗细长，无小花梗；小苞片贴生萼筒，卵形，长约1毫米，顶端尖；花萼宽钟状，长4-5毫米，被柔毛，5齿裂，裂片披针形，疏生白柔毛；花冠紫色或紫红色，旗瓣椭圆形，长约8毫米，顶端圆，基部具柄，翼瓣稍短，龙骨瓣长于旗瓣。荚果卵状菱形，长约5毫米，宽约3毫米，被柔毛。花期6-9月，果期9-10月。生山坡草丛，紫金山及市郊山地有分布。

美丽胡枝子

Lespedeza formosa（Vog.）Koehne. [英] Spiffy Bushclover

　　豆科胡枝子属。直立灌木，高1-2米。多伸展分枝，枝有纵棱；幼枝有短柔毛。叶柄长1-3厘米，托叶披针形；3小叶，长1.5-6厘米，宽1-5厘米，小叶卵形、卵状椭圆形或长椭圆形，先端急尖、圆钝或微凹，有小尖，基部楔形，下面淡绿色，贴生短柔毛，具短柄。总状花序腋生，总花梗长于叶，长6-15厘米，被短柔毛，花5-9，排成圆锥状；花萼钟状，长4-6毫米，5深裂，萼齿披针形，长于萼筒，被短柔毛；花梗细短，被毛；花冠紫红色或紫色，长10-15毫米，旗瓣近圆形，翼瓣倒卵状长圆形，龙骨瓣长于旗瓣。荚果倒卵形或卵形，稍偏斜，长约8毫米，有短尖，具锈色短柔毛。花期7-9月。生山坡、林缘、灌丛。不多见。

日本胡枝子

Lespedeza thunbergii (DC.) Nakai [英] Japan Bushclover

　　豆科胡枝子属。灌木，高约1.5米，幼枝有柔毛。羽状复叶具3小叶；叶柄长1-5厘米，被短柔毛；小叶长椭圆形至近菱形，长1.5-9厘米，宽1-5厘米，顶端渐尖，具小尖头，基部楔形，叶面深绿色，侧脉多数，两面多柔毛。总状花序生复叶柄基部，总花梗长约10厘米，密被柔毛，小花梗长约2厘米，被柔毛；花萼钟状，5裂，披针形，被毛；花冠淡紫红色，长1-1.5厘米，旗瓣椭圆形，淡紫红色或白色，基部具紫斑，翼瓣倒卵状长圆形。荚果扁斜，具短柔毛。花期5-8月。紫金山有分布。

白胡枝子

Lespedeza tomentosa (Thunb.) Sieb. [英] Woolly Lespedeza

豆科胡枝子属。灌木，高1-2米，全株被黄色柔毛，直立或倾斜。3小叶，托叶2，线形；顶生小叶较大，长圆形或卵状长圆形，长3-6厘米，宽1-3厘米，顶端圆，有短尖，基部圆钝，边缘稍反卷；叶脉不显著，背面稍突出；侧生小叶较小；顶生小叶有短柄。有瓣花成顶生或茎上腋生总状花序，无瓣花呈腋生头状花序；小苞片线状披针形；花萼长于花冠，浅杯状，萼齿5，密生柔毛，披针形，顶端急尖；花冠白色至淡黄色，旗瓣椭圆形，长约1厘米，基部具2个短条形紫红色斑点，翼瓣较短，与龙骨瓣近等长。荚果倒卵状椭圆形，顶端具短尖，表面密被白色短柔毛。花、果期7-10月，生山坡灌丛，见于紫金山。本种又称绒毛胡枝子或山豆花。

野苜蓿

Medicago falcata L. [英] Sickle Alfalfa

豆科苜蓿属。多年生草本，高40-80厘米，茎平卧或上升，圆柱形，多分枝。羽状三出复叶，托叶披针形或线状披针形，短于叶长；小叶倒卵形，长8-20毫米，宽5-8毫米，顶端近圆形，具刺尖，基部楔形，边缘距顶部长约四分之一叶缘内具小尖齿，侧脉多对，与中脉成锐角平行至叶缘；顶生小叶较大，具短柄。短总状花序，长1-3厘米，具花四至多朵；总花梗腋生，纤细，长3-4厘米，苞片针刺状，长约1毫米；花长约10毫米，小花梗长约2毫米；萼钟形，被伏毛，长2-3毫米，萼齿线状披针形，长于萼筒；花冠黄色或浅紫蓝色，旗瓣椭圆形，顶端微凹缺，翼瓣短于旗瓣；子房线形，花柱短。荚果镰形，种子2-4粒。花期6-8月，果期7-9月。生山坡草地。见于上元门附近。

小苜蓿

Medicago minima (L.) Grufb. [英] Little Medic

豆科苜蓿属。一年生草本，高10-30厘米，全株被伸展的柔毛；主根粗壮。茎铺散，平卧上升，基部分枝，羽状三出复叶；托叶卵形，顶端锐尖，基部圆形，常全缘；叶柄细，长1-3厘米；小叶倒宽卵形，长5-10毫米，宽4-8毫米，顶端圆平或微凹，有短细尖，基部楔形，边缘近端部五分之二有细齿，两面被毛。头状花序，有花3-6朵；总花梗细，长1.5-2.5厘米，腋生；苞片细刺毛状；小花长3-4毫米，小花梗短；萼钟形，萼齿披针形，密被毛；花冠淡黄色，旗瓣阔卵形，长于翼瓣和龙骨瓣。荚果球形，直径约3毫米，被棘钩刺。种子长肾形，棕色，平滑。花期3-4月，果期4-5月。生野地。见于经天路。

南苜蓿

Medicago polymorpha L. [英] Toothed Burr Medick

　　豆科苜蓿属。一、二年生小草本，高20-50厘米，茎常平卧，斜升而直立，4棱，基部多分枝。羽状三出复叶，小叶宽倒卵形，顶端圆钝，常凹入，基部楔形，上部叶脉端缘具小齿，小叶长1-1.5厘米，宽0.7-1厘米，上面无毛，下面有疏毛，叶脉9，整齐平行；托叶卵形，先端渐尖，基部耳状，边缘具须状长齿；总叶柄长1.5-2.5厘米。花2-6朵聚成总状花序，腋生；总花梗长约1.5厘米，苞片小，尾尖，小花梗短；花萼钟形，长约2毫米，深裂，萼齿披针形；花冠黄色，长约3-4毫米，略伸出萼外，旗瓣倒卵形，顶端凹，基部宽楔形，长于翼瓣及龙骨瓣。子房长圆形，上弯。荚果螺旋形，褐绿色，边缘具钩刺。种子3-7粒，肾形，黄褐色。花期4月，果期4-5月。生路边及湿草地。南京常见。

紫花苜蓿

Medicago sativa Linn. [英] Alfalfa

豆科苜蓿属。多年生草本，茎直立，高30-100厘米，茎四棱形。羽状三出复叶，托叶披针形，叶柄长约1厘米，小叶柄长约1毫米；小叶长卵形或披针形，顶生小叶稍大，长1-3厘米，宽0.5-1厘米，纸质，中脉稍凸出，具尖锯齿，顶端圆，具由中脉伸出端的齿尖，基部狭楔形，侧脉8-10对。总状花序腋生，长1-3厘米，具花8-20朵，苞片线状，小花梗长约2毫米；花萼钟形，花冠紫红色或蓝色，花瓣具长瓣柄，旗瓣长圆形，翼瓣稍长于龙骨瓣，子房线形。荚果螺旋状，有疏毛，顶端有喙。种子10余粒，肾形，黄褐色。花果期4-7月。与野苜蓿的不同在茎与花，野苜蓿茎圆柱形，花多黄色，少数淡蓝紫色；而紫花苜蓿的茎为四棱形。少数野生见于牛首山及灵山。

白花草木犀

Melilotus albus Desr. [英] Honey clover

　　豆科草木犀属。二年生草本，茎直立，高1-2米，圆柱形，多分枝，几无毛。羽状三出小叶，托叶狭三角形，顶端尾尖；小叶椭圆形至披针状椭圆形，长1.5-4厘米，宽0.5-1.2厘米，顶端钝，微凹，基部楔形，边缘具疏细齿或全缘，侧脉12-15对，平行达叶缘，顶生小叶稍大。总状花序腋生，长9-20厘米，具花40多朵，排列疏松；苞片线形；花长4-5毫米；花梗短，长约1毫米；萼钟形，长约2.5毫米，微被柔毛，萼齿三角形，稍短于萼筒；花冠白色，旗瓣椭圆形，稍长于翼瓣，龙骨瓣与翼瓣等长；子房卵状披针形，胚珠3-4粒。荚果卵球形，长3-3.5毫米，具网纹，灰色；种子1-2粒，黄褐色，肾形。花期5-7月，果期7-9月。生湿润沙地。见于江宁黄龙岘。

草木犀

Melilotus officinalis (Linn.) Pall. [英] Sweet clover

豆科草木犀属。二年生直立草本，高40-200厘米，多分枝，具纵棱，微被柔毛。叶互生，羽状三出复叶，托叶线形，全缘；叶柄细长、中下部叶宽椭圆形，顶部圆钝，基部圆形或宽楔形，叶缘有锯齿，上部叶窄椭圆形至卵状披针形，顶部圆钝或尖，基部窄楔形，叶缘具齿，叶长1.5-3厘米，宽0.5-2厘米，上面无毛，下面具疏短毛，侧脉8-12对，平行直达齿尖；顶生小叶较大，小叶柄亦较长。总状花序腋生，长10-20厘米，具花多数；花萼钟形，长约2毫米，5脉，萼齿三角状披针形；花冠黄色，旗瓣倒卵形，与翼瓣近等长，龙骨瓣稍短；荚果卵圆形，长3-5毫米，宽约2毫米，棕黑色；种子1-2粒，卵形。花期5-9月，果期6-10月。见于牛首山。

野葛

Pueraria lobata (Willd.) Ohwi [英] Kudzuvine

豆科葛属。木质藤本，枝灰褐色，具微棱，全株疏生褐色硬毛。三出复叶；托叶2，卵状披针形，小托叶线形；叶柄长7-20厘米；小叶柄短；顶生小叶菱状卵形，长6-18厘米，宽5-17厘米，顶端渐尖，基部圆形，有时3浅裂，全缘，表面绿色，背面灰白色；侧生叶斜广卵形，有时稍2浅裂。总状花序腋生，密花；小苞片卵状披针形；萼钟状，5齿裂，披针形；花冠紫红色，旗瓣近圆形，长13毫米，宽11毫米，顶端微凹，基部内侧有2耳及短爪，龙骨瓣倒卵状长圆形，长约13毫米，基部具耳和长爪，翼瓣长圆形，长12毫米，顶端圆，基部具弯耳和长爪；雄蕊10；子房线形，柱头头状，顶生。荚果长圆形，扁平，长4-10厘米，宽约1厘米，含2-10粒种子。花期7-8月，果期9-10月。生山坡、沟谷及林缘、灌丛。常见。

鹿藿

Rhynchosia volubilis Lour. [英] Rhynchosia

　　豆科鹿藿属。多年生缠绕藤本，全体具褐色绒毛。三出小叶，纸质，全缘，顶生小叶卵状菱形或宽菱形，长2.5-6厘米，宽2-5厘米；侧生叶较小，斜宽菱形，顶端尖，基部稍钝，小叶柄比叶柄短，叶柄及叶的两面密被柔毛，下面具褐色腺点，基出3脉，托叶线状披针形。总状花序腋生，1-3花同生一叶腋内；花萼钟状，萼齿5，外被柔毛，下萼裂片较长；蝶形花冠黄色，龙骨瓣有长喙；雄蕊10，花药1室；子房上位，胚珠2，花柱长，柱头头状。荚果长椭圆形，红褐色，长约1.5厘米，宽约8毫米，顶端具小喙；种子1-2粒，椭圆形，黑色光亮。花果期7-11月。生山坡草丛，攀缠灌木或树上。不多见。

刺槐

Robinia pseudoacacia L. [英] Black Locust

豆科蝶形花亚科刺槐属。落叶乔木，高10-25米，树皮褐色，浅裂至深纵裂。小枝灰褐色，具纵棱，有托叶扁刺，刺长可达2厘米。单数羽状复叶，长10-30厘米，小叶7-25；叶椭圆形，长2-5厘米，宽1-2厘米，顶端圆，微凹，具小尖，基部圆，全缘，上面绿色，下面灰绿色，小叶柄短，小托叶针芒状。总状花序腋生，长10-20厘米，花序下垂，花多数，芳香，苞片早落，花梗长7-8毫米；花萼杯状，萼齿5，具柔毛；花冠白色，具瓣爪，旗瓣近圆形，翼瓣斜倒卵形，龙骨瓣镰状；雄蕊二体，子房线形，花柱钻形。荚果扁长矩圆形，长3-10厘米，赤褐色；种子2-15粒，肾形，黑色。花期4-6月，果期7-9月。18世纪末从欧洲引入，现广泛栽培并有野生。

苦参

Sophora flavescens Ait. [英] Lighiyellow Sophora

豆科槐属。多年生亚灌木，高1-2米。茎直立，多分枝，具纵沟棱。单数羽状复叶，长20-25厘米，托叶线形，小叶17-25，近对生，纸质，叶形多变，本地所见为卵状披针形，长3-4厘米，宽1.2-2厘米，顶端渐尖，基部圆形，背面密生平贴柔毛，中脉背面凸起。总状花序顶生，长15-20厘米，花多数，小花梗纤细；苞片线形，长约3毫米；花萼钟状，歪斜，长6-7毫米，疏被短柔毛；花冠长于花萼，黄白色，旗瓣卵状匙形，翼瓣单侧生，无耳，龙骨瓣与翼瓣近等长；雄蕊10，花丝分离，子房近无柄，花柱稍弯曲。荚果长5-10厘米，圆柱形，呈串珠状，种子1-5粒，褐色，扁球状。花期6-7月，果期7-9月。生山坡、草丛、路边。牛首山、紫金山有分布。

槐

Sophora japonica L. [英] Japan Pagodatree

　　豆科槐属。落叶乔木，高15-25米，树皮灰褐色，有纵裂纹。新枝绿色，无毛。单数羽状复叶，长15-25厘米，叶柄基部膨大，托叶早落；小叶9-15，纸质，卵状长圆形或卵状披针形，长2.5-6厘米，宽1.5-3厘米，顶端渐尖，具小突尖，基部宽楔形或近圆形，下面灰白，疏生柔毛。圆锥花序顶生，花梗短，苞片2；花萼钟状，长约4毫米，5齿裂，疏被毛；花冠乳白色，沾淡黄绿色，旗瓣近圆形，具短爪，有淡紫脉，顶端微缺；翼瓣卵状长圆形，龙骨瓣阔卵状长圆形，与翼瓣等长；雄蕊10，不等长。荚果串珠状，肉质，长2.5-5厘米或更长，直径约10毫米，无毛，成熟时不开裂，种子1-6粒，肾形。花期6-7月，果期8-10月。南京常做行道树。

小叶野决明

Thermopsis chinensis Benth. ex S.Moore [英] China Wildsenna

豆科野决明属。多年生草本，茎直立，高约50厘米，分枝，幼枝被柔毛。掌状3小叶，叶柄长约2厘米，托叶2，线状；小叶倒卵状披针形，长2-4厘米，宽1-2厘米，先端圆钝，具小尖，基部楔形。总状花序顶生，长10-30厘米，花互生，苞片卵形，萼钟形，长0.8-1.3厘米，齿5；花冠黄色，花瓣具长瓣柄，旗瓣近圆形，长约2.5厘米，宽约2厘米，先端微凹，中间具斑线纹；子房被绢毛。荚果上伸，披针状线形。种子多粒。花期3-4月，果期5-6月。生荒地。见于岗子村。

白车轴草

Trifolium repens L. [英] White Clover

豆科车轴草属。多年生草本，茎贴地匍匐，叶柄
直立，顶生3小叶，小叶心形，叶上有一飞燕状白斑，
边缘具细齿，叶脉明显，小叶叶柄极短；托叶椭圆形，
顶端尖，抱茎。头状花序，总花梗长于叶柄；萼筒状，
萼齿三角形，较萼筒短；花白色或淡红色。荚果倒卵状
矩形，长约3毫米，包于膜质、膨大、长约1厘米的萼筒
内，含种子2-4粒，种子褐色，近圆形。花期4-6月。
白车轴草为草本地被植物。野生于向阳潮湿处或低洼
处。耐寒，南京冬季常见在枯黄的禾本科草丛中保持着
成片簇生的纯净绿叶，颇引人注意。

红车轴草

Trifolium pratense L. [英] Red Clover

　　豆科车轴草属。多年生草本，茎直立或平卧上升，具纵棱，长30-40厘米。掌状三出复叶，托叶卵形，基部抱茎，叶柄长，小叶卵状椭圆形至菱形，长2-3厘米，宽1-2厘米，顶端渐尖，基部楔形，绿色，叶中部有淡色"V"形斑，侧脉多对，全缘。花序顶生头状，具花30-70朵，密集；萼钟状；花冠淡红色，旗瓣匙形。荚果卵形。原产欧洲。花果期5-9月。见于市内红花地。

广布野豌豆

Vicia cracca L. [英] Bule vetch

豆科野豌豆属。多年生蔓生草本植物，高40-150厘米。茎蔓生攀援，多棱。偶数羽状复叶，叶轴顶端小叶退化成的卷须，常有2-4分支；托叶戟形；小叶5-12对，狭椭圆形或披针形，长10-30毫米，宽2-8毫米，先端突尖，基部圆形，叶全缘。总状花序腋生，花序与叶轴近等长，花多数，密集并偏向一面生于总花序轴上部，花萼斜钟状，萼齿5，三角状披针形；花冠紫色、蓝紫色或紫红色，长8-15毫米；旗瓣长圆形，中部稍缩而顶端凹入，翼瓣与旗瓣近等长，且长于龙骨瓣，先端圆钝；子房无毛，具长柄，胚珠4-7，花柱顶端被黄色腺毛。荚果长圆形，白色，长2-2.5厘米，宽约0.8厘米，膨胀，先端有喙，两端急尖，具短柄及条形果托。种子3-5枚，球形，黑色，直径约0.2厘米。花期5月。南京各地常见，生山坡、田间及路边。

小巢菜

Vicia hirsuta (Linn.) S.F.Gray [英] Hairy tare

豆科野豌豆属。一年生草本，高15-50厘米，蔓生，茎细柔有棱，近无毛。偶数羽状复叶，末端有卷须；托叶线形；小叶4-8对，狭长圆形或披针形，长5-15毫米，宽1-3毫米，顶端平截，微凹，基部渐狭，两面无毛。总状花序腋生，有花2-5朵，花萼钟状，萼齿5，披针形，长约2毫米，有短柔毛；花冠白色或淡紫色，长约4毫米，旗瓣椭圆形，翼瓣勺形，龙骨瓣短；子房无柄，密被褐色毛。荚果矩形，长7-10毫米，宽2-5毫米，被黄毛。种子1-2，棕色，扁圆。花果期2-5月。生河岸、田边、路旁及草丛。南京各地常见。

箭舌野豌豆（大巢菜）

Vicia sativa L. [英] Common Vetch

　　豆科野豌豆属。一年或二年生草本，高25-50厘米，茎斜升、匍匐或攀援，多分枝，具棱。偶数羽状复叶，叶轴顶端有卷须，卷须常3分支；托叶戟形，小叶2-7对，长椭圆形或倒卵形，长8-20毫米，宽3-7毫米，顶端圆或平截，有凹缺，中脉顶端具细尖，基部楔形，两面疏被黄柔毛。花1-2朵生叶腋，近无梗；萼钟状，被柔毛，萼齿5，披针形，渐尖；花冠紫红色或红色，旗瓣长倒卵圆形，顶端微凹，翼瓣短于旗瓣，龙骨瓣更短；子房线形，具短柄，胚珠4-8，花柱顶端背部有淡黄色髯毛。荚果条形，扁平，长3-5厘米，宽0.5-0.8厘米；种子棕色，圆球形。生山坡路边，花期3-6月，果期6-8月，生南京各地。

歪头菜

Vicia unijuga A.Braun [英] Askew Vetch

豆科野豌豆属。多年生直立草本，高可达1米，茎4棱。羽状小叶一对，歪生于茎侧，小叶菱状卵形或椭圆状披针形，长3-9厘米，顶端渐尖，基部楔形。总状花序腋生，具花8-20朵，集生于花序梗顶端一侧，花长约1厘米；花萼紫色，花冠紫红色或蓝紫色，旗瓣倒提琴形。荚果扁平，种子3-7枚。花期7-9月，果期8-10月。生山坡。

赤豆

Vigna angularis (Willd.)Ohwi et Ohashi[英] Red Bean

豆科豇豆属。一年生直立或半缠绕草本，高
30-90厘米，茎被长硬毛。小叶3，全缘，顶生
小叶卵形，长5-10厘米，宽2.5-5厘米，顶端渐
尖，基部圆形或宽楔形，侧生小叶偏斜，时有浅
3裂；托叶着生基部以上，宽披针形或斜卵形。
总状花序腋生，5-6朵生于短总花梗顶端，小苞
片条形，长于萼片；花萼斜钟状，萼齿5，卵状
或三角状，具缘毛；花冠黄色，长2.2-2.4厘米，

旗瓣扁圆形，宽约1.2厘米，顶端凹入；翼瓣宽卵形，具2短爪及耳；龙骨瓣上部弯
曲近半圆，子房上弯；花柱弯曲，内侧有髯毛；雄蕊10枚。荚果圆柱形，稍扁，
下垂，含种子6-10粒。种子矩圆形，两端平或圆，长5-6毫米，暗红色，种脐白
色。花期7-9月，果期9-10月。本种因土地用途的改变多见野外逸生。

紫藤

Wisteria sinensis Sweet. [英] Chinese Wisteria

豆科紫藤属。落叶大藤本植物。茎左旋，枝粗壮。单数羽状复叶，小叶7-13，纸质，卵形或卵状披针形，长10-20厘米；小叶长5-8厘米，宽3-5厘米，先端渐尖，基部圆钝或楔形；小托叶刺毛状，宿存。总状花序发自去年的短枝腋芽或顶芽，侧生，下垂，长15-30厘米，直径8-10厘米；花长2-3厘米，芳香；萼钟状，密被绢毛，5齿；花冠紫色，长约2厘米，旗瓣圆形，先端稍凹，翼瓣长圆形，龙骨瓣阔镰形。荚果扁，条形，长10-15厘米，宽约2厘米，密生黄色绒毛；种子褐色，扁圆光滑，直径约1厘米。花期3-4月，果期4-6月。多分布于阳山、牛首山等地，生山坡。

藤萝

Wisteria villosa Rehd . { 英 } Chinese wistaria

豆科紫藤属。落叶藤本，羽状复叶长15-32厘米；小叶4-5对，纸质，卵状或椭圆状长圆形，最下一对并非最大，叶长5-10厘米，宽2.3-3.5厘米，先端短渐尖至尾尖，基部阔楔形至圆形，两面被白柔毛，下面较密，不脱落。总状花序生于枝端，与叶同时展开，花下垂，花序长30-35厘米，直径8-10厘米，苞片卵状椭圆形，花长2.2-2.5厘米，芳香；花萼浅杯状，花冠堇青色，旗瓣圆，翼瓣及龙骨瓣宽长圆形。荚果倒披针形，扁，长18-24厘米，宽约2厘米。花期4月中旬至5月上旬。

与紫藤的区别在于：花期滞后1个月；花叶同时展开；叶上的白柔毛不脱落。

白花酢浆草

Oxalis acetosella L. [英] Woodsorrel

　　酢浆草科酢浆草属。多年生草本，高8-10厘米。叶基生，叶柄长3-15厘米，托叶宽卵形，生叶柄茎部；小叶3，倒心形，长0.5-2厘米，宽0.8-3厘米，顶端凹，两边圆，基部楔形；总花梗基生，单花，与叶柄近等长，花梗长2-3厘米，被柔毛；2苞片对生，卵形，长约3毫米；萼片5，卵状披针形，宿存，长3-5毫米，宽1-2毫米，顶端有短尖；花瓣5，白色，倒心形，长于萼片，顶端凹，基部狭楔形，具紫红色脉纹；雄蕊10，花丝细；花柱5，柱头头状。蒴果卵球形，种子卵形。花期7-8月，果期8-9月。不常见。

酢浆草

Oxalis corniculata L. [英] Creeping woodsorrel

　　酢浆草科酢浆草属。多年生草本，茎细长，常平铺地面，株长可达30厘米以上，多分枝，茎节上生不定根。三小复叶基生或茎生，茎上叶互生；托叶小；基生叶叶柄明显，茎生叶无柄；小叶倒心形，长5-15毫米，宽5-20毫米，顶端凹陷，基部宽楔形，被柔毛。花一至数朵，腋生，组成伞状聚伞花序，总花梗与叶柄近等长，长4-15毫米；小苞片2；萼片5，矩圆形或披针形；花瓣5，黄色，倒卵形，长6-8毫米，宽4-5毫米；雄蕊10，5长5短，花丝基部合成筒；子房5室。蒴果长圆柱形，长1-2.5厘米，5棱，被短柔毛。种子长卵形，红褐色，具横肋及网纹。本种偶见有紫叶变型。花期4-10月。

　　本种为南京各地常见野花，生在街巷墙边、花坛及家养花盆中，茎细而坚韧，茎节生根，常清除后再生，生命力强。

红花酢浆草

Oxalis corymbosa DC. [英] Red Woodsorrel

酢浆草科酢浆草属。多年生直立草本，无地上茎。叶基生，叶柄长5-30厘米；小叶3，扁圆状倒心形，长1-4厘米，宽1.5-6厘米，顶端凹，两边角圆形，基部阔楔形，表面绿色，背面浅绿色；托叶椭圆形，顶端尖，与叶基部合生。总花梗基生，二歧聚伞花序，常排成伞形花序，总花梗长10-40厘米，小花梗长5-20毫米，苞片2枚膜质；萼片5，披针形，长4-7毫米；花瓣5，倒心形，长1.5-2厘米，紫红色；雄蕊10，花丝被长柔毛；花柱5，柱头2裂。花期3-12月。原产热带美洲，为地被栽培植物，野外有逸生。

紫叶酢浆草

Oxalis triangularis A.St.–Hil. [英] Silver Leaves

　　酢浆草科酢浆草属。多年生丛生草本，肉质根上生根状茎。叶基生，叶柄长6-20厘米，三出掌状复叶，小叶三角形或宽倒箭状三角形，长4-6厘米，宽5-9厘米，叶面紫色，托叶膜质。伞形花序，5-8朵簇生于小花梗顶端，花序梗基生，长约20厘米；花萼5片，宽披针形，长约5毫米，绿色；花瓣5，倒卵形，长约2厘米，白色带淡紫色；花丝基部合生成筒状；雄蕊10，花柱5；蒴果圆柱状，5棱。种子扁卵形。花果期3-10月。原产南美洲，南京栽培为地被植物。

芹叶牻牛儿苗

Erodium cicutarium (L.) L'Herit.[英]Celeryleaf Heronbill

　　牻牛儿苗科牻牛儿苗属。一、二年生草本植物，高10-20厘米。茎直立，多数，斜生或蔓生，被柔毛。托叶披针形或卵形；基生叶具长柄，茎生叶近无柄；叶片矩圆形或披针形，长5-12厘米，宽2-5厘米，二回羽状深裂，裂片7-11对，近无柄，小裂片全缘或具1-2齿，两面被伏毛。伞形花序腋生，长于叶，总花梗被早落腺毛，小花梗有2-10朵花；苞片多数，卵形或三角形，合生至中部；萼片卵形，长4-5毫米，宽2-3毫米，3-5脉，顶端尖，被腺毛；花瓣紫红色，倒卵形，长于萼片，顶端钝圆或稍凹，基部楔形，被糙毛；雄蕊稍长于萼片，花丝紫红色。蒴果长2-4厘米，被短伏毛。种子卵球形，长约3毫米。花期4-5月。见于江宁谷里。

野老鹳草

Geranium carolinianum L. [英] Carolina cranebill

牻牛儿苗科老鹳草属。一年生草本，高20-50厘米。茎直立或斜升，有密柔毛，分枝。叶圆形或圆肾形，掌状深裂，宽4-7厘米，长2-3厘米，下部叶互生，上部叶对生，5-7深裂，每裂又3-5裂；裂片条形，有浅裂，两面有毛，下部叶有长柄，长达10厘米，上部叶柄短。花生于叶腋或茎端，花序柄短或几无柄，花梗长1-1.5厘米；萼片宽卵形，长5-7毫米，顶端有芒；花瓣与萼片等长或略长，淡红色，瓣顶端为一三角状缺口，瓣中具三出紫脉。蒴果长约2厘米，顶端有长喙，成熟时裂开，5果瓣向上卷曲。种子褐色，椭圆形。花期4-5月。生路边、草地及林缘。野老鹳草具长柄的掌状叶极富装饰性，蒴果上的长喙也引人注目。

野亚麻

Linum stelleroides Planch. [英] Wild Flax

亚麻科亚麻属。一、二年生草本，高20-90厘米。茎直立，圆柱形，基部木质化，中部以上多分枝，无毛。叶互生，线形、线状披针形，长1-4厘米，宽2-5毫米，顶端锐尖或渐尖，基部渐狭，无柄，全缘，无毛，侧脉4-5对。单花或多花成聚伞花序；花梗长3-15毫米，花直径约1厘米；萼片5，宿存，花瓣5，倒卵形，长达9毫米，顶端啮蚀状，基部渐狭，常淡紫色；雄蕊5，花柱5。蒴果球形，种子长圆形。花期6-10月。见于玄武湖畔。

金橘（金柑）

Citrus japonica Thunb. [英] Swingle Orange

　　芸香科金橘属。高可达3米，枝有刺，叶厚，卵状披针形或长椭圆形，长5-11厘米，宽2-4厘米，顶端稍尖或钝，基部楔形，叶柄长1.2厘米。单花或2-3花簇生；花萼4-5裂，花瓣5，长6-8毫米，雄蕊20-25，花柱细长，柱头稍增大。果椭圆形至卵状椭圆形，长2-3.5厘米，橙黄色。花期3-5月，果期10-12月。常见栽培观赏。

枳（枸桔）

Poncirus trifoliata (L.) Raf. [英] Wild orange

芸香科枳属。落叶灌木或小乔木，高1-5米，全株无毛，枝绿色，多分枝，嫩枝扁，具棱，密生棘刺，刺长1-5厘米，基部扁平。常3小叶复出，互生；叶柄长1-3厘米，有翅；叶卵形或椭圆形，长1.5-5厘米，宽1-3厘米，顶端圆或尖，基部楔形，近全缘或具细齿，中小叶常较大。花单生或成对腋生，常先叶开放，乳白色，有香气，花直径3.5-8厘米；萼片5，长5-6毫米；花瓣5，长1.5-3厘米，匙形；雄蕊8-20，花丝不等长。果近球形，直径3-5厘米，橙黄色，具环圈，有香气；种子20-50粒，淡黄色，宽卵形。花期4-5月，果期9-10月。见于紫金山及牛首山等地。

棟树

Melia azedarach L. [英] Chinaberry tree

棟科棟属。落叶乔木，高15-20米，树皮纵裂，暗褐色，老枝紫色，分枝疏散。叶为2-3回单数羽状复叶，互生，长约20-40厘米；小叶对生，卵形或椭圆形，长3-7厘米，宽2-3厘米，边缘有钝齿，基部楔形，顶端渐尖，侧脉十几对，具短柄。圆锥花序约与叶等长，腋生，芳香；花萼5深裂，裂片长圆状卵形或披针形，顶端尖；花瓣5，淡紫色，倒卵状披针形，长约1厘米，两面被短柔毛；雄蕊10，长7-8毫米，紫色，花药10；子房近球形，5-6室；花柱细长，柱头头状，顶端5齿。核果球形，长1-2厘米，宽8-15毫米，淡黄色，内果皮木质，4-5室，每室种子1粒；种子椭圆形。花期4-5月，果期10-12月。生向阳微湿处。南京各地常见。

瓜子金

Polygala japonica Houtt. [英] Japanese milkwort

　　远志科远志属。多年生草本植物，株高15–25厘米；茎丛生，绿褐色，具纵棱。单叶互生，卵形或卵状披针形，薄革质，长1–3厘米，宽5–10毫米，先端钝，具短尖头，基部宽楔形至圆形，全缘；侧脉3–5；叶柄短，被短柔毛。总状花序与叶对生，或腋外生。花梗细，长约7毫米；萼片5，外面3枚披针形，长4毫米，里面2枚瓣状，卵形，长约6.5毫米，宽约3毫米，先端圆，具短尖头，基部具爪；花瓣3，白色至紫色，基部合生，侧瓣椭圆形，长约6毫米，龙骨瓣舟状，鸡冠状附属物有流苏；雄蕊8，花丝长6毫米，合生成鞘，花药无柄，顶孔开裂；子房倒卵形，具翅，柱头2。蒴果广圆卵形。种子2粒。花期4–5月。分布于南京各地。

西伯利亚远志

Polygala sibirica L. [英] Thinleaf Milkwort

　　远志科远志属。多年生草本，高10-30厘米，茎丛生，直立，被短柔毛。叶互生，下部叶小，卵形，上部叶较大，披针形或椭圆状披针形，长1-2厘米，宽3-6毫米，先端钝，具短尖，基部楔形，全缘，两面被柔毛，主脉背面突出，侧脉不明显，具短柄。总状花序顶生或腋外生，花少数，长6-10毫米，小苞片3枚，披针形；花瓣3，蓝紫色，侧瓣倒卵形，龙骨瓣长于侧瓣，具流苏状附属物；雄蕊8；花柱弯曲。花期4-7月。生林缘草地。

月腺大戟

Euphorbia ebracteolate Hayata [英] Bractletless Euphorbia

　　大戟科大戟属。多年生草本植物，有乳汁。根肥大，纺锤形至圆锥形，灰黄色。茎直立，高30-50厘米，疏生白柔毛，节间尤多；叶互生，无柄，阔披针形，长4-11厘米，宽1-2.5厘米，全缘，顶端渐尖或钝，基部渐狭；叶中脉明显；背面疏生长白毛，上部轮生叶宽短。总状花序顶生或腋生，分枝二叉状，每一分枝基部有苞片二枚对升，三角形或卵状三角形。杯状聚伞花序总苞全缘，腺体圆心形，顶端钝圆，无突起，暗褐色，宽约1.5-2.5毫米。蒴果光滑；种子卵圆形，棕褐色。花期4月。紫金山、阳山等地有分布，生山坡，较少见。

乳浆大戟

Euphorbia esula L. [英] Cresent-shaped Euphorbia

　　大戟科大戟属。多年生草本，无毛，高30-40厘米，茎细圆，基部分枝，有乳汁。单叶互生，下部叶鳞状，早落；中上部叶狭条状披针形，长2-5厘米，宽2-3毫米，顶端钝或具短尖，两面无毛。杯状聚伞花序，顶生者常有5-6伞梗，基部有轮生叶；腋生者具伞梗1，再有2-3分枝，各有扇状半圆形或三角状心形苞叶一对；杯状花序总苞杯状，无毛，顶端4-5裂，裂片间腺体4，黄褐色，新月形，两端有短角，无花瓣状附属物；雄蕊1，子房3室，花柱3，分离，柱头2浅裂。蒴果扁球形，无毛；种子长圆形，长约2毫米，光滑，一边有沟。花期4-6月，果期6-8月。生向阳潮湿处。不常见。

泽漆

Euphorbia helioscopia L. [英] Sun Euphorbia

大戟科大戟属。一年或二年生草本植物，有乳汁。茎直立，单一或自基部多分枝，分枝斜展向上，高约10-30厘米，直径3-6毫米。叶互生，倒卵形或匙形，先端钝圆或微凹，基部宽楔形，无柄或具短柄，叶中部以上边缘具细齿；茎顶端具5片轮生叶状苞，形成总苞叶，苞叶与下部叶相似，但较大，无柄。多歧聚伞花序顶生，总伞幅5枚，长2-4厘米；每伞梗又生出3小伞梗，每小伞梗又第三回分为2（3）叉；苞叶2枚，卵圆形，先端有齿。花序单生，有柄或近无柄；总苞钟状，边缘5裂；腺体4，盘状，内凹，基部具短柄，淡褐色。无花瓣，雄花数枚，伸至总苞外，花药球状；雌花1枚，子房3室，花柱3。蒴果三棱状阔圆形，光滑。种子卵状，暗褐色。花期3-4月。南京市郊及各山地均有分布，生路边沟坡向阳处，常见。

湖北大戟

Euphorbia hylonoma Hand–Mazz ［英］Hubei Spurge

大戟科大戟属。多年生草本，全株无毛。茎直立，上部分枝，高50–150厘米。叶互生，长圆形至椭圆形，长4–10厘米，宽1–2厘米，顶端圆钝或渐尖，基部渐狭成柄，全缘，中脉明显；总苞叶3–5枚，同茎生叶，伞辐3–5，长2–4厘米；苞叶3枚，宽卵形，顶端突尖，长2–2.5厘米，宽1.5–2厘米。花序单生于二歧分枝顶端；总苞钟状，边缘4裂，裂片三角状卵形，全缘，腺体4，圆肾形。雄花多数，雌花1枚；花柱3，柱头2裂。蒴果球状，直径约4毫米，熟时3裂。种子椭圆形。花期4–7月，果期6–9月。见于老山，所见开花植株高在1.5米以上。

一叶萩

Flueggea suffruticosa (Pall.) Baill. [英 | Halfshrub Securinega

大戟科白饭树属。灌木，高1-3米，多分枝，小枝有纵棱，全株无毛。单叶互生成二列，具顶端小叶，叶纸质，椭圆形，长1.5-5厘米，宽1-2厘米，顶端圆钝或急尖，基部楔形，叶缘具细齿、缺刻或全缘，侧脉5-7对，背面凸起，具短柄。花小，淡绿近白色，雌雄异株，雄花花梗短于雌花，萼片5，椭圆形，无花瓣，3-12朵簇生于叶腋，雄花花盘腺体5，分离，2裂，与萼片互生；雌花花盘几不分裂，子房3室，花柱3裂。蒴果三棱状扁球形，直径约5毫米，成熟时红褐色。花期5-8月，果期6-10月。南京各地分布。

油桐

Vernicia fordii (Hemsl.) Airy Shaw [英] Tungoil Trees

　　大戟科油桐属。落叶小乔木，高可达10米，树皮灰色，近光滑；枝粗壮，无毛。叶卵状圆形，长8-18厘米，宽6-15厘米，顶端短尖，基部截平或浅心形，全缘，不裂或3浅裂；被棕色短柔毛，后脱落，侧脉常5对；叶柄与叶片近等长。花雌雄同株，排列于枝顶端成短圆锥花序，先叶或与叶同时开放；花萼不规则2-3裂，外被棕色疏柔毛；花瓣白色，5瓣，宽倒卵形，长2-3厘米，宽1-2厘米，顶端圆，基部爪状，具红色条纹；雄花雄蕊8-12枚，2轮，外轮离生；雌花子房3-5室，被柔毛，花柱2裂。核果近球形，直径3-6厘米，种子3-4粒。花期4-5月，果期8-9月。见于紫金山。

冬青

Ilex chinensis Sims [英] Holly

　　冬青科冬青属。常绿乔木，高达13米。叶薄革质，椭圆形或披针形，长5-11厘米，宽2-4厘米，顶端渐尖，基部楔形，表面光泽，边缘有浅圆齿，侧脉6-9对；叶柄长5-15毫米。雌雄异株，复聚伞花序单生叶腋；雄花紫红色或淡紫色，7-15朵排成3或4回二歧聚伞花序，花萼近钟形，萼裂片阔三角形，花瓣卵形，雄蕊短于花瓣，退化子房圆锥状；雌花3-7朵排成1或2回二歧聚伞花序，与雄花相似，退化雄蕊长约为花瓣的1/2，柱头盘状。果椭圆形，长约1厘米，熟后红色。花期4-6月，果期9-10月。生山坡，南京常见。

枸骨

Ilex cornuta Lindl. et Paxt. [英] Chinese Holly

冬青科冬青属。常绿灌木或小乔木，高1-3米。叶硬革质，二型，矩圆状四角形或卵形，长4-9厘米，宽2-4厘米；先端较宽，具3枚尖刺，中央刺常反曲；基部圆形或近截形，两侧各具尖刺1-2，有时全缘；叶上面主脉凹下，背面隆起，侧脉5-6对。叶柄长4-8毫米；托叶宽三角形。花序簇生于二年生枝的叶腋，基部宿存鳞片；苞片卵形；花淡黄绿色，4基数。雌雄异株。雄花花梗长5-6毫米，基部具1-2枚三角形小苞片；花萼盘状，花冠辐状，花瓣长圆卵形，长约1毫米；退化子房近球形。雌花花梗长8-9毫米，基部具2枚小苞片；花萼与花瓣似雄花，子房长卵球形，柱头盘状。果球形，直径8-10毫米，成熟时鲜红色。花期3-4月。分布于牛首山、紫金山等山地，生山坡。常见。

南蛇藤

Celastrus orbiculatus Thunb. [英] Oriental Bittersweet

卫矛科南蛇藤属。藤状灌木，小枝棕褐色，光滑，皮孔明显。叶椭圆形或近圆形，长5-10厘米，宽5-9厘米，顶端圆或急尖，基部宽楔形或近圆形，边缘有粗钝齿，侧脉3-5对，网脉明显，两面常光滑无毛；叶柄长约2厘米。聚伞花序腋生，间或有顶生并与叶对生的圆锥花序，小花多朵，黄绿色；雌雄异株，偶有同株；雄花萼片三角形，花瓣椭圆形，花盘浅杯状，5瓣及5雄蕊明显，花柱退化；雌花花冠稍小，花盘肉质，花柱细长，宿存，柱头3裂。蒴果近球形，黄色，直径约1厘米，3裂；种子扁球形，种皮红色。花期5-6月，果期9-10月。生山沟灌丛。本种叶形颇多变。见于栖霞山。

短梗南蛇藤

Celastrus rosthornianus Loes. [英] Shortstalk Bittersweet

卫矛科南蛇藤属。落叶藤状灌木，枝灰色，具纵向长形淡色斑；小枝绿色，皮孔斑白色。叶纸质，长椭圆形，长3-7厘米，宽2-4厘米，单叶互生，顶端短渐尖，基部宽楔形至近圆形，边缘具疏浅齿，基部近全缘，侧脉5-6对，叶柄短在1厘米以下，花序多腋生，成短小聚伞花序，小花多枚，小花梗约长4毫米；萼片长圆形，5数；花瓣5，近长方形，长约3毫米；雄蕊短于花瓣；子房球状，柱头3裂。蒴果球形。花期4-5月，果期8-10月。见于下马坊。

卫矛

Euonymus alatus (Thunb.)Sieb. [英] Winged Euonymus

　　卫矛科卫矛属。大灌木，高1-3米，小枝四棱形，棱上常生有扁条状翅，翅宽可达1厘米。冬芽圆形，长约2毫米。叶对生，窄倒卵形或椭圆形，长2-6厘米，宽1.5-3.5厘米，叶边缘具细齿，两面光滑；叶柄长1-3毫米。聚伞花序有3-9花，总花梗长1-1.5厘米，小花梗长约5毫米；花绿白色或淡绿色，直径5-7毫米，4数；萼片半圆形，花瓣近圆形；雄蕊着生于花盘边缘，具短花丝。蒴果4深裂，有时仅1-3心皮成熟分离，裂瓣长卵形，棕色，假种皮橙红色。花期5-6月，果期7-10月。生山坡林缘，南京各山地有分布。

冬青卫矛

Euonymus japonicus Thunb. [英] Japon Euongmus

卫矛科卫矛属。常绿灌木，叶革质，光亮，倒卵形至长椭圆形，长3-6厘米，宽2-3厘米，叶柄长约1厘米，顶端圆或钝尖，基部渐狭成窄楔形。聚伞花序腋生，总花梗长约3厘米，1-2回2岐分枝，每分枝顶端有5-10聚伞小花，花瓣淡绿白色，直径6-7毫米，4数，卵圆形，花丝长2-4毫米。蒴果近球形，直径约8毫米，淡红色，假种皮桔红色。花期6-7月，果熟期9-10月。常见绿篱或绿化灌木。

野鸦椿

Euscaphis japonica (Thunb.) Dippel [英] Common Euscaphis

　　省沽油科野鸦椿属。落叶灌木或小乔木，高3-8米，树皮灰色，具纵裂纹；小枝及芽红紫色，枝叶揉碎后有臭味。叶对生，单数羽状复叶，厚纸质，长10-30厘米，小叶5-9，长卵形，长4-8厘米，宽2-4厘米，顶端渐尖，基部圆钝，边缘具疏齿，主脉上面明显，背面凸出，侧脉4-6对，小叶柄长1-2毫米，小托叶线形。圆锥花序顶生，花梗长达21厘米，密集多花，黄白色，直径4-5毫米；萼片、花瓣及雄蕊均5，萼片宿存，花盘盘状，心皮3，分离。蓇葖果长1-2厘米，每花育出1-3个蓇葖果，果皮软革质，紫红色，具纵脉，种子近圆形，径约5毫米，假种皮肉质，黑色，具光泽。花期5-6月，果期8-9月。生山坡灌丛及林缘潮湿处。见于紫金山。

茶条枫

Acer ginnala Maxim. [英] Maple Family

　　槭树科槭树属。落叶灌木或小乔木，高5-6米，树皮灰色;小枝细，圆柱形，无毛。叶对生，纸质，叶形多变，卵形或卵圆形，长6-10厘米，宽4-6厘米，常羽状3-5裂，中裂片锐尖或狭长锐尖，侧裂片通常钝尖，裂片边缘具不整齐的锯齿，叶基部圆形或浅心形；叶柄长4-5厘米。伞房花序顶生，长约6厘米，杂性，花多数，花梗细，小花梗长3-5厘米；雄花与两性化同株；萼片5，卵形；花瓣5，白色，卵圆形，长于萼片；雄蕊8，花药黄色，子房密被柔毛；柱头2裂。翅果长2.5-3厘米，淡黄绿染红色或淡褐色；小坚果连翅长约3厘米，宽约1厘米，两翅直立，成锐角。花期4-5月，果期8-9月。生山坡灌丛，紫金山、牛首山等山地有分布。

栾树

Koelreuteria paniculata Laxm. [英] Panicled golden-rain tree

无患子科栾树属。落叶乔木，高可达10米，树皮灰褐色。叶丛生于新生枝上，单数羽状复叶，连柄长可达20-40厘米，小叶7-15，纸质，卵形至卵状披针形，长6-8厘米，宽3-4厘米，边缘具大小不一的齿，或成羽状分裂，叶柄短，叶顶端短渐尖，基部楔形。聚伞圆锥花序顶生，多花疏散，长25-40厘米，被柔毛，苞片狭披针形；花淡黄色；萼片5，卵形；花瓣4，外折，条状，长5-9毫米，瓣基部初花时黄色，后变橙红色；雄蕊8，子房3棱形。蒴果卵圆形，长4-5厘米，顶端尖，边缘具膜翅3片。种子球形，黑色。花期6-8月，果期9-10月。本种的花、果在夏、秋两季都具观赏性。喜生石灰岩山地及潮湿低地。

清风藤

Sabia japonica Maxim .[英] Japonese Sabia

　　清风藤科清风藤属。落叶木质藤本，单叶互生，纸质，卵状椭圆形或卵形，长3.5-7厘米，宽2-3.5厘米，全缘，顶端圆、有短尖或渐尖，基部楔形或圆形，两面光亮，侧脉每边3-5条。花2-3朵成聚伞花序，生于叶腋，先叶开放，基部具4枚倒卵形苞片，长2-4毫米；花梗长3-8毫米；萼片5，大小不等，圆形或卵形，覆瓦排列；花瓣5，黄色，倒卵状椭圆形，长3-5毫米，长于萼片，具多条纵脉纹；雄蕊5，稍短于花瓣，花药狭椭圆形，黄色；花盘杯状，黄绿色，5齿裂；子房卵形。核果扁倒卵形或肾形，基部偏斜，蓝色，直径约5毫米。核有中肋。花期3-4月，果期4-7月。生山坡灌丛。见于祖堂山。

圆叶鼠李

Rhamnus globosa Bunge [英] Roundleaf Buckthorn

鼠李科鼠李属。灌木。高1-3米；小枝近对生，灰褐或紫褐色，顶端具刺。叶纸质，近对生或在短枝簇生，近圆形、卵圆或椭圆形，长2-6厘米，宽1.2-4厘米，顶端圆钝或具突尖，基部宽楔形或近圆形，边缘具圆齿，嫩时被柔毛，后脱落；侧脉每边3-4条，背面脉凸起；叶柄长6-10毫米；托叶线状披针形。花单性，雌雄异株，通常数枚或数十枚簇生于短枝端或长枝下部叶腋，4基数，花淡黄或淡黄绿色，花梗长4-8毫米；花萼钟状，萼片卵状三角形，中肋凸起，花瓣短于萼片，花柱2-3浅裂。核果球形，直径4-5毫米，熟时黑色。花期4-5月，果期6-10月。见于仙林羊山。

薄叶鼠李

Rhamnus leptophylla C.K.Schneid. [英] Thinleaf Buckthorn

鼠李科鼠李属。株高可达5米，芽具鳞片，小枝对生或近对生，枝顶端成针刺。叶在长枝上对生或近对生，短枝上簇生；叶倒卵状圆形或倒卵状椭圆形，长3-8厘米，宽2-5厘米，顶端短突尖或锐尖，稀近圆形，基部楔形，边缘有圆齿或钝锯齿，叶背脉腋有簇毛，侧脉3-5对，叶柄长8-20毫米，被短柔毛。花簇生于短枝顶或长枝下部叶腋，花单性，雌雄异株，4基数，花梗长5毫米，与花萼均无毛。核果圆球状，直径约5毫米，熟时黑色，果柄长约7毫米。花期3-5月，果期5-10月。生紫金山、羊山等地。

雀梅藤

Sageretia theezans Brongn. [英] Hedge Sageretia

鼠李科雀梅藤属。常绿或半常绿攀援状灌木。小枝灰色或灰褐色，密生短柔毛，具针刺并具刺状短枝。叶近对生，革质，卵形至卵状椭圆形，长1-4厘米，宽1-1.5厘米，顶端钝，有小尖，基部圆形或近心形，边缘有细齿，两面无毛，侧脉3-4对，叶下脉凸出，叶柄短，有疏毛；托叶钻形，早落。花小，白色或黄色，芳香，无梗，成顶生穗状圆锥花序，花序密生灰白色短毛；萼裂片5，三角形，外被短柔毛；花瓣5，兜状；雄蕊5，花盘杯状，5裂。核果近球形，直径约5毫米，熟时紫黑色。花期9-10月，果熟期次年4-5月。生山坡路边，野外见于仙林羊山。

酸枣

Ziziphus jujuba var. *spinosa* (Bunge) Hu ex H.F. Chow[英] Acid Jujube， Sour Jujube

　　鼠李科枣属。落叶灌木，高1-3米，枝褐色，具长枝、短枝和新枝，枝呈之字形曲折，具2枚托叶刺，一为针状长刺，另为一下弯短刺。叶纸质，椭圆形至卵状披针形，长2-3.5厘米，宽1-1.5厘米，顶端圆钝，具小尖头，基部近圆形，边缘具细齿，上面绿色，下面浅绿色，无毛，基生三出脉；叶柄长1-6毫米。花黄绿色，小，单生或2-3朵簇生叶腋，花梗长2-3毫米，萼片卵状三角形，花瓣倒卵圆形；花盘圆形，5裂；子房2室。核果近球形或椭圆形，直径0.7-1.2厘米。熟时红色。花期6-7月，果期8-9月。南京有少数分布，见于老虎山及仙林羊山。

乌蔹莓

Cayratia japonica (Thunb.)Gagnep | 英 | Japan Cayratia

葡萄科乌蔹莓属。草质藤本，小枝有纵棱，茎具卷须；鸟足状复叶，5小叶，叶椭圆形至狭卵形，长2-7厘米，宽0.5-4.5厘米，顶端急尖或渐尖，基部楔形或近圆形，边缘具疏齿，小叶柄短，中央小叶较大；托叶早落。聚伞花序腋生，具长柄，直径6-15厘米；小花梗长1-2毫米；花小，花萼碟形，全缘或浅裂；花瓣4，黄绿色或粉红色或红色，三角状卵形；雄蕊4，与花瓣对生，花药卵圆形，花盘4浅裂，花柱短。浆果卵球至球形，直径约1厘米，成熟时紫黑色，有种子2-4粒。花期5-9月，果期9-12月。生路边及市内公园。常见。

田麻

Corchoropsis tomentosa (Thunb.) Makino. [英] Tomentose Corchoropsis

　　椴树科田麻属。一年生草本，茎高40-60厘米，分枝被星状短柔毛。叶卵形或长卵形，长2.5-6厘米，宽1-3厘米，边缘具浅齿，两面密被星状短柔毛，基出3脉，背面脉凸出，叶面皱褶；叶柄长0.2-2.3厘米，小托叶2枚，长2-4毫米，早落。花黄色，单生叶腋，花梗细；花直径1.5-2厘米；萼片5，狭披针形，长约5毫米；花瓣倒卵形，能育雄蕊15，每3枚成1束；退化雄蕊5，与萼片对生，匙状条形，长约1厘米；子房密生星芒状短柔毛，花柱单一，长1厘米。蒴果角状圆筒形，长1.7-3厘米，有星芒状柔毛；种子长卵形。花期8-9月，果熟期10月。生干旱向阳山坡。不多见。

扁担杆

Grewia biloba G.Don. [英] Bilobed grewia

椴树科扁担杆属。落叶灌木或小乔木，高1-3米，多分枝；小枝被星状毛。叶薄革质，狭椭圆形或狭菱形，长3-8厘米，宽1-4厘米，顶端渐锐尖，基部楔形；基出3脉，两侧脉上行过半，中脉具3-5对侧脉；边缘有细密锯齿，两面疏生星状毛；叶柄长2-6毫米，被粗毛；托叶钻形。聚伞花序腋生，并与叶对生，有多数花，花序柄短，花梗长约5毫米；苞片钻形，长3-5毫米；萼片5，披针形，白色或染淡绿色，长约5毫米，外被毛；花瓣5，白色或淡黄色，长1-1.5毫米，甚短于萼片；雄蕊多数，黄色、淡黄色至白色；子房有毛；柱头盘状。核果橙红色，直径约1厘米，2裂。花期5-7月，果期7-10月。生山坡、丘陵。见于紫金山等地。

小花扁担杆（扁担木）

Grewia biloba var. *parviflora* (Bunge.) Hand.–Mazz. [英] Smallflower Grewia

椴树科扁担杆属。落叶灌木，高1-2米，小枝和叶柄密生黄褐色短毛，多分枝。叶互生，叶菱状卵形或椭圆形，纸质，长3-11厘米，宽1.6-6厘米，边缘具单向齿，稍不整齐，或有不明显的浅裂，顶端渐尖，基部宽楔形或圆形，侧脉5-6对，基出3脉，2侧脉外又有5-6短脉直达叶缘。聚伞花序与叶对生，花多数，淡黄色，萼片5，披针形；花瓣5，甚短于萼片，雄蕊多数；子房密生柔毛，2室。核果红色，直径8-12毫米。花期5-6月，果期6-10月。生山坡灌丛，见于牛首山、老虎山等地。本种与扁担杆的差别在叶，扁担杆的叶菱形，边缘齿小，而扁担木的叶菱状卵形，基部圆或宽楔形，边缘齿粗且不整齐，叶亦薄。《中国植物志》称本种为"小花扁担杆"，为扁担杆的变种。两者的花瓣均比萼片小得多。

糯米椴

Tiltia henryana Szyszyl.var.*subglabra* V.Engl. [英] Tuan Henryen

椴树科椴树属。落叶乔木，高15米以上。叶互生，宽卵形至圆形，长4-8厘米，宽5-10厘米，顶端圆，有短尾尖，基部心形，边缘有齿，齿端为侧叶脉延伸成的软刺状物，叶面光滑。聚伞花序长10-15厘米，有花数十至几十朵，小花梗长6-8毫米；苞片狭倒披针形，淡绿色，长6-13厘米，宽1-2厘米，顶端钝，基部长渐窄成短柄；花萼片5，长约5毫米，长卵形，淡黄色，内外被毛；花瓣长6-7毫米，乳白色；退化雄蕊花瓣状，短于花瓣；雄蕊与萼片等长；子房有毛，花柱长4毫米。果实近卵球形，直径约5毫米，5棱。花期6-7月，果期8-9月。生山坡灌丛及疏林，栖霞山及紫金山有分布。

南京椴

Tilia miqueliana Maxim. [英] Tuan Nanjingen

椴树科椴树属。落叶乔木，高可达15米。叶互生，卵圆形，长4-11厘米，宽4-10厘米，顶端短渐尖，基部偏斜心形或截形，边缘具整齐的细锯齿，表面深绿色，无毛，背面被灰黄色绒毛，侧脉6-8对；叶柄长2-4厘米。聚伞花序长7-9厘米，花序轴有星状毛；苞片长匙形，长6-12厘米，宽1.5-2.5厘米，上面脉腋有星状毛，下面密生星状毛，顶端钝，基部狭，下部与花序柄合生，有短柄；有花多数，花梗长8-12毫米；萼片5，长约5毫米，淡绿色，被灰色毛；花瓣5，比萼片略长，白色；退化雄蕊花瓣状，短小；花柱与花瓣等长。果实球形，直径约9毫米。花期6月，果期9月。见于牛首山。

咖啡黄葵

Abelmoschus esculentus (Linn.) Moench | 英 | Lady's Fingers

锦葵科秋葵属。一年生草本，高1-2米，茎圆柱形，疏生散刺。叶掌状3-7裂，直径10-30厘米，裂片边缘具粗齿及凹缺，两面被疏硬毛；叶柄长7-15厘米，被硬毛；托叶线形，长7-10毫米。花单生叶腋，花梗长1-2厘米，被糙毛，小苞片8-10，长约1.5厘米，线形；花萼钟形，被短绒毛；花淡黄色，内基部紫红色，直径5-7厘米，花瓣倒卵形，长4-5厘米。蒴果筒状尖塔形，长10-25厘米，直径1.5-2厘米，具长喙，种子球形，多数。花期5-11月。原产印度。

黄蜀葵

Abelmoschus manihot (Linn.) Medicus. [英] Sunset Abelmoschus

锦葵科秋葵属。一年或多年生草本，叶互生，掌状5-9深裂，裂片矩圆状披针形，长8-18厘米，宽1-6厘米，具粗钝齿，两面疏被长硬毛；叶柄长6-18厘米，疏被长硬毛；托叶披针形，长1-1.5厘米。花具柄，单生于叶腋及枝端；小苞片4-5，卵状披针形，长15-25毫米，宽4-5毫米，疏被长硬毛，宿存；花萼莲瓣状，5裂，近全缘，稍长于小苞片，果时脱落；花大，直径约12厘米，淡黄色，具紫心；雄蕊柱长1.5-2厘米，柱头紫黑色；子房5室，每室具多数胚珠。蒴果卵状椭圆形，长4-5厘米，直径2.5-3厘米，被硬毛；种子多数。花期9-11月。生山坡、田边，南京偶见。

苘麻

Abutilon theophrasti Medicus [英] Piemarker

锦葵科苘麻属。一年生亚灌木草本，高1-2米，茎直立，上部分枝，有柔毛。叶互生，圆心形，直径5-15厘米，顶端渐尖或尾尖，基部圆心形，边缘具疏粗齿，基出掌状脉3-4对，两面突起，两面密生星状柔毛；叶柄长3-14厘米。花单生于叶腋，花梗长1-3厘米，近端处有节；花萼杯状，绿色；花瓣5，黄色，倒卵形，长约1厘米，长于萼片，瓣上具多条明显的纵脉纹；雄蕊多数，合成短筒；心皮15-20，长1-1.5厘米，顶端平截，轮状排列，密被柔毛；花柱5，柱头头状。蒴果半球状磨盘形，直径1.5-2厘米，分果爿15-20，每爿具种子3枚，具短芒。种子肾形。花期7-8月，果期9-10月。生山坡、路旁及田边。城郊常见。

蜀葵

Althaea rosea (L.)Cavan. [英] Rose Mallow， Hollyhock

锦葵科蜀葵属。二年生直立草本，高可达2米，茎枝被硬毛，直径6-16厘米，叶近圆心形，掌状5-7浅裂或波状叶缘，裂片三角形或圆形，中裂片长约3厘米，叶被硬毛或柔毛，叶柄长5-15厘米，托叶卵形，顶端3裂。花腋生、单生或近簇生成总状花序，苞片叶状，花梗长约5毫米，被硬毛；小苞片杯状，常6-7裂，裂片卵状披针形，基部合生；萼钟状，5齿裂，裂片卵状三角形，密被硬毛；花大，直径6-10厘米，有红、白、粉红、黄、紫等各色，单瓣或重瓣，花瓣倒卵状三角形，长约4厘米，顶端凹缺，基部狭，爪被髯毛；雄蕊长约2厘米，花药黄或白色；花柱多分枝。果盘状，直径约2厘米。花期5-8月。产我国西南，南京栽培，野外有逸生。

木芙蓉

Hibiscus mutabilis L. [英] Cotton Rose，Confederate Rose

锦葵科木槿属。落叶灌木或小乔木，高2–5米，小枝、叶柄、花梗及花萼均被绵毛。叶宽卵形至卵圆状心形，直径10–15厘米，常5–7裂，裂片三角形，顶端尖，边缘具钝圆齿，两面有星状毛，主脉7–11条，叶柄5–20厘米；托叶披针形，常早落。花单生于枝端叶腋，花梗长5–8厘米，近端有节；小苞片8，条形，长10–16毫米，宽约2毫米，被星状毛；萼钟形，长2.5–3厘米，裂片5，卵形；花冠初开时白色或淡红色，后变深红色，直径约8厘米，花瓣近圆形，直径4–5厘米，外被毛，基部具髯毛；雄蕊柱长约3厘米，无毛。蒴果扁球形，直径约2.5厘米，果瓣5，种子多数。花期8–10月。原产湖南，南京多栽培，有逸生。

海滨木槿

Hibiscus hamabo Scieb. et Zucc. [英] Hamabo Hibiscus

锦葵科木槿属。落叶灌木或小乔木，高约3-5米。单叶互生，纸质；叶宽倒卵形，顶端圆钝，具尖，基部圆或近心形，边缘具细齿，基出3-5脉，叶面绿色光滑，叶柄长1-2厘米，托叶早落。花单生近枝端叶腋，两性；花梗长约1厘米；小苞片8-10；花萼钟状，5裂，长约2厘米，密被星状毛；花冠钟状，直径5-8厘米，黄色，花瓣5，倒卵形，内侧基部深紫色。柱头紫红色。蒴果三角状卵形，长2厘米；种子肾形。花期6-8月，果期9-10月。南京有栽培。

木槿

Hibiscus syriacus L. [英] Hibiscus

锦葵科木槿属。落叶灌木，高3-4米。叶菱形至三角状卵形，长3-10厘米，宽2-4厘米，3裂或不裂，基出三脉，顶端尖钝，基部楔形，边缘具粗齿，叶背沿脉或被毛；叶柄长5-20厘米；托叶线形，长约6毫米，疏被柔毛。花单生于枝端叶腋，花梗长4-14毫米，被星状短绒毛；小苞片6-8，线形，长6-15毫米，宽1-2毫米，被星状疏绒毛；花萼钟形，长14-20毫米，裂片5，三角形；花宽钟形，有白、淡红、紫红等色及单瓣、复瓣之分，直径5-6厘米，花瓣倒卵形，长3.5-4.5厘米；雄蕊柱长约3厘米。蒴果卵球形，直径约12毫米；种子肾形，黑褐色。花期7-10月。南京广为栽植，狮子山见逸生林中。

山茶

Camellia japonica L. [英] Camellia

　　山茶科山茶属。灌木或小乔木，叶革质，椭圆形，长5-10厘米，先端钝尖，基部宽楔形，两面无毛，侧脉7-8对，具钝齿。单花顶生或腋生，常红色，无花梗，苞片及萼片10，半圆形或圆形；花瓣6-7，外层2片近圆形，离生，长2厘米，余5片倒卵形，长3-4.5厘米，基部连合；雄蕊3，长2.5-3厘米；子房无毛，花柱长2.5厘米，顶端3裂。蒴果球形。花期12月至次年4月。

黄海棠

Hypericum ascyron L. [英] Giant St.John's Wort

藤黄科金丝桃属。多年生草本，高0.5-1.3米，茎直立。叶无柄，披针形至椭圆形，先端尖或钝，基部楔形或圆，抱茎，全缘，脉叶下明显。聚伞花序顶生，分枝多；花直径3-5厘米，花梗长约2厘米，萼片5，卵形至长圆形；花瓣5，金黄色，倒卵形，长约3厘米，宽约2厘米，顺时针稍弯；雄蕊5束，多数，花药金黄色；花柱5；蒴果圆锥形。花期7-8月。生林下灌丛。

赶山鞭

Hypericum attenuatum Choisy [英] Attenuate St.John's Wort

藤黄科金丝桃属。多年生草本，高30-70厘米，茎直立，丛生。叶无柄，叶卵状长圆形至卵状披针形，长1.5-3厘米，宽0.5-1厘米，先端尖或钝，基部渐狭，稍抱茎，全缘，侧脉2对。顶生聚伞花序；苞片长圆形；萼片卵状披针形；花瓣5，淡黄色，长圆状倒卵形，长约1厘米，宽约0.4厘米；雄蕊3束，每束约30枚；花柱3；蒴果卵球形。花期7-8月。生山坡林缘。

金丝桃

Hypericum monogynum L. [英] China St.John's Wort

　　藤黄科金丝桃属。灌木，高0.5–1.3米。叶对生，无柄或具短柄。叶倒披针形至长圆形，长2–10厘米，宽1–4厘米，先端锐尖至圆，基部圆形或楔形，全缘，侧脉4–6对。顶生聚散花序，有花1–15朵，苞片小，花直径3–6厘米，萼片披针形；花瓣5，黄色，倒卵形；雄蕊多枚，成5束，与花瓣近等长。花期5–8月，果期8–9月。生山坡灌丛。已广为栽培。

戟叶堇菜

Viola betonicifolia J.E.Smith [英] Halberdleaf Violet

　　董菜科董菜属。多年生草本植物，根状茎短；叶基生，具长柄，长约10厘米；叶片长2-9厘米，宽0.5-2厘米，条状披针形，长戟形或三角状卵形，顶端尖或钝，基部截形或浅心形，或宽楔形，边缘具疏浅的波状齿，基部齿较深；无毛；叶柄上部具翅；托叶褐色，分离部分具细疏齿。花淡紫色，有深色条纹，长约1.5厘米；花梗细长，常无毛，中部有2枚线形小苞片；萼片5，卵状披针形，长5-6毫米，顶端尖，常全缘，附器短圆；花瓣5，上瓣倒卵形，长约1厘米，侧瓣圆状倒卵形，基部生须毛，下瓣稍短；花距管状，长约5毫米，末端圆，白色或淡紫色。蒴果近球状。花期4-5月。见于南京汤山。

毛果堇菜

Viola collina Bess. [英] Hairyfruit Violet

　　堇菜科堇菜属。多年生有毛草本植物，花期高4-9厘米，果期增高达20厘米。叶基生，叶柄被倒生短柔毛，花期时叶柄长2-5厘米；托叶膜质，披针形，基部与叶柄合生，边缘有细疏齿；叶片宽卵形或心形，长1-3.5厘米，宽1-3厘米，基部凹入，顶端钝或渐尖，边缘具浅钝齿，两面密生白柔毛，叶片在果期时显著增长至长8厘米、宽6厘米大小。花梗长，有疏毛，中部生有2枚小苞片；萼片5，披针形，基部附属物短钝；花紫色或淡紫色，有香气，花瓣基部色淡，有紫脉纹；花距淡紫色，长达7-8毫米，尾部宽圆而上弯；子房被毛；柱头下弯成钩状喙。蒴果球形，密被柔毛，成熟时下垂至地面。花期3月。阳山及紫金山有分布，生向阳山坡，较少见。

心叶堇菜

Viola concordifolia C.J.Wang. [英] Heartleaved Violet

　　堇菜科堇菜属。多年生草本植物，基生叶多，叶片卵形、宽卵形至三角状卵形，长3-8厘米，宽2-4厘米，先端尖或稍钝，基部心形，边缘具波状齿；叶背面有时淡紫色；叶柄在花期与叶片近等长，果期继续增长，上部具狭翅；托叶生于近基部，短，合生于叶柄，三叉离生，有疏齿。花淡紫色；花梗长6-12厘米，低于叶片；中部有2枚披针形小苞片；萼片披针形，基部附属物上有2-3个齿状物；上瓣及侧瓣倒卵形，下瓣倒心形，连距长约1.5厘米，距圆筒状，长约5-7毫米，宽约2毫米，子房圆锥状，花柱棒状。蒴果椭圆形，长约8毫米。花期3-4月。分布城郊各山地，较常见，有明显的香气。生林缘及溪边开阔处。

紫花堇菜

Viola grypoceras A.Gray [英] Purpleflower Violet

　　堇菜科堇菜属。多年生草本植物，地上茎1或数条，花期高5-20厘米，果期可达30厘米。基生叶心形，先端钝或微尖，边缘有钝齿，两面无毛；茎生叶三角状心形或近圆心形，基部浅弯缺，先端钝尖或圆，边缘有钝齿，正面叶脉紫色，叶片大于基生叶，叶柄可长达8厘米；托叶披针形，边缘具流苏状齿。花淡紫色或白色，花梗由茎基部或由茎生叶的腋部抽出，长6-11厘米，长于叶，中部以上有2枚线形小苞片；萼片5，披针形，长约7毫米，基部附属物长2毫米，半圆形，具浅齿；花瓣倒卵状长圆形，边缘波状；距囊状，常下弯；柱头前弯成短喙；蒴果椭圆形，长约7毫米，先端短尖。花期3-4月。紫金山等山地有分布，生山坡路边。花较多，较常见。

长萼堇菜

Viola inconspicua Blume [英] Longsepal Violet

堇菜科堇菜属。多年生草本，无地上茎。叶基生，三角状卵形或舌状三角形，基部宽心形，稍下延至叶柄，具两垂片，顶端渐尖或尖，边缘具圆齿，两面常无毛，长2-8厘米，宽1-3厘米；叶柄长2-8厘米，无毛，托叶与叶柄合生，分离部分披针形，边缘具梳状齿。花紫色或淡紫色，花梗细，中部偏上有2枚小苞片；萼片披针形，长5-7毫米，基部附属物伸长，长2-3毫米，下面两片末端有小齿；花瓣长圆状倒卵形，长7-9毫米，下花瓣基部具白色导蜜线数条，距管状，长4-7毫米，平直，末端圆钝。蒴果椭圆形，3室。种子卵球形，多数。花果期3-11月，秋季有时开花。生山坡、林缘的湿草地。见于紫金山、羊山及滨江草地。

白花堇菜

Viola lactiflora Nakai [英] White Violet

堇菜科堇菜属。多年生草本，根状茎具短而密的节；叶基生，长等腰三角形或矩圆形，下部叶较小，上部叶长4-5厘米，宽约2厘米，顶端圆钝，基部浅心形或截形，有时呈戟形，边缘具波状齿；叶柄长1-6厘米；托叶明显，中部以上与叶柄合生，离生部分线状披针形。花白色，长1.5-2厘米，花梗与叶近等长，中部有2枚线形小苞片；萼片披针形或宽披针形，长5-7毫米，顶端渐尖，附器短，具齿或全缘，3脉；花瓣倒卵形，侧瓣基部具须毛，唇瓣宽，具约6条褐色或紫色导蜜线，花距筒状，长4-5毫米，末端圆。蒴果椭圆形，长6-9毫米，顶端常有宿存的花柱。种子卵球形，淡褐色。花期4-5月。见于金陵图书馆附近。本种与白花地丁不同。叶形不同，叶柄无翅，萼片色与唇瓣导蜜线亦不同，易分辨。

白花地丁

Viola patrinii DC.ex Ging. [英] Whiteflower Violet

　　董菜科董菜属。多年生草本，根状茎粗短，无地上茎。叶基生，三角状卵圆形或长圆状披针形，长2-5厘米，宽1-2厘米，顶端钝或稍尖，基部楔形，稍下延于叶柄，边缘具钝齿，两面疏生白柔毛，花期后叶增大至9厘米；叶柄细长，长5-15厘米；托叶狭披针形，长1-1.5厘米，全缘，紫色。花梗细长，下部淡紫色，中部有2枚线形苞片；萼片绿色，披针形，长5-7毫米，基部附属物短而尖，外翘成片状；花瓣白色或淡紫色，倒卵形，长1-1.3厘米，距短，长4-5毫米；花丝薄片状；子房无毛，花柱棍棒状，柱头三角形。蒴果椭圆形，长9-13毫米，无毛；种子淡黄褐色。花期4-5月，果期6-7月。

　　本种为溧水地区董菜科植物中的优势种，花具玫瑰花香气。本种夏秋新生叶型或发生变化，叶基部变宽，出现两耳片，成箭矢形叶。

紫花地丁

Viola philippica Cav.[英] Tokyo Violet

　　董菜科董菜属。多年生植物，叶基生，多数；下部叶较小，呈卵状三角形，上部叶较大，呈长圆状卵形，长约2-6厘米，宽约1厘米，先端圆钝，基部截形、楔形或呈心形，并向叶柄延伸；边缘有浅圆齿；叶柄在花期长于叶片1-2倍，上部具极狭的翅；托叶膜质，淡绿色，披针形，边缘具细齿或睫状毛。花具长梗，多数，细弱，中部有2枚披针形小苞片；萼片5，卵状披针形，基部附属物短，末端圆或截形或具小齿；花紫色或淡紫色，两侧对称，花瓣倒卵形，下花瓣有紫脉；距囊管状，长约7毫米，末端圆；子房卵形，花柱棒状，柱头三角形。蒴果长圆形；种子卵球形，淡黄色。花期3-4月，有时有秋花。牛首山及城郊常见，生向阳山坡、田间和及路边，有香气。常见。

芫花

Daphne genkwa Sieb.et Zucc. [英] Lilac Daphne

　　瑞香科瑞香属。落叶灌木，高30-100厘米。茎多分枝。叶对生，少互生，纸质，卵形或卵状披针形至椭圆状矩圆形，长3-4厘米，宽1-2厘米，先端急尖或短渐尖，基部宽楔形，全缘；上面绿色，下面淡绿色；侧脉5-7对，叶下面较显著；叶柄短或无。花与叶芽同时出现，紫色至淡紫红色，无香气，常3-6朵簇生于叶腋；花梗短且被黄柔毛；萼筒细，长6-10毫米，被丝状柔毛，花瓣状裂片4，卵形，长约5毫米，宽4毫米，顶端圆形，外被短柔毛；雄蕊8，2轮，着生于花萼筒的中上部；花丝短，花药黄色；子房长倒卵形，被淡黄柔毛；花柱短，柱头桔红色；核果椭圆形，白色，宿存于萼筒下部；种子1粒。花期3-4月。城郊各山地有分布。

结香

Edgeworthia chrysantha Lindl. [英] Oriental Paperbush

瑞香科结香属。落叶灌木，高1.5米，小枝常三叉分枝。叶互生，纸质，长椭圆状或宽披针形，长6-12厘米，宽2-5厘米，先端急尖，基部楔形，两面被灰白柔毛，侧脉10-12对，叶柄长1-1.5厘米，被柔毛。先叶开花，头状花序顶生或侧生，有花30-50朵，成绒球状，花序梗长1.2厘米，苞片针形；花黄色，芳香，花被片裂片4，近圆形，长约3.5毫米；雄蕊8，2轮；花药卵状，柱头棒状。果卵形，绿色，花期早春2-3月。

木半夏

Elaeagnus multiflora Thunb. [英] Cherry silverberry

　　胡颓子科胡颓子属。落叶灌木，高2-3米，枝黑褐色，具光泽。叶纸质，椭圆形或卵形，长3-7厘米，宽1.2-4厘米，顶端钝或骤尖，基部楔形或圆形，全缘，上面幼时被灰白色鳞片，后脱落，背面被银白色鳞片，并散生少数黄褐色鳞片，侧脉5-7对；叶柄长4-6毫米，锈色。花白色，单生于新枝基部叶腋，被银白色鳞片，并散生少数黄褐色鳞片；花梗细，长4-8毫米，萼圆筒形，长5-6.5毫米，4裂，裂片宽卵形，顶端钝尖，内侧疏生柔毛，花筒在子房上收缩；雄蕊4，花柱直立，微弯。果实椭圆形，长12-14毫米，密被锈色鳞片，熟时红色；果梗花后伸长至1.5-4厘米，细弯。花期3-4月，果期5-7月。分布紫金山及栖霞山，生山坡灌丛。

胡颓子

Elaeagnus pungens Thunb. [英] Thorny Elaeagnus

胡颓子科胡颓子属。常绿灌木或小乔木，高可达4米，常具棘刺，小枝开展，锈褐色。被鳞片。叶厚革质，长椭圆形，长4-8厘米，宽2-4厘米，顶端急尖或钝，基部楔形，全缘，波状，表面绿色，有光泽，反面银白色，后变褐色；叶柄长6-10毫米，褐色，侧脉7-9对，上面网脉明显，下面中脉凸出。花数朵簇生叶基部，成伞形花序，花银白色，下垂，长约1厘米，有香气；花4基数，花被筒圆筒形或漏斗形，筒部在子房上部突狭细，长5.5-7毫米，上端4裂，裂片三角形，内被短柔毛；花梗长3-5毫米；雄蕊4，冠生；子房上位，花柱直立，柱头不裂。果实椭圆形，长1.2-1.5厘米，被锈色鳞片。花期9-11月，次年4-5月果实成熟，熟后红色。生山地灌丛。紫金山及栖霞山有分布。

牛奶子

Elaeagnus umbellata Thunb. ［英］Autumn Olive

胡颓子科胡颓子属。落叶直立灌木，高1-3米，具长1-4厘米的棘刺；小枝细长开展，幼枝密被银白色和少数黄褐色鳞片，老枝灰褐色；单叶互生，纸质，倒卵状矩圆形或宽披针形，长3-8厘米，宽1.5-3.5厘米，顶端渐尖，基部圆或宽楔形，全缘或皱卷，上面被银白色鳞片，下面灰白色，侧脉5-7对；叶柄被银色鳞片，长4-8毫米。花先于叶，淡黄色，有芳香，数朵簇生新枝基

部，或生于幼枝叶腋；花梗短；花被筒管状，长8-10毫米，裂片4，卵形或卵状三角形，内侧黄色；雄蕊4，花柱直立，被白色星状柔毛，柱头侧生。核果近球形，被银白色鳞片，成熟时红色；果梗长3-6毫米，粗壮。花期4-5月。分布于紫金山及东郊山地，生向阳山坡。

紫薇

Lagerstroemia indica L. [英] Crape myrtus

千屈菜科紫薇属。落叶小乔木或灌木，高2-7米，树皮灰白色，平滑，常弯曲；小枝细，四棱，具狭翅。叶对生，上部互生，椭圆形至倒卵形，长3-7厘米，宽2-4厘米，顶端短尖，基部楔形或近圆形，近无毛，侧脉3-7对，具短柄。花淡红色、紫色或白色，直径2.5-3.5厘米，构成10-20厘米宽的顶生圆锥花序；花梗长3-10毫米；花萼半球形，长8-10毫米，绿色，平滑，6浅裂；花瓣6，近圆形，多褶皱，长10-20毫米，边缘多缺刻，基部具长爪；雄蕊多数，黄色，生萼筒基部；子房上位。蒴果近球形，直径约1.2厘米，6瓣裂，具宿存花萼；种子有翅。花期6-9月，果期9-12月。南京多种植，紫金山及牛首山有野生。

千屈菜

ythrum salicaria L. [英] Spiked Loosestrife

千屈菜科千屈菜属。多年生草本，茎直立，多分枝，高30-100厘米，4-6棱。叶对生或3叶轮生，披针形或阔披针形，长4-6厘米，宽8-15毫米，顶端渐尖，基部圆形或心形，常稍抱茎，全缘，无柄。总状花序顶生成穗状；两性，数朵簇生于叶状苞片腋内，一腋常生1-2朵，具短梗；苞片披针形至三角状卵形，长5-12毫米；花萼筒状，长5-8毫米，具纵棱12条，6齿裂，裂片三角状，齿间具线形附属体，长约2毫米，直立；花瓣6，紫红色，生萼筒上部，长6-8毫米，长椭圆形，基部楔形，具短爪，稍皱；雄蕊12，6长6短，成2轮，伸至萼筒外；子房上位，2室，花柱柱形，柱头头状。蒴果椭圆形。花期7-9月，野外逸生，适于湿地生长。

石榴

Punica granatum Linn. [英] Pome Pomegranate

　　石榴科石榴属。落叶灌木或小乔木，高2-5米，幼枝常呈四棱形，顶端刺状。叶对生或近簇生，矩圆形或倒卵形，长2-8厘米，宽1-2厘米，全缘；叶柄长5-7毫米。花1-2朵生枝顶或腋生，两性，有短梗；花萼钟形，长2-3厘米，5-7裂；花瓣与萼片同数生萼筒内，倒卵形，红色或白色；雄蕊多数。浆果近球形，直径5-6厘米，种子多数。花期5-6月，有些种可至10月。

重瓣石榴

Punica.cv.multiplex Sweet [英] Doublepetalous

玛瑙石榴

Punica.cv.legrellei Vanhoutte [英] Agate Pomegranate

瓜木

Alangium platanifolium Harms [英] Planeleaf Alangium

八角枫科八角枫属。落叶小乔木或灌木，高2-8米。树皮光滑，浅灰色；小枝纤细。单叶互生，无托叶，叶柄长3-5厘米；叶纸质，近圆形，顶端钝尖、渐尖或尾尖，基部近心形或圆形，长8-16厘米，宽6-14厘米，常3-5稀7浅裂，除裂齿外边缘波状；基生掌状主脉3-5条，侧脉5-6对。聚伞花序腋生，常有花3-5朵，花两性，长3-3.5厘米，总花梗及小花梗长均长1.5-2厘米，上有早落的线形小苞片1枚；花萼近钟形，裂片5-6，宿存；花瓣6-7，线形，白色或黄白色，芳香，长2.5-3.5厘米，宽1-2毫米，花时反卷；雄蕊6-7，花丝微扁，花药黄色，花柱粗壮，柱头扁平。核果卵形，种子1粒。花期6-7月。生向阳山坡疏林。常见。

柳叶菜

Epilobium hirsutum L. | 英 | Hairy Willowweed

柳叶菜科柳叶菜属。多年生草本，高可达1.2米，密生白色长柔毛及短腺毛，粗约10毫米，中上部分枝。茎下部叶对生，上部叶互生，披针状椭圆形至狭倒卵形，长4-10厘米，宽0.7-2厘米，顶端锐尖至渐尖，基部近楔形，边缘具细齿，两面被长柔毛，基部无柄，稍抱茎。花单生于茎上部叶腋，花梗长1-5厘米，密被短柔毛；萼筒圆柱形，裂片4，长7-9毫米，外被柔毛；花紫红色，直径约2厘米，花瓣4，宽倒卵形，长1-1.2厘米，宽5-8毫米，顶端凹缺成2裂；雄蕊8，4长4短，花药黄色；花柱直立，白色，4裂；子房下位。蒴果圆柱形，长约5毫米；种子椭圆形，长约1毫米。花期6-8月，果期7-9月。生沟边湿处，南京有分布。

山桃草

Gaura lindheimeri Engelm. et A. Gray [英] Apple Blossom Grass

柳叶菜科山桃草属。多年生草本，株高60-100厘米，丛生，被柔毛。叶狭披针形或倒披针形，长2.5-8厘米，宽0.5-1.8厘米，边缘具波状浅齿，无柄。疏穗状花序顶生，直立，苞片披针形，长1-3厘米；花管长0.4-0.9厘米；萼片4，细披针形，长1-1.5厘米，花时反折；花瓣4，白色，匙形，偏向一侧，长1.2-1.5厘米，宽0.5-0.8厘米；雄蕊8，花丝长约1厘米，花药带红色；花柱长约2厘米，柱头深4裂。蒴果坚果状，圆球形。花期5-9月，果期8-10月。原产北美。玄武湖公园有栽培。

月见草

Oenothera biennis L. [英] Eveningprimrose

柳叶菜科月见草属。二年生粗壮草本，茎直立，高50-100厘米，常被白色长毛。基生叶莲座状，有柄，叶长椭圆状披针形，长6-9厘米，宽2.5-3厘米，顶端锐尖，基部楔形，边缘波状，疏生浅齿；茎生叶椭圆形至倒披针形，向上渐小，叶柄渐短至无柄。穗状花序，花常单生枝端叶腋；苞片叶状，椭圆状披针形；萼筒长约4厘米，顶端4裂，裂片披针形，反折；花瓣4，宽倒卵形或倒心形，长约3厘米，宽约2.5厘米，顶端微凹，金黄色或淡黄色；雄蕊8，花丝近等长；柱头4裂；子房下位，圆柱状，胚珠多数。蒴果锥状柱形，长约3厘米，背裂为4瓣。种子暗褐色。花果期 6-9月。 原产南美，于17世纪引入中国，南京有野生。

待霄草

Oenothera odorata Jacq. [英] Evening Primrose

柳叶菜科月见草属。一、二年或多年生草本，茎直立或倾斜，高30-100厘米。基生叶丛生，具短柄或无柄，狭椭圆形或披针形，长10-15厘米，宽0.8-1.2厘米，顶端渐狭尖，基部楔形，边缘具疏浅齿；茎生叶无柄，互生，长6-10厘米，宽5-8毫米，向上渐小，基部心形，顶端渐狭尖。花两性，单生枝端叶腋；萼筒长4厘米，萼片黄绿色，裂片4，披针形，长2厘米，花时两片相连；花瓣4，黄色、近倒心形，长约3厘米，顶端凹；雄蕊8，柱头4长裂，子房下位。蒴果圆柱状。花期4-9月，果期5-11月。本种原产南美，原变种为黄色花，夜间开放。我国引入成园林花，又逸生野外，变种为白天开放。

粉花月见草

Oenothera rosea L' Her.ex Ait. [英] Rose Eveningprimrose

柳叶菜科月见草属。多年生草本，茎丛生，高30-50厘米。基生叶铺散；茎生叶灰绿色，披针形至椭圆形，长3-6厘米，宽1-2.2厘米，顶端渐尖至锐尖，基部宽楔形并下延至柄，边缘具齿，基部羽裂，侧脉6-8对，两面被曲柔毛；叶柄长1-2厘米。花单生于茎部及枝顶部叶腋，日出时开放；花蕾绿色，圆锥状；花管淡红色；萼片绿色，披针形；花瓣粉红至紫红色，宽倒卵形，长6-9毫米，宽3-4毫米，顶端钝，具4-5对羽状脉；花丝白色至淡红色，花药粉红至黄色，花柱白色，伸出，柱头4裂，裂片红色。蒴果棒状，长8-10毫米。种子多数。花期4-11月，果期9-12月。原产南美洲，栽培后逸为野生，紫金山有分布。

美丽月见草

Oenothera speciosa Nutt. [英] Beauteous Primrose

柳叶菜科月见草属。多年生草本，植株与叶和粉花月见草相同。花直径约4–5厘米。花期4–11月。原产美洲，南京20世纪引入，作为地被花卉栽培。

峨参

Anthriscus sylvestris (L)Hoffm. [英] Woodland Beakchervil

伞形科峨参属。二年或多年生草本，高0.6-1.5米。茎较粗壮，有纵棱，多分枝。基生叶有长柄，基部具鞘；叶片卵形，三出二回羽状分裂，一回羽片具长柄，卵至宽卵形，有二回羽片3-4对，二回羽片有短柄，轮廓卵状披针形，羽状全裂或深裂，末回裂片卵形或椭圆状卵形，具粗齿；茎上部叶有短柄或无柄，基部呈鞘状。伞形花序顶生或腋生，总伞梗长10-20厘米，分伞梗长3-10厘米；伞辐5-15；花序直径3-8厘米，伞辐不等长；总苞无；小苞片4-8，宽披针形，顶端尖，反折；花梗6-13；花白色，常带淡绿。果实长卵形至线状管形，顶端渐狭成喙状。花期4月，果期5月。本种颇多见，5瓣白花中有一瓣较其他4瓣稍大，易辨认。

明党参

Changium smyrnioides Wolff [英] Medicinal Changium

伞形科明党参属。多年生草本，茎直立，高可达1米，上部分枝，有小分枝。基生叶有长柄，柄长30-35厘米，叶细碎，三出三回羽状分裂，一回裂片广卵形，有小柄，长约10厘米，二回裂片卵形至长圆状卵形，有小柄，长约3厘米，三回裂片宽卵形，长宽各约2厘米，基部截形或楔形，无小柄，3裂或羽状缺刻，小裂片长圆状披针形；茎上部叶缩小呈鳞片状或叶鞘状。疏松复伞形花序；总苞无，小总苞有数个钻形小苞片；伞梗长3-10厘米，伞辐6-10，小伞有花10-15朵，花白色；萼齿小；花瓣披针状卵形，先端尖，内折；花柱伸长开展。双悬果卵状矩圆形。花期4-5月。紫金山、牛首山等地有分布，生山坡或岩缝。

蛇床

Cnidium monnieri (L.) Cuss. [英] Snakebed

　　伞形科蛇床属。一年生草本，高30-80厘米。茎直立，有分枝，疏生细柔毛，具纵棱。基生叶矩圆形或卵形，二至三回三出式羽状分裂，叶鞘短宽；上部叶柄具白色叶鞘，叶卵形至三角状卵形，二至三回三出式全羽裂，裂片卵形至卵状披针形，顶端呈尾状，具白色尖头，末回裂片狭条形或条状披针形，长0.3-1厘米，宽约0.2厘米。复伞形花序，总花梗长3-6厘米，总苞片6-10枚，条形至线状披针形，长约5毫米；伞辐10-30，不等长，长0.5-2厘米；小总苞片多数，条形，小伞花15-20，白色，顶端具内折的小舌片；花柱基部隆起。双悬果宽椭圆形，果棱5，翅状。花期4-7月，果期6-10月。生田边、路旁、河边草地。南京牛首山、方山有分布。

野胡萝卜

Daucus carota L. [英] Wild Carrot

　　伞形科胡萝卜属。二年生草本，高15-120厘米。茎单生，有倒生糙白硬毛。基生叶膜质，长圆形，二至三回羽状全裂，末回裂片线形或披针形，长2-15毫米，宽0.8-4毫米，顶端尖，有小凸尖，光滑或有硬糙毛；叶柄长3-12厘米，有鞘；茎生叶近无柄，有叶鞘，最后裂片通常细长。复伞形花序，伞梗长10-55厘米，有倒生糙硬毛；总苞有多数苞片，叶状，羽状分裂，裂片线形，长3-30毫米，反折，有绒毛；小总苞具线形、不裂或羽裂的小苞片；伞辐多数，长2-7.5厘米，果时外缘伞辐内弯；花白色，淡黄或淡红色。果实圆卵形，长3-4毫米，宽2毫米。花期5-7月。生田边、路旁及荒地。原产欧洲，为外来植物。

南美天胡荽

Hydrocotyle verticillata Thunb. [英] South Amirica Pennywort

　　伞形科天胡荽属。多年生挺水或湿生草本，全株无毛。地下茎横走，节上生根。株高15-25厘米。叶具长柄，纤细，着生于叶片中央。叶圆伞形，直径可达6厘米，具辐射状叶脉，边缘波状，叶面深绿色。穗状轮伞花序，花白色沾黄绿，花柄短，花小。花期暮春至秋天。生浅水区或水沟边。原产美洲。又名香菇草、大叶铜钱草。

紫花前胡

Peucedanum decursivum Maxim. [英] Common hogfennel

　　伞形科前胡属。多年生草本，茎高1-2米，直立，生叶处有节。基生叶及茎中下部叶有长柄，基部膨大成圆形紫叶鞘，抱茎；叶纸质，三角状宽卵形至卵圆形，长15-20厘米，一回三全裂或一至二回羽状裂，顶生及侧生裂片基部连合，末回裂片狭卵形或卵状椭圆形，顶端急尖，全叶边缘有细齿；茎上部叶渐变小，叶柄膨大成宽阔合拢的叶鞘。复伞形花序顶生及腋生，花序梗长3-8厘米；总苞片1-3，卵圆形，阔鞘状，紫色；小总苞片5-8，线形至披针形，绿或紫色；伞辐10-22，长2-4厘米，紫色；小花梗20-40，长0.5-1厘米，淡紫色，纤细；小花紫红色，成近球状伞形，萼齿明显；花瓣倒卵形，顶端凹，花药紫色。果实扁卵球形。花期8-10月，果期10-11月。生山中湿地。

白花前胡

Peucedanum praeruptorum Dunn [英 | White hogfennel

　　伞形科前胡属。多年生直立草本，高60-100厘米。茎柱状，具纵沟，基部有多数棕色的叶鞘纤维。基生叶和茎下部叶圆形或三角状阔卵形，二至三回三出羽裂，最终裂片菱状倒卵形，长3-4厘米，宽约3厘米，不规则羽状分裂，边缘具齿；叶柄基部有抱茎宽鞘；茎上部叶二回羽裂，裂片小。花白色，小，成顶生或腋生复伞形花序，无总苞，总伞梗7-18，不等长，约1-4厘米；小花梗约20，短，长1-2毫米，小总苞片7，条状披针形，具缘毛；花萼5；花瓣5，长1.3-1.5毫米，广卵形，顶端渐尖，具内曲的舌状片，有中肋；雄蕊5，花药卵圆形，短花柱2枚。双悬果椭圆形或卵圆形。花期8-10月，果期10-11月。生向阳山坡草丛。

窃衣

Torilis scabra (Thunb.) DC. [英] Common bedgeparsley

伞形科窃衣属。一年或多年生草本，高10-70厘米，全株具贴生的短硬毛；茎单生，有分枝，具纵纹和刺毛。叶卵形，一至二回羽状分裂，小叶披针状卵形，羽状深裂，长2-10毫米，宽2-5毫米，顶端渐尖，边缘具缺刻或分裂；叶柄长3-4厘米。复伞形花序顶生及腋生，总花梗长2-8厘米；总苞片通常无，或有1-2片，条形，长3-5毫米；伞辐2-4，长1-5厘米，近等长，粗壮，具纵棱及硬毛；小总苞片5-8，钻形或线形，长2-3毫米；花梗4-12，长2-5毫米，萼齿细小，三角状披针形，花瓣白色，倒卵圆形，顶端内折；花柱向外反曲。双悬果长圆形，长4-7毫米，宽2-3毫米，外被钩状皮刺。花果期4-10月。常见。

山茱萸

Cornus officinalis Sieb. et Zucc. [英] Fructus corni

　　山茱萸科山茱萸属。落叶灌木或小乔木，高4-10米；枝褐色，小枝细圆。叶对生，纸质，卵形至椭圆形，长5-12厘米，宽2-4.5厘米，顶端渐尖，基部楔形，全缘，上面疏生贴毛，侧脉6-8对，脉腋具黄褐色毛丛，中脉叶下凸起，侧脉内弯，叶柄细。伞形花序生于枝侧叶腋，总苞片4枚，卵形，褐色；总花梗粗短，长约2毫米，有花22-25朵，花小，两性，先叶开放，花萼裂片4，宽三角形，无毛；花瓣4，舌片披针形，黄色，向外反卷；花盘杯状，雄蕊4，与花瓣互生，花丝钻形，花药椭圆形，2室，子房下位，花托倒卵形，花柱圆柱形，柱头截形，花梗纤细。核果椭圆形，成熟时红色。花期3月，果熟期10月。生山坡草丛，幕府山有分布。

红瑞木

Swida alab Opiz. [英] Tatarian Dogwood

山茱萸科梾木属。多年生落叶大灌木，高1-2.5米，基部3-5分枝，分枝斜升，茎杆红褐色，散生淡黄褐色斑；上部小枝交错对生。叶对生，卵形或椭圆状，长5-11厘米，宽2-6.5厘米，基部楔形，顶端渐尖至急尖，正面绿色，光滑，反面淡绿色，叶脉正面凹入，反面凸起且被柔毛，侧脉5-6对；叶柄长1-2厘米，被疏柔毛。复伞形多歧聚伞花序生小枝顶部，直径3-5厘米，总花梗长3-4厘米，直径2-3毫米，被短疏柔毛；苞片条状，单生；白色小花多数，排列紧密，小花直径约7毫米，花萼淡绿色，萼筒钟状；花被片4，长约3毫米，卵状披针形，顶端渐尖；花柱伸长，宿存。核果卵球形，长约7毫米。花期4月，果期5-6月。见于仙林湖区。

满山红

Rhododendron mariesii Hemsl.et Wils. [英] Maries Rhododendron

　　杜鹃花科杜鹃属。落叶灌木，高1-2米，枝条轮生。叶2-3片轮生枝端，近革质或纸质，卵形至宽卵形，长3-7厘米，宽2-4厘米，顶端急尖，基部圆钝，全缘或中部以上有钝齿，幼时上面有黄绢毛，下面有疏柔毛，长成后近无毛；叶柄长3-8毫米，近无毛；芽鳞宽卵形，顶端尖，有柔毛。花1-3朵生枝顶，先叶开放；花梗直立，长5-10毫米，有硬毛；花萼小，5裂，有棕色伏毛；花冠辐状漏斗形，5裂，淡紫红色，上侧裂片有深紫红色斑点，两面无毛；雄蕊10，花丝无毛；子房密生棕色长柔毛，花柱无毛。蒴果圆柱形，长约1厘米，有长柔毛。花期4-5月，果期7-8月。东郊山地丘陵尚有分布。

羊踯躅

Rhododendron molle G.Don [英] Chinese Azalea

杜鹃花科杜鹃属。落叶灌木，高0.3-1.5米。分枝稀疏，枝条直立，幼时有黄柔毛。叶纸质，长椭圆形至椭圆状倒披针形，长5-12厘米，宽2-5厘米，顶端尖，基部楔形，边缘具睫毛，至少幼时两面有柔毛，下面柔毛灰色，有时仅叶脉上有柔毛；叶柄长2-6毫米，被柔毛。伞形花序顶生，有花多朵，开花时叶小或尚在叶芽状态；花梗长约2厘米，有柔毛；花萼小，被柔毛和睫毛；花冠宽钟状，黄色，直径约6厘米，5瓣，上侧瓣稍大，有淡绿色斑点；花外面有绒毛；雄蕊5，与花冠等长。蒴果圆柱状，长可达2.5厘米，有柔毛和疏刚毛。花期4月，果期在秋季。紫金山、牛首山及栖霞山有分布，生山坡，已少见。

杜鹃

Rhododendron simsii Planch. [英] Sims Azalea

杜鹃花科杜鹃属。落叶灌木，高0.5-2米，分枝多。叶革质，密生枝端，卵形、倒卵形或倒披针形，长1-5厘米，宽0.5-3厘米，顶端渐尖，基部楔形，边缘具细齿，被疏糙毛；中脉下面凸出，叶柄短，被糙毛。花2-3朵生枝顶，花梗长约8毫米，被糙毛；花萼5裂，裂片卵状三角形，长约5毫米，被糙伏毛；花冠广漏斗形，红色，长3-4厘米，宽1.5-2厘米，裂片5，倒卵形，长2.5-3厘米，上部裂片具深红色斑点；雄蕊10，与花冠近等长；花丝线状；子房卵球形；花柱伸出。蒴果卵球形；花萼宿存。花期4-5月，果期6-8月。生山坡林缘。

紫金牛（老勿大）

Ardisia japonica (Thunb) Blume [英] Japan Ardisia

紫金牛科紫金牛属。小灌木，高约30厘米，不分枝。叶对生或近轮生，叶片近革质，椭圆形至椭圆状倒卵形，顶端急尖，基部楔形，长4-7厘米，宽1.5-4厘米，边缘具细锯齿，两面常无毛，侧脉5-8对，叶柄长6-10毫米。亚伞形花序，腋生或近顶部叶腋生，有花3-6朵，花小，萼片卵形；花瓣5，粉红或白色，广卵形。果球形，直径5-6毫米，红色。花期5-6月，果期11-12月。生林下。

点地梅

Androsace umbellata (Lour.)Merr. [英] Umbellata Rockjasmine

报春花科点地梅属。一、二年生伏地小草本，叶莲座基生，近圆形、或心形，长0.4-1厘米，宽0.5-1.5厘米，顶端圆钝，边缘具粗齿，两面被伏毛；叶柄长1-4厘米。花葶多数，纤细，自基部抽出，高4-15厘米，被白色短柔毛；伞形花序，有花4-15朵，花梗细，长1-3厘米；苞片轮生，卵形至披针形，长约4毫米；花萼杯状，5深裂达基部，裂片菱状卵形，长3-7毫米，有脉纹，裂片果时呈星状散开；花冠白色，偶见有粉红色的，呈高脚碟状，5瓣，倒卵状长圆形，直径4-6毫米，筒部长2毫米，短于花萼，喉部黄色，雄蕊贴生于花筒中部；子房球形，花柱短。蒴果近球形。花期2-4月，果期5-6月。生落叶林下、林缘草地。

点地梅为早春地被小花，名实相符，但生态环境日益恶化，大片分布已成少见。

狼尾花

Lysimachia barystachys Bunge. [英] Wolftail Flower

报春花科珍珠菜属。多年生草本，具斜卧根状茎，全株密被柔毛。茎直立，高40-100厘米，有时上部分枝。叶互生或近对生，长圆状披针形或倒披针形，长5-10厘米，宽6-18毫米，顶端钝或尖，基部渐狭，全缘，近无柄。总状花序顶生，向上渐狭，多花密集，常弯曲下垂，花序长4-6厘米，后渐伸长；苞片线形，小花梗长4-6毫米；花萼钟状，萼裂片5，长卵形，长约2毫米；花冠白色，花筒短，5裂片，狭卵形，长于花萼；雄蕊5，短于花冠，与花冠裂片对生；花丝基部合生；花药紫红色；子房卵形。蒴果球形。花期7-8月，果期8-9月。生山地、路旁潮湿处及水田水沟边，常见于抛荒的水田中。

泽珍珠菜

Lysimachia candida Lindl. [英] White Loosestrife

　　报春花科珍珠菜属。一年或二年生直立草本，高10-30厘米，单生或丛生，中上部分枝；叶、苞片及花萼的顶端常带红色。基生叶匙形，长3-5厘米，宽1-2厘米，具有狭翅的柄；茎生叶互生，叶片倒卵形或倒披针形，长2.5-3厘米，宽0.5-1厘米，先端渐尖或钝，基部渐狭，全缘或微皱呈波状，柄短。总状花序顶生，幼时呈宽圆锥形，后渐伸长；苞片线形，长4-6毫米；花梗长于苞片；花萼长3-5毫米，5裂至基部，裂片披针形；花冠白色，钟状，长约8毫米，裂片椭圆状倒卵形，先端圆钝，稍长于花冠筒；雄蕊短于花冠；柱头膨大。蒴果球形，直径2-3毫米，瓣裂。花期4-5月。广布南京各地，生沟边湿处。较常见。

过路黄

Lysimahia christinae Hance ［英］Christina Loosestrife

报春花科珍珠菜属。多年生柔弱草本，南京所见全株被短柔毛，茎平卧后斜升或直立，长20-60厘米，中部节间常较下部及上部的长。叶每节两叶互生，宽卵形，长1.5-4厘米，宽1-3厘米，顶端尖或钝，基部宽楔形或心形，下延成柄，全缘；叶柄短于叶长或约为叶长的二分之一。花单生叶腋，细花梗长2-4厘米，通常短于叶柄与叶的总长度；花萼长5-8毫米，披针形，端锐尖；花冠黄色，长7-15毫米，基部合生，裂片卵形，顶端尖，花丝长约6毫米，下部合生；花药黄色，卵圆形，长约1毫米；花柱长于花丝。蒴果球形，直径4-5毫米，下垂。花期4-6月，果期5-8月。生路边草丛及向阳湿润山坡。南京各地分布。

聚花过路黄

Lysimachia congestiflora Hemsl. [英]Golden Globes

　　报春花科珍珠菜属。多年生草本，茎下部匍匐，节上生根，上部分枝上升，长6-40厘米，被柔毛。叶对生，茎端密集；叶宽卵形，长2-4厘米，宽约2厘米，先端尖或钝，基部圆或截形，常被糙伏毛，侧脉2-4对。总状花序2-4朵集生枝端；花萼裂片披针形；花冠黄色，长约1厘米，5裂，裂片卵状椭圆形，先端尖或钝。花期5-6月，9月花见于城墙。

金爪儿

Lysimachia grammica Hance[英] Striate Loosestrife

报春花科珍珠菜属。多年生草本植物，茎簇生，膝曲直立，高15-35厘米，圆柱形，通常多分枝，基部红色。叶在茎下部对生，卵形，长约3厘米，宽约2厘米；茎上部叶互生，较小，菱状卵形；各叶先端钝或尖，基部收缩下延；叶柄长4-15毫米，具狭翅。花单生于茎上部叶腋；花梗纤细，长1-3厘米；花萼宿存，长约7毫米，5深裂近基部，裂片卵状披针形，先端长渐尖，边缘具缘毛；花冠黄色，常5裂至中部，裂片卵圆形，约与萼片等长或稍长，先端稍钝；雄蕊长约为花冠之半，花丝基部连合成环；花药长约2毫米；子房上位；花柱宿存，胚珠多数。蒴果近球形，深褐色。花期4-5月。紫金山及东郊、南郊山地常见。

轮叶过路黄

Lysimachia klattiana Hance [英] Whorlleaf Loosestrife

报春花科珍珠菜属。多年生草本，直立，不分枝或偶有分枝，高15-40厘米，全株被锈色柔毛。叶无柄，三叶轮生，茎下部叶有时对生或3-4枚轮生，茎顶部6至多数叶密集，椭圆形至披针形，顶端圆钝或渐尖，基部狭楔形，长2-5厘米，宽7-13毫米。花集生茎顶；花梗长7-12毫米；花萼5深裂，裂片披针形，长约10毫米，先端尖，背中脉凸起，具毛及淡黑腺条；花高脚碟状，花冠黄色，长12毫米，5深裂，裂片狭椭圆形，顶端圆钝或微缺，较萼片稍长，有黑腺条；雄蕊长度约为花冠之半，花丝基部合生成筒；花柱与雄蕊等长；子房球形。蒴果近球形，直径约4毫米。花期5-6月，果期7-8月。紫金山、阳山等地有分布，生路边草地。

狭叶珍珠菜

Lysimachia pentapetala Bunge [英] Fivepetal Pearlweed

报春花科珍珠菜属。一年生草本，茎直立，多分枝，全体无毛，高30-60厘米，圆柱形。叶互生，狭披针形，长2-7厘米，宽2-8毫米，顶端渐尖，基部渐狭，叶表面绿色，反面色淡，有赤褐色腺点；叶柄短。总状花序顶生，初时头状，后伸长，果时长4-13厘米；苞片钻形，花梗长5-10毫米；花萼长2.5-3毫米，裂片披针形，边缘膜质；花冠白色，长约5毫米，深裂至基部，近分离，裂片匙形，顶端圆钝；雄蕊短于花冠，花丝贴生于花冠裂片的近中部；花药卵圆形，长约1毫米；花柱长约2毫米。蒴果球形，直径2-3毫米，5瓣裂。花期7-8月，果期8-9月。生山坡、田边及林缘。南京城郊各地有分布。

疏节过路黄

Lysimachia remota Petitm. [英] Loosenjoint loosestrife

报春花科珍珠菜属。多年生半匍匐草本，茎自伏地的基部直立，高约20-40厘米，圆柱形，被淡褐色柔毛，常上部分枝。叶对生，茎端渐互生而稍密集，叶宽卵形至卵状椭圆形，长1.5-3.2厘米，宽0.7-2厘米，顶端锐尖或钝，基部楔形或近圆形，两面密被柔毛；叶柄短，具膜质狭边缘。花单生于茎上部叶腋，近茎端稍密集，花梗长0.8-1.7厘米。果时下弯；花萼长0.6-0.75厘米，5深裂，裂片披针形；花冠黄色，辐状，长7-9毫米，5裂，裂片菱状倒卵形，宽4-6毫米，下端圆钝；花丝下部合生成浅杯状，花药卵状长圆形，长约1.5毫米；花柱长3毫米，子房基部被毛。蒴果褐色，近球形，直径约4毫米。花期4-6月，果期6-9月。生山坡草丛。

蓝雪花

Ceratostigma plumbaginoides Bunge [英]Blue Bluesnow

　　白花丹科蓝雪花属。多年生直立草本，高20-50厘米，多不分枝。叶宽卵形或倒卵形，长3-8厘米，宽1-4厘米，先端渐尖或圆钝，基部渐狭。穗状花序顶生或生上部叶腋，花萼浅绿色，5裂，长1-1.4厘米；花冠高脚碟状，浅蓝色，筒长2-3厘米，顶端5裂，裂片倒卵形或倒三角形，中脉1，顶端或内凹；雄蕊5，柱头伸出。蒴果膜质，盖裂。花期5-7月，果期6-9月。本种原为蓝雪科。

柿

Diospyros kaki Thunb. [英] Chinese Persimmon

　　柿树科柿属。落叶乔木，树皮灰色，具纵纹，常有长方形碎裂。枝开展。叶纸质，卵状椭圆形至倒卵状近圆形，全缘，暗绿色，侧脉5-6对；叶柄长约1厘米。雄花小；雌花长约2厘米，腋生，花萼直径约3厘米，深4裂；花冠钟形，黄白色，4裂；子房扁球形，四棱；花柱4深裂。果常扁球形，直径4-8厘米，熟时橙黄色。花期4-6月，果熟期10月。郑和公园可见。

野柿

Diospyros kaki var. *silvestris* Makino. [英] Wild persimmon

柿树科柿属。落叶乔木，高3-8米，树皮褐色，纵向条状鳞裂，小枝被黄褐色柔毛。叶革质，椭圆状卵形，长5-8厘米，宽2-6厘米，顶端渐尖，基部近圆形，侧脉6对，表面脉凹入，叶面绿色，有光泽，背面淡绿，密被褐色柔毛；叶柄长约1厘米，被褐色柔毛。常雌雄异株，雄花常3朵集生叶腋成短聚伞花序；雌花单生于叶腋；花萼4深裂，裂片三角形，花坛状，4裂，4棱，外花被片白色，内黄色，裂片椭圆形，反卷。浆果扁球形，直径2-5厘米，熟时橙红色或桔黄色，萼宿存。花期4-5月，果熟期8-9月。紫金山及栖霞山有分布。

油柿

Diospyros oleifera Cheng [英] Oily persimmon

柿树科柿属。落叶乔木，高可达14米，胸径可达40厘米，树干直。叶椭圆形，互生，长7-15厘米，宽3-10厘米，叶柄短，叶纸质，顶端尾尖，基部圆形，全缘，侧脉6-7对，上面凹入，背面凸出。花雌雄异株或杂性，雄花为聚伞花序，生当年生枝下部，腋生，有花3-5朵，或中央有一能育雌花；雄花小，长约8毫米，萼4裂，裂片三角形；花冠罐形，长约6毫米，4裂，雄蕊多数；雌花单生小枝叶腋，较雄花大，长约1.5厘米，花萼钟形，4裂，裂片宽至半圆形，顶端急尖，反曲，花近钟形，长约1厘米，稍4棱，4深裂，裂片近圆形，旋转排列，顶端反卷，雄蕊退化。子房球形，柱头2裂。果扁球形，直径约7厘米，熟时黄色，花萼宿存。花期4-5月，初秋果熟。见于紫金山。

老鸦柿

Diospyros rhombifolia Hemsl. [英] Crow persimmony

柿树科柿属。大灌木，高2-3米，树皮灰褐色，有枝刺。叶纸质，菱状倒卵形，长3-8厘米，宽2-4厘米，顶端尖或钝，基部狭楔形，凸脉，侧脉5-6对，小脉网状；叶柄细短。雌雄异株，花单生于叶腋，白色，雄花生当年生枝下部，花萼深4裂，裂片三角形，顶端尖；花冠壶形，长仅约4毫米，5裂，裂片覆瓦状排列；雄蕊16，花药线形，子房退化。雌花花萼4深裂，裂片披针形，长约1厘米，顶端尖，具缘毛及细纵脉，花冠壶形，长约3.5毫米，4裂，裂片长圆形，反曲；子房卵形，4室，花柱2，柱头2浅裂；花梗细，长约1.8厘米，浆果单生，卵球形，熟时红色，具光泽，萼片宿存，果柄细。花期4-5月，果期10-11月。生山坡灌丛及林缘，紫金山有分布。本种雌株约占1/3。

白檀

Symplocos paniculata (Thunb.) Miq.[英] Sapphireberry Sweetleaf

　　山矾科山矾属。落叶灌木或小乔木，叶互生，纸质，椭圆形、卵形或倒卵形，长3-11厘米，宽2-4厘米，顶端渐尖或急尖，基部楔形或近圆形，边缘有细尖齿，叶背脉上有柔毛；侧脉4-6对，中脉在叶面凹下，叶下凸出，侧脉平坦；叶柄短，长3-5毫米。圆锥花序生于新枝上端，长4-8厘米，常有柔毛，花芳香；苞片早落，条状；花萼长2-3毫米，萼筒绿色，具疏柔毛，裂片半圆形或卵形，稍长于萼筒，淡黄色，具纵脉纹，有睫毛；花冠白色，长4-5毫米，5深裂，具短的花冠筒；花瓣椭圆形，雄蕊多数，子房2室。核果熟时蓝色，卵球形，稍偏斜，长5-8毫米，宿存萼片直立。花期4-5月，果期9-10月。紫金山及江宁有分布。

秤锤树

Sinojackia xylocarpa Hu. [英] Weighttree

　　野茉莉科秤锤树属。落叶小乔木，高可达6米。叶纸质，椭圆形或宽卵形，长3-7厘米，宽2-5厘米，顶端急尖，基部楔形或近圆形，边缘有锯齿，侧脉5-7条；叶柄长3-5毫米。总状聚伞花序，生于侧枝顶端或腋生，疏具3-5花，花梗长约3厘米，顶端有关节，细弱下垂；萼管倒圆锥形，高约4毫米，外密被星状短柔毛，萼齿5，披针形；花白色，花冠裂片6，长圆状椭圆形，长8-12毫米，宽约6毫米，顶端钝，两面被星状绒毛；雄蕊10-14，花丝长约4毫米，花药长约3毫米，长圆形，黄色；花柱线形，长约8毫米，柱头不明显3裂。核果卵形，木质，长2-2.5厘米，直径1-1.3厘米，淡褐色，具棕色皮孔，顶端具圆锥状喙。种子1粒，柱形，褐色。花期3-4月，果期7-9月。原产南京，野外已不见。

郁香野茉莉（芬芳安息香）

Styrax odoratissima Champ.[英] Sweetscented Snowbell

　　野茉莉科野茉莉属。灌木或小乔木，高可达10米，树皮灰褐色。叶革质，卵状椭圆形，长4-12厘米，宽2-7厘米，顶端渐尖或急尖，基部楔形至圆形，全缘或上部具疏齿，叶背叶脉凸起；侧脉5-7对；叶柄长6-8毫米，被毛。花单生或2-6朵成总状花序，或似圆锥花序，花长13-15毫米，花生叶腋或顶生，花梗长15-18毫米，小苞片钻形，长约3毫米；花萼杯状，膜质，顶端常齿裂，外密被黄色星状绒毛；花白色，花瓣椭圆形或倒卵状椭圆形，长9-10毫米，中部宽3-5毫米，覆瓦状排列，花冠管长3-4毫米；雄蕊黄色，短于花冠，花柱伸出；花瓣在花中后期反卷。果实近球形，直径8-10毫米，顶端凸尖；种子卵形。花期3-5月，果期6-9月。生林下或灌丛中。紫金山有分布。

流苏树

Chionanthus retusus Lindl.et Paxt. [英] Chinese Fringetree

　　木犀科流苏树属。落叶灌木或乔木，高可达20米。小枝圆柱形，褐色。叶对生，薄革质，椭圆形、卵形或倒卵形，长3-12厘米，宽2-6.5厘米，全缘，顶端尖或圆，有时凹入，基部圆或楔形，侧脉常6对，叶脉及叶缘具短柔毛；叶柄长1-2厘米。聚伞状圆锥花序，长5-12厘米，生于枝顶；花单性，雌雄异株或出现两性花，花梗长1-2厘米；花萼长1-3毫米，4裂；花瓣白色，4-5瓣，条状倒披针形，长约1.5厘米，宽3-5毫米，花冠筒短，长2-3毫米；雄蕊2，藏于花冠筒内，或稍伸出，药隔突出。果椭圆形，长10-15毫米，黑色。花期4-5月。分布紫金山、老山及栖霞山。

金钟花

Forsythia viridissima Lindl. [英 | Goldenbell Flower

木犀科连翘属。落叶灌木，高可达2米，小枝四棱形，单叶，叶片长椭圆形至披针形，长3.5-15厘米，宽1-4厘米，先端锐尖，基部楔形，上半部具不规则锯齿，叶脉上面凹入，下面凸起，叶柄长6-12毫米。花1-3朵生叶腋，先叶开放；花萼绿色，花冠黄色，4瓣裂，裂片狭长圆形至长圆形，长0.6-1.8厘米，宽3-8毫米，内基部具桔黄色条纹，反卷。果卵形。花期3-4月，果期8-11月。

探春花

Jasminum floridum Bunge [英] Showy Jasmine

木犀科素馨属。半常绿灌木，高0.5-3米，幼枝具4棱，无毛。叶互生，单叶与复叶混生，小叶3-5（-7），叶柄长2-10毫米，小叶无毛，卵状椭圆形至椭圆形，长5-35毫米，宽5-20毫米，顶端急尖，基部楔形或近圆形，全缘，中脉上凹下凸，侧脉不明显，顶生小叶较大，具小叶柄。顶生聚伞花序，常多花，萼片细长，钻形，长1-2毫米，5裂片线形，具肋；花冠黄色，漏斗状，花冠管长9-12毫米，裂片卵形或矩圆形，长4-8毫米，宽3-5毫米，顶端圆钝。浆果近球形，熟时黑色。花期5-9月，果期9-10月。见于挹江门内城墙边。

女贞

Ligustrum lucidum Ait. [英] Chinese Privet

木犀科女贞属。常绿小乔木，叶卵形，革质，长卵形或椭圆形，长6-10厘米，宽2-5厘米，先端渐尖，基部圆形或楔形，全缘无毛；中脉上凸，侧脉4-8对，叶柄长约2厘米。圆锥花序顶生，长、宽8-20厘米；小苞片细披针形，花萼长约2毫米；花小，白色。果肾形，蓝黑色。花期5-7月，果期7月至次年5月。常为行道树。

小蜡

Ligustrum sinense Lour. [英] Small privet

木犀科女贞属。半常绿灌木，一般高2-4米，小枝细，圆柱形，灰色。叶纸质或薄革质，卵形或椭圆状卵形，长2-7厘米，宽1-3厘米，顶端锐尖或短渐尖至钝或微凹，基部楔形、宽楔形或近圆形，侧脉4-8对，上面微凹，下面略凸；叶柄长2.8厘米，被短柔毛。圆锥花序顶生或腋生，长4-10厘米，宽3-8厘米，花序轴常密被淡黄色柔毛；花萼钟状，长约1毫米，具不等4齿或近平截；花冠白色，4瓣，长椭圆形或卵状椭圆形，长2-4厘米，外翻；花丝与花冠近等长或稍长，花药长圆形，淡紫色，长约1毫米，柱头头状，黄色。核果近球形，直径4-6毫米，熟时黑紫色。花期4-5月，果期6-8月。分布南京各地。

木犀（桂花）

Osmanthus fragrans（Thunb.）Loureiro [英] Fragrant Olive

木犀科木犀属。常绿小乔木，高3-5米。叶对生，革质，椭圆形或椭圆状披针形，长4-12厘米，宽2-3厘米，先端渐尖，基部渐狭成楔形，常全缘，无毛，侧脉6-8对，叶柄长约1厘米。聚伞花序簇生于叶腋，多朵；苞片宽卵形；花梗纤细，花萼长约1毫米，花冠黄白色或淡黄色，长3-4毫米，4裂，裂片卵圆形，花芳香；花丝、花药及花柱短。核果椭圆形，长约1厘米，黑紫色。花期8-10月。原产我国。广为栽培。

丹桂

Osmanthus fragrans var.aurantiacus Makino [英] Golden Pfeiffer Osmanther

木犀科木犀属。花桔红色。木犀的栽培变种。

紫丁香

Syringa oblata Lindl. [英] Early Lilac

　　木犀科丁香属。灌木或小乔木，高可达4米，枝无毛。叶薄革质，圆卵形至肾形，长宽近相等，约2-10厘米，顶端渐尖至长渐尖，基部浅心形至宽楔形，侧脉4-5对，叶柄长1-3厘米。圆锥花序抽自侧芽，长6-15厘米，花萼长约3毫米，花冠紫色，直径约1.3厘米，花冠筒长1-1.5厘米，裂片4，椭圆形；花药黄色，位于花筒中部。蒴果长1-1.5厘米，扁卵形。花期3-4月，果期5-9月。

大叶醉鱼草

Buddleja davidii Fr. [英] Orangeeye butterfly bush

　　马钱科醉鱼草属。落叶灌木，高1-3米，小枝下弯，略呈4棱形。叶纸质，对生，卵状披针形至披针形，长2-20厘米，宽1-7厘米，顶端渐尖，基部宽楔形至圆钝，边缘疏生细齿，上面常无毛；侧脉约10对；叶柄短，具小托叶2枚。由多数小聚伞花序集成穗状圆锥花序，花序顶生，长可达30厘米，小花梗短，小苞片线状披针形，花萼钟状，4裂，裂片披针形，膜质；花冠筒细，长约1厘米；花冠淡紫色或紫红色，4裂，裂片近圆形，基部宽缩，常全缘；雄蕊着生于花冠筒内中部，花丝短；子房卵形；花柱圆柱形，柱头棒状。蒴果长椭圆形；种子多数，两端具尖翅。花期5-10月，果期9-12月。生山坡灌丛及路边、沟边。见于江宁黄龙岘。

醉鱼草

Buddleja lindleyana Fort. [英] Butterfly bush

　　马钱科醉鱼草属。落叶灌木，高1-2米，多分枝，小枝4棱，有窄翅。单叶对生，具被绒毛的短叶柄；叶卵形至卵状披针形，长5-10厘米，宽2-4厘米，顶端渐尖，基部楔形，全缘或具疏生波状齿。穗状花序顶生，直立或弯垂，长15-30厘米，花萼管状，4-5浅裂，裂片三角形，密生细鳞片；花冠紫色，细长管状，稍弯，长1.5厘米，直径约2毫米，外被白色细鳞片，内被白色细柔毛；雄蕊4，着生于花冠筒下部，花丝短；雌蕊1，花柱线形，柱头2裂；子房上位。蒴果长圆形，长约5毫米，被鳞片，熟后2裂，萼宿存。种子细小，多数，褐色。花期4-7月，果期9-10月。野生常为逸生的园林观赏植物。本种有人划为玄参科，也有另立醉鱼草科的。

条叶龙胆

Gentiana manshurica Kitag. [英 | Linearleaf Gentian

　　龙胆科龙胆属。多年生草本，高20-30厘米，根状茎平卧或直立。花枝单生，直立，黄绿带紫红色，近圆形，具条棱。叶对生，线状披针形，长3-10厘米，宽约1厘米，先端急尖，基部钝，叶脉1-3条。花1-2朵，顶生或腋生，短梗，苞片2，萼筒钟状；花冠蓝紫色，钟形，裂片5，卵状三角形；花柱端，柱头2裂。花果期8-11月。

龙胆

Gentiana scabra Bunge ［英］Japanese Gentiana

龙胆科龙胆属。多年生草本，高30-60厘米，根状茎平卧或直立。花枝单生，直立，黄绿色或紫红色，近圆形，具条棱。叶对生，卵形或卵状披针形，先端渐尖或急尖，基部心形或圆形，侧脉3-5条，全缘。花簇生枝顶或叶腋，无花梗；苞片2；花萼筒长约1厘米；花冠紫蓝色，钟形，长4-5厘米，5裂片，裂片卵形，喉部绿色；柱头2裂。花期5-11月。

笔龙胆

Gentiana zollingeri Fawcett ｜英｜Zollinger Gentian

　　龙胆科龙胆属。一年生草本，茎高3-6厘米，直立，紫红色，光滑，从基部分枝。叶对生，卵圆形，外弯，长10-13毫米，宽3-8毫米，顶端急尖，有小尖头或芒刺，基部变狭成短柄，边缘软骨质。聚伞花序，顶生或腋生；有花1-4，花两性，花梗短，苞片2，披针形；花萼漏斗状，长0.5-1厘米，5裂，裂片卵状披针形，直立，边缘具白色膜质边；花冠蓝紫色，漏斗状钟形，外具黄绿色条纹，长1.5-2.5厘米，顶端5裂，裂片矩圆形，顶端急尖或圆钝，裂片间有褶，顶端2浅裂；雄蕊5，着生于花冠筒上，花药包围柱头；子房上位，花柱明显，柱头2裂。蒴果倒卵形，有长柄，顶端有齿状翼，2瓣裂，裂瓣匙状；种子小，多数，卵圆形。花期3-4月，果期4-5月。生山坡林下。南郊山地有分布，偶见。

荇菜

Nymphoides peltatum (Gmel.) O.Kuntze ［英］Shield floating heart

　　龙胆科荇菜属。多年生水生草本，茎圆柱形，长而多分枝，密生褐色斑点，沉水中，节生不定根。下部叶互生，上部叶对生，叶漂浮水面，厚革质，卵状圆形，直径1.5-8厘米，顶端圆，基部心形，全缘，边缘微波状，具细微的掌状脉，上面亮绿色，背面紫褐色；叶柄圆柱形，长5-10厘米或更长，基部变宽，鞘状半抱茎。花1-6朵，簇生于叶腋，花梗长2-8厘米；花萼5深裂，裂片披针形，顶端钝，全缘；花冠黄色，长2-3厘米，直径2.5-3厘米，顶部5裂，裂片倒卵形，顶端微凹，边缘具齿状毛；喉部有5束长柔毛；雄蕊5，着生于短的花冠筒上，花丝扁而短；花药狭箭形，子房卵圆形，蜜腺5；花柱瓣状2裂。蒴果长椭圆形，长约2厘米；种子多数，扁球形，边缘具毛。花期4-10月，生池塘及静水。常见。

短柱络石

Trachelospermum brevistylum Hand.–Mazz. [英] Stylet Star Jasmine

夹竹桃科络石属。木质藤本，长约2米，具乳汁。叶对生，纸质，狭椭圆形，长5-7厘米，宽约3厘米，顶端渐尖至尾渐尖，基部楔形，正面无毛，反面具短柔毛；叶柄长2-7毫米，叶中脉背面凸出，侧脉5-7对交错对生。二歧聚伞花序顶生及腋生，总花梗长2-5厘米，花梗长5-7毫米；苞片披针形；花萼5深裂，裂片披针形，长1-4毫米；花白色，花冠筒长约5毫米，稍膨大，5棱，花冠裂片5，长6-7毫米，斜倒卵形，向基部渐成楔形，顺时针扭转成纸风车状，中心有圆孔，周围淡黄绿色；花蕊内藏于花喉内。花期4-6月。栽培作景观植物。

络石

Trachelospermum jasminoides (Lindle.)Lem. [英] Chinese Star Jasmine

夹竹桃科络石属。常绿木质藤本，长达10米，具乳汁；幼枝被黄色柔毛；攀援时枝节常生气根。叶对生，革质，具短柄，椭圆形至卵状披针形，长2-10厘米，宽1-4厘米，顶端尖，基部楔形；叶面光滑，背面及短柄上有疏短柔毛；叶中脉微凹，侧脉扁平。二歧聚伞花序腋生或顶生，花多朵，白色，芳香；总花梗长2-5厘米，被柔毛；苞片及小苞片狭披针形，长1-2毫米；花萼5深裂，裂片线状披针形，花后反卷，长2-5毫米，外被柔毛；花冠筒圆筒形，中部以上扩大，喉部有毛，花冠裂片5枚，长5-10毫米，向右覆盖；花蕊内藏于花喉内，花期4-5月。分布南京山地及林中，多见攀援树、岩石及崖壁上。

蔓长春花

Vinca major L. [英] Small Periwinkle

　　夹竹桃科蔓长春花属。蔓生半灌木，茎伏卧。叶对生，椭圆形或卵状椭圆形，长2-6厘米，宽1.5-4厘米，顶端急尖，基部圆或浅心形；侧脉4对；叶柄长约1厘米；花单生叶腋，花梗长4-5厘米；花萼5裂，裂片狭披针形，长约9毫米；花冠蓝色，花冠筒漏斗状，长于花萼，花冠裂片5，倒卵形，长12毫米，宽约7毫米，顶端圆；雄蕊着生于花冠筒的下部，花丝短而扁平，花柱顶部膨大，柱头有毛。蓇葖果2，直立，长约5厘米，种子6-8粒。花期3-5月。原产欧洲，南京有栽培，野外有逸生。

花叶蔓长春花

Vinca major var. variegata Loud. [英] Variegatedleaf Periwinkle

叶边缘白色，具黄白色斑。南京有逸生。

飞来鹤

Cynanchum auriculatum Royle ex Wight. [英] Auriculate Mosquitotrap

　　萝藦科鹅绒藤属。蔓性半灌木，有乳汁。叶对生，膜质，心形至卵状心形，长4-12厘米，宽3-10厘米，顶端短尾尖，稍偏斜，基部心形，基出5脉，侧脉4-5对，叶柄长。聚伞花序伞房状，有花多可达30朵；总花梗生叶腋，与叶柄近等长；花萼5裂，卵状长圆形，淡绿色；花冠白色，短于萼片，辐状，裂片反折，内被疏柔毛；副花冠浅杯状，顶端具椭圆形裂片，钝头，肉质，每裂片内面中部有1个三角形舌状鳞片；花粉块每室1个，下垂；柱头圆锥形，顶部2裂；蓇葖果双生，披针形，长约8厘米，直径约1厘米；种子卵状椭球形，种毛白绢质，生顶端。花期6-9月，果期7-11月。生山坡、林缘灌丛。紫金山有分布。本种即"牛皮消"。

萝藦

Metaplexis japonica（Thunb.）Makino. [英] Japanese Metaplexis

萝藦科萝藦属。多年生藤质草本，有块根，全株有乳汁。叶对生，卵状心形或长卵形，全缘，长5-12厘米，宽4-7厘米，顶端渐尖，基部心形，下面淡绿色，正面叶脉色淡；叶柄短于叶长。总状聚伞花序腋生，总花梗长；花多，花萼5深裂，多柔毛，绿色；花冠辐射状，5瓣，内褶，白色或淡红色，被白色长柔毛，顶端反卷；副花冠环状，5浅裂，与雄蕊合生；花粉块每室1个，黄色；子房上位；花柱合生，延伸成长喙状，柱头顶端2裂。蓇葖果角状纺锤形，端部渐尖，双叉生，长8-10厘米，宽2-3厘米，具纵棱，遍生白色小突起。种子扁平，卵形，褐色，顶端具易脱落的白色长种毛。花期7-8月，果期9-10月。生山坡、路边。

打碗花

Calystegia hederacea Wall. [英] Ivy Glorybind

　　旋花科打碗花属。多年生缠绕藤本，茎蔓生，缠绕或匍匐地面，分枝。叶互生，具长柄，叶形多变，基部叶常全缘，近椭圆形，基部心形；茎上部叶三角状戟形，顶端渐尖，侧裂片常2裂，中裂片卵状三角形，或基部有2齿裂，叶柄稍短。花单生叶腋，花梗长，具棱；花萼外有2片大苞片，宽卵形，顶端尖，长1-2厘米，包住花萼；萼片5，卵圆形，顶端尖，宿存；花冠漏斗状或喇叭状，白色或淡粉红色，喉部黄色，边缘呈五角形，端部5浅裂，花长5-7厘米，雄蕊5；子房2室，上位，柱头2裂。蒴果卵圆形，光滑，包于宿存的萼片内。种子卵圆形，黑褐色。花期4-6月。生路边、林缘及建筑空地。本种为南京常见野花。

旋花（篱天剑）

Calystegia sepium (L.)R.Br. [英 | Hedge Glorybind

旋花科打碗花属。多年生草本，全株无毛；茎缠绕，多分枝，有细棱。叶形多变，三角状卵形或宽卵形，长4-10厘米，宽2-6厘米，顶端尖，基部戟形或心形，全缘或基部伸出2-3个齿裂片。单花腋生，花梗长可达10厘米，苞片宽卵形；萼片5，卵形，长1.2-1.6厘米，顶端尖；花冠白色、淡红色或淡紫红色，漏斗状，长5-6厘米，具不明显的5浅裂；雄蕊花丝基部扩大；子房2室；柱头白色，2裂。蒴果球形，苞片及萼片宿存。种子黑色。花期5-9月，果期7-11月。见于江宁韩府坊。

北鱼黄草

Merremia sibirica (L.) Hall.f.[英] Siberia Merremnia

旋花科鱼黄草属。缠绕草本，茎多分枝，具细纵棱。叶互生，卵心形，长3-10厘米，宽1.5-7厘米，顶端长尾尖或渐尖，基部心形，全缘或稍波状，叶脉7-9对，基部两三对辐射状；叶柄细，长3-10厘米，常褐色，基部具小耳状假托叶。聚伞花序腋生，有1-7朵花；小苞片2，条形；花梗长0.5-1.5厘米，向上渐粗，萼片5，卵圆形，长约0.5厘米，顶端具小尖头；花冠小，漏斗钟状，长1-2厘米，淡红色，花冠内具紫红色及白斑，冠檐5浅裂；雄蕊5，不等长，子房2室，每室2胚珠，柱头头状，2裂，白色。蒴果近球形，无毛，顶端圆，高5-7毫米，4瓣裂。种子4，卵圆形，具3棱，黑褐色，长3-4毫米，无毛。花果期9-10月。生山地草丛或路边。

裂叶牵牛

Pharbitis nil (L.)Choisy. [英] Morning glory

旋花科牵牛属。一年生缠绕草本，全株被粗硬毛。叶互生，柄长5-10厘米，卵状心形、宽卵形或近圆形，长8-15厘米，宽5-15厘米，常3裂，基部心形，裂口宽圆，中裂片长圆或卵圆形，顶端渐尖，侧裂片较短，三角形。花1-3朵腋生，总花梗常短于叶柄；苞片2，线形或叶状；萼片5，狭披针形，基部密被粗硬毛，顶端尾尖；花冠漏斗状，长5-10厘米，蓝色或紫红色，顶端5浅裂；雄蕊5，不伸出花冠，花丝不等长，基部稍膨大，具毛；雌蕊1，子房3室，柱头头状。蒴果球形，直径约1厘米，3瓣裂。种子5-6粒，卵状三棱形，黑褐色或灰白色，光滑无毛。花期7-10月，果期8-11月。生路边、田边及墙边。常见。

圆叶牵牛

Pharbitis purpurea (L.)Voigt. [英] Common Morning glory

　　旋花科牵牛属。一年生缠绕草本，茎长2-3米，全株被粗硬毛，多分枝。叶互生，卵圆形或阔卵形，长4-18厘米，宽3.5-16.5厘米，顶端急尖或急渐尖，基部心形，全缘或浅3裂，具掌状脉，被糙伏毛，叶柄长4-10厘米。花序1-5朵花，总花梗与叶柄近等长，小花梗长1.2-1.5厘米；苞片2，线形，长6-7毫米；萼片5，长1.1-1.6厘米，外3枚长圆形，顶端渐尖，内2枚线状披针形；花冠漏斗状，紫色、淡红色或白色，长4-6厘米，顶端5浅裂；雄蕊5，内藏；雌蕊内藏，子房3室，柱头头状，3裂。蒴果球形，直径9-10毫米，3瓣裂；种子6粒，黑色或淡褐色，卵圆形，3棱。花期5-10月，果期8-11月，生山坡、路边、墙边、篱下。

橙红茑萝

Quamoclit coccinea (L.)Moench [英 | Orange Cypress vine

旋花科茑萝属。一年生缠绕草本，光滑，细长，多分枝。叶互生，心形，长3-5厘米，宽2.5-4厘米，全缘，顶端尖或渐尖，近基部浅角裂，基部心形，叶柄细，与叶近等长。聚伞花序腋生，有花3-6朵，总花梗细，与叶近等长；小苞片2，小花梗长约1厘米；萼钟状，萼片5，不等长，卵状长圆形，顶端具芒尖；花冠高脚碟状，橙红色，喉部黄色，筒长8-25毫米，细长；花冠5裂；雄蕊5，伸出花冠，花丝丝状，基部膨大，被短鳞毛，花药小；花柱长于雄蕊，柱头头状，2裂，子房4室，每室1胚珠；蒴果小，球形，直径约5毫米，种子1-4，卵圆形。花期7-8月。原产南美，南京野外有逸生。

茑萝松

Quamoclit pennata (Desr.) Bojer. [英] Cypress vine

旋花科茑萝属。一年生细弱缠绕草本，长可达4米，无毛。叶互生，宽卵形，长2-10厘米，宽1-6厘米，羽状深裂，基部2裂片再各分裂成3裂片，裂片线形平展；叶柄长0.8-4厘米，扁平，基部具托叶，托叶与叶同形，但短小。聚伞花序腋生，有花2-5朵，花序梗常长于叶，花直立，萼片5，长约5毫米，椭圆形，顶端钝，或稍有突尖；花冠深红色，高脚碟状，深红色，长约3厘米，筒上部稍膨大，冠檐开展，直径约2厘米，5浅裂；雄蕊5，与花柱同伸出；花丝基部具鳞毛；子房4室，柱头头状，2裂。蒴果卵圆形，4瓣裂。种子黑色。花期7-9月。原产美洲，南京野外有逸生。

葵叶茑萝

Quamoclit sloteri House [英] Palmleaf Cyprees vine

　　旋花科茑萝属。一年生缠绕草本，多分枝，无毛。叶互生，掌状深裂，长5-10厘米，裂片披针形，顶端长渐尖，基部2裂片再2裂；叶柄与叶片近等长，托叶长约1厘米，与叶同形。聚伞花序腋生，有1-3朵花，总花梗粗壮，常较叶柄长，长10-20厘米；小苞片2，长约2毫米；萼片5，不相等，卵圆形或圆形，顶端具短芒尖；花冠高脚碟状，红色，长3-5厘米，冠檐5裂；雄蕊5，不等长，花丝基部膨大，被小鳞毛，花药小；柱头稍长，头状，2裂；子房4室。蒴果圆锥形或球形，光滑；种子1-4粒。花期7-8月。紫金山有逸生。本种又称"槭叶茑萝"，原产南美洲。

斑种草

Bothriospermum chinense Bunge [英] China Spotseed

紫草科斑种草属。一、二年生草本，高20-40厘米，基部分枝，基生叶及茎下部叶具长柄，叶匙形或倒披针形，长3-6厘米，宽1-1.5厘米，顶端圆钝，基部渐狭成柄，边缘皱波状，两面被具基盘的长硬毛及伏毛，茎中上部叶无柄，叶渐小，长圆形或狭长圆形，顶端尖，基部楔形或宽楔形，被伏硬毛。花序长可达20厘米，苞片卵形或狭卵形，花梗短，花萼披针形，外被硬毛及短伏毛；花冠直径约5毫米，花瓣5，圆形，淡蓝色，喉部有5个白色的、顶端深裂的梯形附属物；花丝及花柱短。小坚果肾形。花期4-6月。

多苞斑种草

Bothriospermum secundum Maxim. [英] Manybract Spotseed

紫草科斑种草属。一、二年生草本，茎高25-40厘米，基部分枝，直立或渐升，全株被向上开展的硬毛及伏毛。叶互生，基生叶具柄，倒卵状椭圆形，长2-5厘米，顶端钝，基部渐狭成柄。茎生叶矩圆形或卵状披针形，长2-4厘米，宽0.5-1厘米，无柄，两面被硬毛或短硬毛。花序狭长，生茎端及腋生的分枝顶端，长约10-20厘米，花与苞片依次排列，而各偏于一侧，花小，苞片矩圆形或卵状披针形，被硬毛及短伏毛，花梗长2-3毫米，下垂；花萼长2.5-3毫米，外面密生硬毛，深裂，裂片披针形；花瓣蓝或淡蓝色，圆形，直径3-4毫米，喉部附属物梯形，顶端微凹；花丝短，柱头头状。小坚果卵球形。花期5-7月，果期6-8月。生路边阳光充足处。

倒提壶

Cynoglossum amabile Stapf et Drumm. [英] Fall lift pot

紫草科琉璃草属。多年生草本，高20-60厘米，茎单一或数条丛生，密生贴伏短柔毛。基生叶具长柄，矩圆状披针形，两面密生短柔毛；茎上叶渐无柄，矩圆形或披针形，长2-8厘米，侧脉3-5对。花序锐角分枝，集成圆锥状，无苞片；花梗长2-3毫米；花萼长2.5-3.5毫米，外被短密柔毛，5深裂，裂片卵形或长圆形，顶端尖；花冠蓝色，长5-6毫米，檐部直径7-10毫米，5裂，裂片圆形，

长约2.5毫米，具网脉，喉部有5个梯形附属物，长约1毫米；短花丝着生于花冠筒中部，雄蕊5，内藏，子房4裂；花柱长圆柱形，与花萼近等长。小坚果4，卵形，长3-4毫米，密生锚状刺。花期5-8月。见于江宁黄龙岘路边。

梓木草

Lithospermum zollingeri DC.[英 | Eollinger Gromwell

紫草科紫草属。多年生匍匐草本植物，茎直立，高5-25厘米。叶互生，全缘；基生叶倒披针形或匙形，长3-6厘米，宽8-20毫米，有短柄；茎生叶较小，先端尖；基部渐狭，近无柄。聚伞花序长2-5厘米，有花一至数朵，生顶部叶腋，苞片小叶状；花梗细短，花萼长约6.5毫米，5裂至近基部，裂片线状披针形，两面有毛；花冠蓝色，长1.5-1.8厘米，外面有毛，花筒长约7.5毫米，淡红色，檐部直径约1厘米，裂片宽倒卵形，长5-6毫米，全缘，喉部有5条向筒部延伸的凸起褶皱，长约4毫米，白色；雄蕊5，着生于褶皱下；柱头头状，子房4裂。小坚果4个。花期3-4月。见于阳山、紫金山等地，生林缘路边，常见，花冠蓝色明显。

弯齿盾果草

Thyrocarpus glochidiatus Maxim [英] Curvedtooth Shieldfruit

　　紫草科盾果草属。一年生草本植物，高10-30厘米，常细弱、矮小。茎一至数条，斜升，多下部分枝，全株具开展的糙毛。基生叶匙形或狭倒披针形，长1.5-6.5厘米，宽0.3-1.4厘米，果期时枯萎；茎生叶较小，无柄，卵形至狭椭圆形。花序狭长，长可达15厘米，苞片卵形至披针形，长0.5-3厘米，花生苞腋或苞腋外，花梗长约3毫米，花萼5裂，裂片狭椭圆形至卵状披针形；花冠淡蓝色或白色，5裂，喉部有5个白色附属物；雄蕊5，子房4裂，小坚果4，外层有突起的齿，齿端膨大内弯，内层碗状突起内缩。花期4-6月，果期6-7月。见于清凉山。

盾果草

Thyrocarpus sampsonii Hance [英] Shieldfruit

紫草科盾果草属。一年生草本植物，高20-40厘米，直立或斜升，下部分枝，茎、叶生短糙毛及有基盘的长硬毛。基生叶丛生，有短柄，匙形，长3.5-19厘米，宽1-5厘米，常全缘或有细齿；茎生叶较小，无柄，狭长圆形或倒披针形。花序狭长，长7-20厘米，苞片狭卵形至披针形，花生腋苞或腋外，花梗长约2毫米；花萼5深裂，长约5毫米，具长硬毛；花小，淡蓝色或白色，5裂片，裂片近圆形，喉部附属物5枚，白色；雄蕊5，生花冠中部；花药卵状长圆形。小坚果4，黑褐色。花期3-4月，果期5-7月。南京常见。

附地菜

Trigonotis peduncularis (Trev.)Benth.[英] Pedunculate Trigonotis

紫草科附地菜属。一、二年生草本，茎一至数条，直立或渐升，高10-40厘米，基部分枝，被短糙伏毛。基生叶铺散，有长柄，叶片匙形或椭圆形，长2-5厘米，宽1-2厘米，顶端钝，基部楔形或渐狭成柄，两面被糙伏毛；茎下部叶似基生叶；中上部叶长圆形，有短柄至无柄。茎中部生单花，总状花序生茎顶端，多花，初时卷曲，后渐伸长可达约20厘米，只基部具2-3个叶状苞片，余无苞片；花梗细短，花后伸长；花萼长1-2毫米，5深裂，裂片卵状披针形，顶端急尖；花冠淡蓝色，直径1.5-2.5毫米，花瓣倒卵形，圆钝，5瓣，喉部附属物黄色，内藏雄蕊5；子房4裂。小坚果4，四面体，长约0.8毫米，具短柄。花期3-5月。生路边草地。

臭牡丹

Clerodendrun bungei Steud [英] Rose Glorybower

马鞭草科大青属。小灌木，高0.5-1.5米，嫩枝稍有柔毛，小枝圆柱形，散生白色皮孔斑点。单叶对生，叶纸质，宽卵形，长8-20厘米，宽5-15厘米，顶端尖或渐尖，基部心形、截形或宽楔形，边缘有粗或细齿，侧脉4-6对，两面有微糙毛，背面散生小腺点，叶柄长4-17厘米；叶具苦涩气味。顶生紧密聚伞花序；苞片早落；花萼钟状，长3-8毫米，萼齿5，三角形，外被绒毛；花冠淡红色、红色或紫红色，花冠管长2-3厘米，裂片倒卵形，长5-8毫米；雄蕊及花柱伸出花冠外，柱头2裂，子房4室。核果近球形，直径约1厘米，熟时蓝黑色。花期7-8月，果期9-10月。生山坡林缘湿润处，见于牛首山。

海州常山

Clerodendrum trichotomum Thunb. [英] Harlequin Glorybower

　　马鞭草科大青属。灌木，高1-3米。单叶对生，叶片纸质，卵形、卵状椭圆形或三角状卵形，长5-16厘米，宽3-13厘米，顶端渐尖，基部截形或宽楔形，少有圆形或心形，全缘或有波状浅齿，侧脉3-5对，柔毛沿脉较密；叶柄长2-8厘米。伞房状聚伞花序顶生或腋生，常二歧分枝，疏散，末次分枝着花3朵，花序长8-18厘米，小花梗长3-6厘米；苞片早落；花萼紫红色，长10-15毫米，5深裂几达基部；花冠管细，长约2厘米，顶端5裂，裂片长椭圆形，长约7-8毫米，花冠白色或带粉红色，有香气；雄蕊4，花丝与花柱伸出花冠；柱头2裂。核果近球形，包于宿萼内，成熟时外果皮紫黑色。花期7-9月。紫金山有片状分布，生山坡灌丛。

羽叶马鞭草（细叶美女樱）

Glandularia tenera Spreng. [英] American Mock Vervain

马鞭草科美女樱属。多年生草本，高20-30厘米，枝细长，4棱。叶对生，二回羽状深裂，小裂片条状，两面疏生短硬毛，顶端尖，全缘，具短柄。穗状花序顶生，小花密集成伞房状，花冠高脚杯状，常5裂，裂片梯形，顶端凹入；花色丰富多样，常紫红色。花期4-10月。原产南美洲，栽培做地被花，路边偶有逸生。

马鞭草

Verbena officinalis L. [英] European vervain

马鞭草科马鞭草属。多年生草本，高30-100厘米，茎方形，节及棱上有硬毛。叶对生，卵圆形至椭圆形，长2-8厘米，宽1-4厘米，基生叶边缘常有粗齿及缺刻，茎生叶多3深裂，裂片边缘有不整齐的齿，两面有硬毛，背面脉上尤多。穗状花序顶生或腋生，细而长，花小而多，无柄，初密集，花时渐疏离；每花具1苞片，稍短于花萼，与萼片均生粗毛，萼片长约2毫米，5脉，脉间有淡色纵纹；花冠

淡紫色、淡蓝色或粉红色至白色，长4-8毫米，外有微毛，裂片5，其中一裂片稍大且顶端具一凹口；雄蕊4，花丝短。小蒴果长约2毫米，长圆形，果皮薄，成熟时4瓣裂。花期6-8月，果期7-9月。生山坡、路边及水岸。南京常见。

黄荆

Vitex negundo Linn. [英] Chinese Chaste Tree

　　马鞭草科牡荆属。灌木，小枝4棱，密生灰白绒毛。掌状复叶，小叶5，小叶片长圆状披针形至披针形，顶端渐尖，基部楔形，常全缘；中部小叶大，长4-13厘米，宽1-4厘米，两侧小叶依次变小。聚伞花序顶生，排成圆锥花序，长10-27厘米，花序梗具灰白绒毛；花萼钟状，5裂，宿存；花冠淡紫色，5裂，二唇形；雄蕊伸出。核果近球形，径约2毫米。花期5-6月，果期6-9月。本地较少见。

牡荆

Vitex negundo var. *cannabifolia* (Sieb.et Zucc.)Hand.–Mazz. [英] Hempleaf Negundo Chastetree

马鞭草科牡荆属。落叶冠木或小乔木，枝四棱形。叶对生，掌状复叶，有长柄，小叶5，少有3，中间3叶大，有短柄，外侧2叶小，近无柄；小叶披针形或椭圆状披针形，顶端渐尖，基部楔形，边缘有粗锯齿；表面绿色，背面淡绿色，无毛或被疏柔毛。圆锥花序顶生，长10-20厘米，多分枝；萼钟状，5齿裂；花冠淡紫色，5裂，二唇形，下唇中裂片大；雄蕊4，高伸至花冠之上；子房4室。核果球形，黑色。花期7-8月。城郊各山地有分布，生向阳山坡草丛。常见。

筋骨草

Ajuga decumbens Thunb. | 英 | Decumbent Bugle

唇形科筋骨草属。一年或二年生草本植物，高10-30厘米，全株具白色长柔毛，平卧或斜升，具匍匐茎。叶对生，基生叶较茎生叶长而大，叶柄具狭翅；叶片匙形至倒卵形，长3-14厘米，宽1-3厘米，两面被疏糙伏毛，叶边缘波状或具疏齿。轮伞花序有6-10朵花，排列成间断的假穗状花序；苞片大，似叶状；花萼漏斗状，10脉，齿5，近相等，长5.5毫米；花冠白色或淡红色，花筒长8-10毫米，基部膨大，具毛环，檐部近于二唇形，上唇短，直立，圆形，顶端微凹，下唇平展，3裂，中裂片大；喉部有紫斑；雄蕊4，伸出花冠筒外；花盘环状。小坚果倒卵状三棱形。生路边、沟坡及林缘。花期3-4月，果期5-6月。见于紫金山及清凉山。

邻近风轮菜

Clinopodium confine (Hance) O.Ktze. [英] Adjoin Wildbasil

唇形科风轮菜属。多年生草本，基部匍匐生根。茎四棱形。叶卵圆形，长9-25毫米，宽5-20毫米，顶端钝，基部圆或宽楔形，边缘在基部以上常具钝齿3-4对，侧脉3-4对，两面明显；叶柄长5-15毫米。轮伞花序多花，直径约1.2厘米，各轮分离；苞叶叶状，极小；小花梗长1-2毫米，细。花萼管状，基部稍狭，花时长约5毫米，果时稍增大；上唇3齿，三角形，下唇2齿，长三角形。花管粉红色至紫红色，稍长于花萼，冠檐二唇形，上唇直伸，长约0.6毫米，顶端微缺，下唇与上唇等长，3裂，中裂片较大。雄蕊4，花药2室，花柱2浅裂。小坚果卵球形，褐色。花期4-5月，果期5-7月。生山坡草地。南京山地及公园有分布。

细风轮菜

Clinopodium gracile (Benth.)Matsum.[英] Think Wildbasil

唇形科风轮菜属。多年生草本植物，茎4棱，匍匐上升，多分枝，高8-30厘米。下部叶圆形，小；中上部叶卵形，长1.2-3.4厘米，宽1-2.4厘米，顶端钝，基部宽楔形或圆形，边缘有疏齿，上面绿色，下面淡绿色，侧脉3-4对；叶柄长0.3-1.8厘米，基部常紫红色，密被柔毛；最上部叶及苞叶卵状披针形，顶端锐尖，边缘有齿。轮伞花序分离，或集于茎端而成短总状花序；苞叶针状；花梗短；花萼管状，长约5毫米，13脉，上唇3齿，下唇2齿；花冠白至淡紫红色，冠檐二唇形，上唇直伸，下唇3裂，中裂片宽，内有红斑；雄蕊4。小坚果卵球形，褐色。花期5-7月，果期7-9月。本种与邻近风轮菜的区别在枝顶有成短总状轮伞花序的花。

匍匐风轮菜

Clinopodium repens (D.Don) Wall.ex Benth. [英] Repent Wildbasil

唇形科风轮菜属。多年生草本，茎匍匐生根，上部上升，弯曲，高约35厘米，茎四棱形，被柔毛。叶椭圆或卵圆形，长1-3.5厘米，宽1-2.5厘米，顶端圆钝或尖，基部近圆形，边缘具粗齿4-6对，侧脉4-6对，两面被疏短硬毛；叶柄长约1厘米，被硬毛。轮伞花序小，近球状，直径1.2-1.5厘米，轮间远离；苞片针状，苞叶与叶相似，被腺毛。花萼管状，绿色，长约6毫米，13脉，上唇3齿，下唇2齿，被腺毛；花冠粉红色，长约7毫米，稍长于花萼，冠檐上唇直伸，顶端微缺，下唇3裂，中裂片宽大，花蕊内藏。小坚果近球形，直径约0.8毫米，褐色。花期6-9月，果期10-12月。生山坡、草地及路边，南京见于月牙湖畔。

活血丹

Glechoma longituba (Nakai.)Kupr. [英] Longtube Ground Ivy

唇形科活血丹属。多年生草本植物，茎高10-20厘米，四棱。叶柄及茎上部的叶背面的叶脉淡紫褐色，叶柄长于叶片，叶片心形，长1.8-2.6厘米，宽2-3厘米，先端急尖或钝，基部心形，边缘具圆齿。轮伞花序生茎中上部，每轮常2叶2花；花生叶腋，梗短有毛；苞片刺芒状。花萼管状，长9-11毫米，齿5，外被长柔毛，边缘具缘毛。花冠淡蓝至紫蓝色；上唇直立，较短，2裂；下唇3裂，平展，中裂片大，先端凹入，两侧裂片内侧有5根紫脉纹，下唇有3个紫色斑，花筒内有细小的紫斑点；雄蕊4，内藏；花药2室，子房4裂，花柱细长。小坚果深褐色，长圆卵形。花期4-5月。广布南京各地，生林下路边。

夏至草

Lagopsis supina (Steph.) Ik.–Gal. [英] Lagopsis

　　唇形科夏至草属。多年生直立草本，高15-35厘米，茎四棱形，密被短柔毛，常基部分枝。叶形圆，有长柄，直径1.5-2厘米，顶端圆钝，基部心形，3深裂，具钝齿，基生叶较宽大，具3-5出掌状脉；上部叶渐小，基部楔形，渐狭成柄。轮伞花序生中上部叶腋，直径约1厘米，上部花较下部密集；小苞片长约4毫米，刺状，弯曲；花萼筒状钟形，长约4毫米，5脉，萼齿5，不等大，顶端有刺尖头；花冠白色，少粉红色，长约7毫米，外被绵状毛；冠筒长约5毫米，上唇直伸，生长于下唇，全缘，下唇3浅裂，中裂片宽椭圆形，雄蕊4，不伸出，花药黄色，内藏，花柱2浅裂。小坚果长卵形，褐色。花期4-5月，果期5-6月，生路边，常见。

宝盖草

Lamium amplexicaule L. [英] Henbit Deadnettle

唇形科野芝麻属。一、二年生草本植物。茎直立，4棱，高10-30厘米。叶圆形，长1-2厘米，宽1-1.5厘米，两面有短伏毛，边缘波状，有浅裂，无柄。轮伞花序生于茎上部叶腋，有2-10朵花，时有闭花受精的花；苞片披针状钻形，具睫毛；花萼筒状钟形，长4-5毫米，齿5，近等长，有短毛；花冠紫红色，长约1.7厘米，花筒管状，细长，内无毛环，外有细毛，上唇直立，盔状，下唇3裂，中裂片倒心形，顶端深凹，基部收缩；花药平叉开，有毛，雄蕊短于上唇。小坚果有3棱，倒卵形，表面有白色瘤状突起。花果期3-5月。南京城郊各地均有分布，生山坡向阳处、路边及田间。花纤小但颜色纯正，引人注目。常见。

野芝麻

Làmium barbatum Sieb.et Zucc. ［英］Barbate Deadnettle

唇形科野芝麻属。多年生草本植物，茎直立，4棱，高可达1米，无毛。叶片卵形及卵状心形，长4.5-8.5厘米，两面被短硬毛；叶柄长1-7厘米，向上渐短。轮伞花序4-14花，生于茎上部各叶腋；苞片条形，具睫毛；花萼钟状，长约1.5厘米，齿5，披针状钻形，具睫毛；花冠白色，有时稍带淡黄绿色，长约2厘米，筒内有毛环，上唇直立，下唇3裂，中裂片倒肾形，顶端深凹，基部急缩，侧裂片浅圆裂片状，顶端有一尖齿；药室平叉开，有毛。小坚果倒卵形，3棱。生沟谷及山坡，自20世纪末，在山坡林下广为蔓延，与水土流失相关。花有香甜气味，为蜜源植物。花期3-6月。多分布于紫金山下，常见。

益母草

Leonurus heterophyllus Sweet. [英] Wormwoodlike Motherwort

唇形科益母草属。一或二年生直立草本，茎高30-120厘米，多分枝。茎四棱形，具细槽 。下部叶多卵形，基部宽楔形，掌状3裂，裂片再分裂；中部叶为菱形，常3裂成条形裂片，两侧裂有1-2小裂；花序上的苞叶呈条状披针形；叶常对生，具疏齿，先端急尖或渐尖，基部下延成细柄。轮伞花序腋生，多花，总轮廓球状，径2-2.5厘米；小苞片刺状，无花梗；花萼筒状钟形，长6-8毫米，5脉，5齿，前2齿靠合，后3齿短，萼齿先端刺尖；花冠粉红至淡紫红色，长1-1.2厘米，花冠筒长约6毫米，内有毛环，檐部2唇裂，上唇直立，内侧有紫红色斑，下唇3裂，中裂片具3条紫红斑线，两侧裂片各具2条紫红斑线；雄蕊4，花药2室。小坚果矩圆状三棱形。花期6-10月。分布城郊各地，生山坡林缘。常见。

白花錾菜

Leonurus pseudomacranthus f.leucanthus Kitagawa [英] Whiteflower False Motherwort

　　唇形科益母草属。多年生草本，茎直立，高60-100厘米，茎四棱形。叶变异较大，基部叶卵圆形，3裂至中部，边缘具少数粗齿，顶部尖，基部楔形，叶下脉凸起，沿脉有硬毛；茎中部叶常不裂，长圆形，叶缘有齿4-5对，叶柄长约1厘米；花序上的苞叶小，线状长圆形。轮伞花序腋生，多花，远离而向顶密集成穗状；小苞片少数，刺状；无花梗。花萼管状，长7-8毫米，沿脉被长硬毛，齿5。花冠白色，带紫纹，长1.8厘米；冠檐二唇形，上唇长圆卵形，长约1厘米，直伸，下唇卵形，白色，具紫纵纹，3裂，中裂片较大。雄蕊4，均延伸至上唇之下；花药卵圆形，2室；花柱丝状。花期8-10月，果期9-11月。生丘陵山坡，见于羊山。

地笋

Lycopus lucidus Turcz. [英] Shiny Bugleweed

唇形科地笋属。多年生草本，高0.6-1.7米；根茎横生具节，先端肥大呈圆柱形。茎直立，常不分枝，4棱，绿色，无毛。叶近无柄，长圆状披针形，稍弯，长4-8厘米，宽1.2-2.5厘米，先端渐尖，基部渐狭，边缘具单向锐齿，深绿，无毛；侧脉6-7对。轮伞花序，花小，多花，花时直径1.2-1.5厘米，小苞片披针形，3脉；花萼钟状，齿5，具尖刺。花冠白色，长5毫米；二唇形，下唇3裂；雄蕊及花柱伸出花冠。花期5-11月，果期7-12月。

野薄荷

Mentha haplocalyx Briq. [英] Peppermint

　　唇形科薄荷属。多年生草本，茎直立或基部匍匐，高30-90厘米。下部数节具细须根和匍匐根状茎，茎四棱形，绿色或褐色；分枝多。叶对生，长卵状披针形，长3-7厘米，宽1-2厘米，顶端尖或稍钝，基部近圆形至楔形，边缘在基部以上具粗齿，叶面多褶皱；侧脉5-6对；叶柄短或近无柄。轮伞花序腋生，球状，苞片披针形至线状披针形，边缘有毛；花梗细短；萼筒钟状，长2-2.5毫米，10脉，5齿，近三角形；花冠淡紫、淡红至白色，长约4毫米，4裂，上裂片顶端2裂，较大，其余3裂片近等大，外被毛；雄蕊4，伸出花冠外，花丝无毛，花药2室，平行，花柱2裂。小坚果球形，平滑，黄褐色。花期8-10月。喜潮湿，生路边及沟谷中。

紫苏

Perilla frutescens (L.) Britt. [英] Common Perilla

唇形科紫苏属。一年生草本，茎高0.3-2米，绿或紫色，钝四棱形，4槽。叶宽卵形或椭圆形，长7-13厘米，宽4-10厘米，顶端短渐尖，基部圆或宽楔形，叶缘基部以上具粗齿，两面绿色或紫色，侧脉5-8对，下面脉凸起；叶柄长3-5厘米，密被长柔毛。轮伞花序2花，顶生及腋生，成偏向一边的假总状花序，每花具一近圆形的苞片；花梗长1.5毫米；花萼钟形，果时增大，10脉，萼檐二唇形，上唇宽大，3齿，下唇2齿，披针形；花冠白色至紫红色，长3-4毫米，冠筒短，喉部斜钟形，冠檐2唇裂，上唇微凹，下唇3裂，中裂片较大，侧裂片与上唇近等长。雄蕊4，花柱顶端2裂。花期7-10月，果期8-11月。本地有野生。

野生紫苏

Perilla frutescens var. *purpurascens* (Thunb.)Kudo [英] Green Perilla

　　唇形科紫苏属。与原变种不同在叶绿色，花白色。果萼小，长4–5.5毫米，下部被疏柔毛，具腺点；茎被短疏毛；叶较小，卵形，长4.5–7.5厘米，宽2.8–5厘米，两面被疏柔毛；小坚果较小，土黄色，直径1–1.5毫米。花期9–10月。分布紫金山岗子村至板仓村山前。

夏枯草

Prunella vulgaris L. [英] Common Selfhead

　　唇形科夏枯草属。多年生直立草本，茎高20-30厘米，下部分枝。茎4棱，紫红色，具纵槽。叶对生，叶片卵状矩圆形或卵圆形，先端钝，基部圆形、截形至宽楔形，下延至叶柄成狭翅，边缘波状或近全缘。轮伞花序密集组成长2-4厘米的顶生穗状花序，花序下方的一对苞叶似茎叶；每一轮伞花序下承以苞片，苞片宽心形，淡紫色；花萼钟状，长约10毫米，二唇形，上唇扁平，有3短齿，下唇较狭，2深裂，裂片披针形；花冠紫、紫蓝或紫红色，长约13毫米，冠檐二唇形，上唇近圆形，先端微凹，下唇短，3裂，中裂片宽，先端线状分裂。雄蕊4，花丝2裂，花药2室，花柱纤细。小坚果矩圆状卵珠形，黄褐色。花期5-6月。南京城郊各山地、丘陵有分布，生山坡草丛。

香茶菜

Isodon amethystoides (Benth.) Hara [英] Rabdosia

　　唇形科香茶菜属。多年生直立草本，茎高30-100厘米，密生倒向贴生疏柔毛。叶卵形或卵状披针形，长3-10厘米，宽1.5-4厘米；顶端渐尖，基部楔形渐成狭翅，边缘具钝齿，两面有疏毛，背面具黄色腺点；叶柄长0.5-2.5厘米。聚伞花序多花，组成顶生疏散的圆锥花序；苞片卵形，小苞片披针形；花萼约长2.5毫米，果时增大，宽钟状，紫色，外被疏毛或无毛，布黄腺点，5萼齿近等长，三角形，约为萼长的三分之一；花冠白色，上唇稍带紫蓝色，长约7毫米，疏生淡黄色腺点；花冠筒基部呈浅囊状，略弯；上唇4浅裂，下唇阔圆形；雄蕊及花柱内藏。小坚果卵形，长约2毫米，无毛，有腺点。花期8-9月，果期9-10月。生林下草地。不常见。

华鼠尾草

Salvia chinensis Benth. [英] Chinese Sage

　　唇形科鼠尾草属。一年生草本，有分枝。茎高20-70厘米，断面四棱形，具沟槽。下部常为3出复叶，上部单叶对生，叶片卵形或卵状椭圆形，先端钝或急尖，基部心形或圆形，边缘有圆齿或钝齿，复叶顶生叶大，侧生叶小。轮伞花序常有6花，组成长5-24厘米的总状或圆锥花序；小苞片披针形；花萼钟状，紫色，上唇顶端有3个聚合的短尖头，两边侧脉有狭翅，下唇2齿，略长于上唇。花冠蓝紫或紫色，长约1厘米，伸出花萼，外被短柔毛，筒内有毛环，上唇圆形，顶端凹入，下唇3裂，中裂片倒心形，下弯，顶端凹缺，侧裂片半圆形。花丝短，药隔长，关节处有毛。小坚果椭圆状卵圆形，平滑，褐色。花期8-10月。见于紫金山及南郊各地，生路边、山坡。

鼠尾草

Salvia japonica Thunb. [英] Sage

　　唇形科鼠尾草属。一年生草本，茎直立，高40-60厘米，四棱形。茎下部叶为二回羽状复叶，叶柄长7-9厘米；茎上部叶为一回羽状复叶，具短柄，叶顶端尖或钝，基部楔形，侧生小叶卵状披针形，基部偏斜近圆形，近无柄；顶生小叶披针形或菱形，顶端尖或尾尖，基部窄楔形，边缘具钝齿，草质。轮伞花序2-6花，组成顶生的总状花序或总状圆锥花序，花序长5-25厘米；苞片2，披针形；花序轴密被柔毛；花萼筒状，二唇裂，外凸脉及上边缘紫色，余部绿色；花冠淡紫蓝色，长约12毫米，外被长柔毛，上唇椭圆形，顶端凹入，下唇3裂，中裂片较大；雄蕊2，伸出上唇外；花柱外伸，柱头2裂。小坚果椭圆形，褐色。花期7-9月。紫金山等山地常见。

丹参

Salvia miltiorrhiza Bunge [英] Redroot Sage

　　唇形科鼠尾草属。多年生草本，茎直立，高40-80厘米，四棱形，密被长柔毛，多分枝。常为单数羽状复叶，侧生小叶1-2对；叶卵形或椭圆状卵形，顶端锐尖或渐尖，基部圆形或偏斜，边缘具圆齿，叶面多凹皱，反面凸脉明显，多毛，叶下脉上白柔毛明显，侧脉常5对。轮伞花序六至多花，组成具长梗的顶生或腋生总状花序；苞片披针形，全缘；花萼钟状，紫色或绿色，长约1厘米，具11脉，二唇形；花冠紫蓝色，长2-2.7厘米，上唇镰刀状，长约13毫米，上竖，顶端微缺，下唇3裂，短于上唇，中裂片较大，雄蕊生下唇基部；花柱伸长，长可达4厘米，顶端2裂。小坚果黑色，椭圆形。花期4-6月，果期7-8月。生山坡草丛，南京山地尚有偶见。

荔枝草

Salvia plebeia R.Br. [英] Common Sage

唇形科鼠尾草属。一年或二年生直立草本，高15-90厘米。茎方形，具纵槽，多分枝；基生叶贴地丛生，多皱纹，茎生叶向上渐小，对生，边缘齿钝或圆，先端钝或急尖，基部圆或楔形渐狭；叶柄密被短柔毛。轮伞花序有2-6朵花，集成顶生及腋生的假总状及圆锥花序，长5-25厘米，果时伸长；苞片小，披针形；花萼钟状，长2.5-3毫米，果时延长，2唇，上唇3脉，脉端部有齿，下唇2齿，齿三角形；花冠紫色或淡紫蓝色至白色，长4-5毫米，外被柔毛，上唇长圆形，顶端稍凹，下唇稍短，3裂片，中裂片大，倒心形，侧裂片半圆形；能育雄蕊2，花柱与花冠等长，生于子房底部。小坚果卵圆形，褐色。花期4-5月，果期6-7月，生山坡、水边潮湿处。

半枝莲

Scutellaria barbata D.Don [英] Barbed Skullcap

唇形科黄芩属。多年生直立草本，茎高12-35（55）厘米，四棱形。叶对生，近无柄，三角状卵圆形或卵圆状披针形，先端急尖，基部宽楔形或近截形，边缘有疏浅齿，侧脉2-3对，在叶上凹陷而叶下凸起。花单生于茎或分枝的上部叶腋，成每节2花排列为偏侧一边的总状花序；苞片叶状，渐变小，椭圆形至长椭圆形，全缘；花萼开花时长约2毫米，盾片高约1毫米，果时增大；花冠紫蓝色（北方种白色，仅冠檐紫蓝色），长9-13毫米；筒基囊大，冠檐2唇，上唇盔状，半圆形，下唇中裂片梯形，侧裂片三角状卵圆形；雄蕊2对，不伸出花冠；花柱细，顶端微裂。小坚果扁球形，褐色。花果期4-10月。分布紫金山等地，生水田边、湿草地等处。

光紫黄芩

Scutellaria laeteviolacea Koidz. [英] Shiningpurple Skullcap

唇形科黄芩属。多年生草本植物，茎连花序高10-30厘米，截面方形，常紫色。叶卵形或肾形，顶端圆钝，基部心形，边缘有圆齿；叶柄及叶背常带紫褐色。2花对生，各对生花排成偏向一侧的顶生总状花序；花萼钟状，长2-2.5毫米，萼筒背生一囊状鳞盾，高约1.5毫米，果时增大；花管筒长，由基部上弯而直立；花冠紫红色，长12-14毫米，外面有短柔毛和腺点，上唇盔状，长约2毫米，宽约3毫米，顶端微凹，下唇3裂，中裂片圆卵形，具紫色斑点；雄蕊4，2强，不伸出花冠，花丝扁平；花柱在子房底部。成熟小坚果卵形，栗黑色，有瘤状小突起，腹面近基部有果脐。花期3-4月。紫金山及方山等山地有分布，生山坡，常见。

假活血草

Scutellaria tuberifera C.Y.Wu et C.Chen [英] Tuberous Skullcap

唇形科黄芩属。一年生草本；根状茎细弱。茎直立或基部伏地，高10-30厘米，四棱形，被长柔毛。茎下部叶具3-15厘米的长柄，叶常圆形或肾形，顶端钝圆，基部心形，叶缘具圆齿4-7对，掌状叶脉，叶上脉微凹而叶下脉凸出；叶柄向茎上渐短。花单生于茎上部叶腋，花梗长2-3毫米，基部有一对长约1毫米的钻形小苞片；花萼花时长约6毫米，被疏柔毛；花冠淡紫或蓝紫色，长约6毫米，外被疏柔毛，花冠筒前方近花冠部膨大，冠檐二唇形，短，直立，下唇向前伸展，中部白斑中分布多枚紫蓝色小斑点；侧裂片几与上唇合生；雄蕊4，2强；花丝扁平，花柱细长，花盘扁圆；子房4裂，小坚果卵球形，黄褐色。花期3-4月，果期4月。生山坡草丛及林下阴湿处。见于紫金山。

水苏

Stachys japonica Miq. [英] Water Betony

　　唇形科水苏属。多年生草本，高20-80厘米。茎四棱形，棱及节上具短刚毛。茎生叶长圆状宽披针形，具皱纹，长5-10厘米，宽1-2.3厘米，顶端尖，基部圆或近宽楔形，边缘具圆或钝齿，叶柄长3-17毫米，下部者较长，向上者渐短；苞叶披针形，无柄，向上的渐小。轮伞花序6-8花，下部隔离，上部稍密集，成长5-13厘米的假穗状花序；小苞片刺状，微小；花萼钟状，连齿长达7.5毫米，外被柔毛，10脉，齿5，等大，三角状披针形，顶端具尖头，边缘具缘毛；花冠粉红或淡紫红色，长约1.2厘米，内具毛环，冠檐二唇形，上唇直伸，外被柔毛，下唇3裂，中裂片近圆形，顶端微凹，自喉部向外分布紫红色斑；雄蕊4，直伸至上唇下。花期4-6月。生湿草地及河岸。

绵毛水苏

Stachys lanata Jacq. [英] Blanket-leaf Ear

唇形科水苏属。多年生草本，高30-50厘米。茎直立，四棱形，全株密被灰白色绵毛。叶对生，基生叶长圆状匙形，茎生叶长椭圆形，长5-10厘米，宽1-2.5厘米，银灰色，边缘具不明显小圆齿，侧脉不明显；叶柄扁平，基部半抱茎；苞叶细小。轮伞花序多花密集成穗状，长10-20厘米，小苞片线形，长约5毫米；花萼管状钟形，5齿裂，10脉；花冠紫红色，长约1厘米，冠筒长约6毫米，冠檐二唇形，上唇卵圆形，下唇平展3裂；雄蕊4，花丝花柱均丝状。小坚果长椭圆形，花期5-7月。原产西亚，我国1930年初见于浙江。

灌丛石蚕

Teucrium fruticans L. [英] Bush Germander

唇形科香科科属。常绿小灌木，小枝四棱形，被白绒毛。叶对生，具短柄，叶片卵圆形，长3-4厘米，宽1-2厘米，先端圆钝，全缘，侧脉3-5对，叶面暗绿，叶背面布白绒毛。单唇花冠，淡紫色，5裂，中裂片具脉纹，长1.5-2厘米，先端钝尖，侧裂片小；雄蕊4，自花冠后上伸，花药分叉，花柱生子房顶端。小坚果倒卵形，种子球形。花期4月。原产地中海地区。栽培种。

毛曼陀罗
Datura innoxia Mill. [英] Hairy Datura

　　茄科曼陀罗属。一年生直立草本或半灌木，高1-2米，全株密生白细腺毛及短柔毛。茎粗壮，圆柱形，下部灰白色，分枝灰绿色或紫色。叶宽卵形，长10-14厘米，宽4-11厘米，顶端尖，基部不对称圆形，边缘波状，全缘或具浅裂，侧脉每边6-8条，叶柄长4-5厘米。花单生于枝杈间或叶腋，直立或斜生，花梗长1-2厘米；花萼圆筒状，无棱角，长8-10厘米，外径2-3厘米，5裂，裂片狭三角形，长1-2厘米；花冠漏斗状，长15-20厘米，檐部直径约8厘米，下部淡绿色，上部白色，开放后呈喇叭状；雄蕊5，子房卵圆形，外被白针毛，花柱长13-17厘米。蒴果俯垂，近球形，4瓣裂。种子扁肾形，褐色，长约5毫米。花期5-9月。南京常见。

曼陀罗

Datura stramonium Linn. [英] Jimsonweed

　　茄科曼陀罗属。一年生直立草本，高0.5-1.5米，全株近无毛，叶广卵形，先端渐尖，基部不对称楔形，边缘具不规则波状浅齿裂，叶长8-17厘米，宽4-12厘米；侧脉每边3-5条；叶柄长3-5厘米。花单生于枝权间或叶腋，直立，有短梗；花萼筒状，长4-5厘米，5棱，花冠漏斗状，5浅裂，裂片三角形，具短尖，白色或淡紫色；雄蕊不伸出。蒴果直立，卵状，具刺或平滑。花期5-9月，果期6-10月。原产墨西哥，广布野生。

枸杞

Lycium chinense Mill. [英] Barbary Wolfberry

　　茄科枸杞属。落叶灌木，高可达1米多，外皮灰白至褐色。多分枝，枝细长柔弱，常弯曲下垂或匍匐，有棘刺生于叶腋或枝顶，幼枝有棱。叶互生或2-4片簇生于短枝上，叶卵形、卵状菱形或卵状披针形，长1.5-5厘米，宽0.5-1.7厘米，全缘；叶柄长3-10毫米。花单生于叶腋，或2-4朵与叶簇生；花梗细，长5-16毫米；花萼钟状，长3-4毫米，3-5齿裂；花冠漏斗状，花冠筒长9-12毫米，裂片长几等于筒长，有缘毛，裂片长卵形，花冠淡紫色，基部有深色条纹；雄蕊5，花药长椭圆形；子房上位，2室，花柱稍长于雄蕊，柱头头状。浆果长1-2厘米，卵形或长椭圆状卵形，成熟时红色；种子多数。花期6-10月，果熟期10-11月。生山坡、田坎。

假酸浆

Nicandra physaloides (L.) Gaertn. [英] Apple of Peru

　　茄科假酸浆属。一年生直立草本，高30-150厘米。茎有棱沟，上部3叉状分枝。单叶互生，草质，卵形或卵状椭圆形，长4-12厘米，宽2-8厘米，顶端急尖或短渐尖，基部楔形或宽楔形，渐狭成柄，边缘具波状浅裂，侧脉4-5对，表面凹陷，下面凸起，叶面有疏毛。花单生于叶腋，常俯垂，直径约3厘米，花梗长1.5-3厘米，花萼5深裂，5棱，顶端尖，基部心形，有尖耳片，果时膨大；花冠宽钟状，淡紫蓝色，5浅裂，雄蕊5，花筒内白色基部有5片紫斑。蒴果球形，直径1.5-2厘米，外包5只宿存的大萼片；成熟时萼片由绿变黄，再变紫色，干时淡褐色。种子淡褐色，多数。花果期7-10月。原产南美洲，野外有少数逸生。

苦蘵

Physalis angulata L. | 英 | Cutleaf Groundcherry

　　茄科酸浆属。一年生草本，高30-60厘米，全体密生短柔毛。茎多分枝。叶质薄，卵形或卵状椭圆形，长3-8厘米，宽2-6厘米，顶端渐尖或急尖，基部宽楔形或楔形，边缘具不整齐的疏齿；叶柄长3-8厘米。花单生于叶腋，花梗长5-10毫米，花萼钟状，5裂；花冠宽钟状，直径6-10毫米，5浅裂，淡黄色，喉部常有紫斑，雄蕊5，花药黄色或紫色。浆果球形，直径约1.2厘米，被膨大的宿萼所包围，宿萼薄纸质，卵球状，顶端渐尖，基部凹入，长2-3厘米，直径2-2.5厘米。种子圆盘状，长约2毫米。花果期5-12月。生山坡、林缘、路边。南京有分布。

刺天茄

Solanum violaceum Ortega. [英] Asian Nightshade

　　茄科茄属。灌木，高1-1.5米，分枝具绒毛，有皮刺。叶卵形，长5-11厘米，宽2.5-8.5厘米，顶端钝尖，基部心形或截形，具5-7深裂或圆裂，两面有绒毛，脉上有刺，叶柄长2-4厘米。花序蝎尾状，腋外生，长3.5-6厘米，花萼杯状，5裂；花冠辐状，蓝紫色，直径约2厘米，深5裂；花药黄色。浆果球形，熟时橙黄色，直径约1厘米。花期全年。

白英

Solanum lyratum Thunb. [英] Bitter sweet

　　茄科茄属。多年生草质藤本，长0.5–1米。茎及小枝均密生柔毛。叶互生，琴形，长3–6.5厘米，宽2.5–5厘米，顶端渐尖，基部全缘或3–5深裂，裂片全缘，基部侧裂片较小，顶端圆钝或尖，中裂片大，常卵形，顶端渐尖，枝端叶常不分裂，侧脉每边常5–7条。聚伞花序顶生或腋外生，疏花，总花梗被长柔毛，花梗基部具节；花萼杯状，萼齿5枚；花冠淡紫蓝色或白色，直径约1厘米，花冠筒隐于萼内，冠檐长约6.5毫米，顶端5深裂，裂片椭圆状披针形，自基部向下反折；雄蕊5，黄褐色，花药长圆形，约3毫米；子房卵形，径约1毫米，花柱丝状，柱头头状。浆果球形，成熟时红色，直径约8毫米；种子扁平盘状，直径约1.5毫米。花期7–8月，果期9–11月。生向阳山坡路、路边或田边。常见。

龙葵

Solanum nigrum L. [英] Herba Solani Nigri

茄科茄属。一年生直立草本，茎高30-100厘米，具纵棱，多分枝。叶互生，卵形或卵状椭圆形，长2.5-10厘米，宽2-5厘米，全缘或具不规则波状粗齿，基部楔形，渐狭成柄，叶柄长约2厘米，叶常无毛。花序短蝎尾状或近伞状，侧生或腋外生，有花4-10，总花梗长约2厘米，花梗长约1厘米，花小，下垂；花萼小，浅杯状，5浅裂；花冠筒部隐于萼内，檐部5深裂；花冠辐射状，白色或淡紫色，长约3-7毫米，5深裂，裂片卵状三角形；雄蕊5，花丝短，花药黄色，长于花丝；子房上位，卵形；花柱长约1.5毫米，柱头小，头状。浆果球形，直径约8毫米，熟时黑紫色，有光泽。种子多数，卵形，芝麻状，黄色。花期6-9月，果期7-12月。生林缘沟边。已不多见。

通泉草

Mazus japonicus（Thunb.）O.Kuntze. | 英 | Japanese Mazus

　　玄参科通泉草属。一年生草本植物，茎高5-30厘米，直立或倾斜，常自基部多分枝，无毛或疏生短柔毛。叶对生或互生，倒卵形或匙形，长2-6厘米，宽8-15毫米，顶端圆钝，基部楔形，并下延成叶柄，边缘具不规则粗齿。总状花序顶生，长于带叶茎段；花梗在果期长可达10毫米，上部的较短；花两性；花萼在花期长约6毫米，果期多少增长；萼裂片与筒部几相等。花冠淡紫色，长约10毫米，上唇短直，2裂，裂片尖，下唇3裂，中裂片倒卵圆形，平头；雄蕊4，2强；柱头2片裂。蒴果球形，无毛，与萼筒平。种子斜卵形或肾形，淡黄色。花期4-10月。南京各地均有分布，生向阳山坡及林缘。常见。

匍茎通泉草

Mazus miquelii Makino [英] Miquel mazus

　　玄参科通泉草属。多年生草本，有匍匐茎和直立茎，直立茎高10-15厘米。基生叶常多数，成莲座状，叶倒卵状匙形，先端圆钝，基部渐狭成柄，连柄长3-7厘米，边缘具疏齿，沿脉呈紫褐色；茎生叶在直立茎上的多互生，在匍匐茎上的多对生，具短柄，匙形或近圆形，长1.5-4厘米，顶端圆，具疏齿，基部渐狭。总状花序顶生，稀疏，下部花梗长1-2厘米，上部渐短。花萼钟状漏斗形，长7-10毫米，萼齿与萼筒近等长，5齿裂，裂片披针状三角形；花冠白色或淡紫色，具紫斑，并具棕黄色斑列，长1.5-2厘米，上唇短直，2裂，下唇3裂，两侧裂片大，中裂窄而前凸，卵圆形。蒴果球形，微扁。种子多数。花期4-5月。生山坡、林缘等地。

弹刀子菜

Mazus stachydifolius (Turcz.)Maxim. [英] Betonyleaf Mazus

　　玄参科通泉草属。多年生草本植物，茎直立，圆柱形，高10-40厘米，全体被多细胞长柔毛。茎不分或少分枝。基生叶常早枯萎；茎生叶对生，但上部的常互生且无柄，长椭圆形至倒卵状披针形，长2-7厘米，宽0.5-1.2厘米，茎中部的较大，边缘具单向锯齿。总状花序顶生，花稀疏；苞片三角状卵形；花萼5裂，漏斗状，中脉明显；花冠紫蓝色，连花冠筒长3厘米，上唇短，尖2裂，下唇宽大，开展，3裂，中裂片小于侧裂片，圆形，褶襞两条形成两突起的纵脊，每边生约10个小白圆圈斑点，形成吸引传粉昆虫的标识；雄蕊4枚，2强，着生于花冠筒内。蒴果扁球形，长2-3毫米，包于花萼筒内；种子多数，圆球形，细小。花期3-4月。

山萝花

Melampyrum roseum Maxim. [英] rose Cowwheat

　　玄参科山萝花属。一年生直立草本，茎多分枝，4棱，高15-80厘米。叶对生，披针形至卵状披针形，顶端渐尖，基部圆钝或楔形，长2-8厘米，宽1-3厘米，全缘。萼齿长三角形；花冠紫色或紫红色，总状花序，花二唇形，长1-2厘米，下唇宽卵形，3裂，中具椭圆形二白斑。花期6-7月。生山坡草丛。

毛泡桐

Paulownia tomentosa (Thunb.) Steud. [英] Royal Paulownia

玄参科泡桐属。落叶乔木，高可达20米，树冠伞形。叶心形，常可达40厘米，顶端锐尖，全缘或有细齿，或具浅裂，叶上面毛稀疏，下面毛密，叶柄常有粘质短腺毛。聚伞花序塔形或圆锥形，长达50厘米或更短，小花序有花3-5朵，花梗长1-2厘米，花萼浅钟形，长约1.5厘米，外被绒毛，5裂，萼齿卵状长圆形；花冠淡紫色，漏斗状钟形，长5-7.5厘米，离花管基部膨大，外被腺毛，檐部二唇形，直径约5厘米；喉部具紫斑线纹，下唇内具淡黄色斑；雄蕊长约2.5厘米，不伸出；花柱短于雄蕊。蒴果卵圆形，长约4厘米；种子连翅长2.5-4毫米。花期4-5月，果期8-9月。南京常见。

毛地黄钓钟柳

Penstemon digitalis Nutt. ex Sims [英] White Beardtongue

　　玄参科钓钟柳属。多年生常绿草本，株高15-45厘米，茎光滑。叶交互对生，无柄，基生叶卵形，茎生叶披针形，全缘，被绒毛。聚伞圆锥花序，多花，花单生或3-4朵生叶腋；花钟形，上下唇各3裂，花常白色，亦有蓝、紫等色。花期5-7月。原产中美洲，现在河北、山东及江苏等省已有栽培。

松蒿

Phtheirospermum japonicum (Thunb.)Kanitz. [英] Japanese Phtheirospermum

　　玄参科松蒿属。一年生直立草本，全株被多细胞腺毛。茎高25-60厘米，多分枝。单数羽状复叶，总轮廓卵形至卵状披针形，长1.5-5厘米，宽2-3.5厘米；小叶卵状披针形，边缘具疏齿，有短柄或无柄；叶片向顶端渐小，顶端一叶成深裂叶片，先端渐尖或稍钝。穗状花序顶生，疏花单生叶腋；花萼钟状，长约6毫米，5裂至半，花后稍增大，裂片绿色，长卵形，上端羽状齿裂；花冠粉红色或紫红色，唇形，长15-20毫米，上唇直，稍盔状，浅2裂，裂片边缘外卷，下唇3裂，有两条纵行皱褶，上有白色长柔毛；喉部白色，有黄色条纹，下部有圆形粉红斑多个；雄蕊4枚，药室基部延成短芒。蒴果卵状椭圆形，长约1厘米，室背2裂，有细毛。花期9-10月。见于紫金山及牛首山，生山坡草丛阴湿处。

腺毛阴行草

Siphonostegia laeta S.Moore [英] Glandularhair Siphonostegia

　　玄参科阴行草属。一年生草本，高30–70厘米，全体密被腺毛。茎常在中部以上分枝。叶对生，三角状长卵形，近掌状三深裂，中裂片较大，菱状长卵形，羽状半裂至浅裂；小裂片卵形，顶端钝，侧裂仅外侧羽状半裂，裂片2–3枚。花序总状，生枝顶，稀疏成对，苞片叶状，与萼片等长或较短，卵状披针形，顶端渐尖，稍羽裂或近全缘；小苞片1对，长3–5毫米；萼筒长卵状瓶形，长10–15毫米，细主脉6条，萼齿5，披针形，全缘；花冠黄色，盔背部常带淡紫红色，长2.3–2.7厘米，花管细长，稍伸出萼管外，盔面略有弓曲，前方下角有一对小齿，下唇3裂，花药2室，柱头头状，稍伸出盔外。蒴果包于宿萼内，种子多数。花期7–9月，果期9–10月。生草、灌丛及林下阴湿处，见于紫金山。

夏堇

Torenia fournieri Linden.ex Fourn. [英] Blue butterflygrass

玄参科蝴蝶草属。一年生草本，株高15-30厘米，多分枝，茎方形，叶柄长1-2厘米，叶长卵形，长3-5厘米，宽1.5-2.5厘米，无毛，先端短渐尖，基部楔形，边缘具粗齿。花腋生或顶生成总状花序，花梗长1-2厘米，苞片条形，长2-5毫米；花萼椭圆形，膨大萼筒上有5条棱状翼，萼齿2，近三角形；唇形花冠，长2.5-4厘米，冠筒淡青色；上唇直立，长约1.2厘米，浅蓝色，宽倒卵形，顶端微凹，下唇裂片矩圆形，长约1厘米，紫蓝色，中裂片具黄斑点。蒴果长椭圆形。花期6-12月。产华南各地，具各种深度的紫色及红色，已普遍栽培。

婆婆纳

Veronica didyma Tenore. [英] Geminate Speedwell

　　玄参科婆婆纳属。一年生草本植物，茎基部多分枝，成丛，纤细，匍匐或斜升，被白色柔毛，高10-30厘米。叶对生，上部互生，叶形宽卵圆状，长、宽均1-2厘米，具短柄；边缘具钝锯齿2-4对，基部圆形。总状花序顶生，花单生于苞腋；苞片叶状，互生；花梗略短于苞片，花萼4深裂，裂片狭卵形，长5-8毫米，被柔毛；花冠淡紫色、淡蓝色或白色，有放射状紫色、紫红色或深蓝色条纹，直径4-8毫米，花筒极短。蒴果近肾形，稍扁，密被柔毛，有网纹，宽4-5毫米，凹口成直角；种子舟状或长圆形，腹面深凹，背面有波状纵皱纹。花期2-5月，南京各地均有分布，生阳光充足处；常见，蓝色小花引人注目。

细叶婆婆纳

Veronica linariifolia Pall.ex Link | 英 | Linearleaf Speedwell

　　玄参科婆婆纳属。直立草本，常不分枝，高30-80厘米。叶下部对生，卵状披针形，长2-6厘米，宽0.2-1厘米，叶基部全缘，中上部有齿，常无毛。总状花序常单支，长穗状，花梗长2-4毫米，花冠淡紫或白色，花筒长约2毫米，后裂片椭圆形，余3枚卵形，花丝伸出花冠。花期6-9月。为中国北方野花，南京有栽培。本种又称细叶穗花（车前科兔尾苗属）。

波斯婆婆纳

Veronica persica Poir. [英] Persian Speedwell

玄参科婆婆纳属。直立草本，高10-15厘米。叶互生，2-4对，具短柄，卵形或圆形，长6-20毫米，宽5-18毫米，基部浅心形、平截或圆，边缘具粗齿约5对，顶端齿宽钝，两面疏生柔毛。苞叶互生，与叶同形且几等大；总状花序，花梗明显长于苞叶，花萼在花期长约4毫米，果时增长一倍，裂片卵状披针形，有缘毛，三出脉；花冠蓝色，亦有紫色或紫蓝色，长4-6毫米，具7条深紫蓝色细纵纹，裂片卵形至圆形，喉部疏被毛；雄蕊短于花冠。蒴果肾形，宽约7毫米，网脉明显，两裂片中间凹口大于90°，裂片顶端钝尖。花期3-5月，生山坡、草丛及路边。南京常见。本种又称"阿拉伯婆婆纳"。

厚萼凌霄

Campsis radicans (L.) Seem. [英] America Trumpet Creeper

紫葳科凌霄属。攀援藤本，长可达10米，具气生根。叶对生，单数羽状复叶，小叶9-11枚，椭圆形至卵状椭圆形，长3.5-6.5厘米，宽2-4厘米，顶端尾渐尖，基部楔形，边缘具齿，上面深绿色，下面淡绿色，沿中脉被短柔毛，叶柄短。顶生圆锥花序，花萼钟状，长约2厘米，口径约1厘米，5浅裂，裂齿卵状三角形。花冠筒细长，漏斗状，红色或橙红色，筒长6-9厘米，花冠外径约4厘米，5瓣裂，裂片圆形，边缘稍外翻。蒴果长圆柱形，长8-12厘米，顶端有喙尖，沿缝线具肋状突起，具柄，硬壳质。花期5-8月。原产北美洲，已逸生野外，见于南京城墙等处。

梓树

Catalpa ovate G.Don [英] Catalpa

　　紫葳科梓树属。落叶灌木，高可达10米，主干直，树冠伞形。叶对生，有时轮生，宽卵形或近圆形，长10-25厘米，宽7-25厘米，顶端渐尖，基部圆形或心形，边缘常3-5浅裂，每裂片顶端渐尖，叶缘全缘，叶表粗糙，微被柔毛，侧脉4-6对，基部掌状脉5-7条。叶柄长6-18厘米，嫩时具长柔毛。圆锥花序顶生，花多数，花序梗有柔毛，长10-25厘米；花萼绿或紫色，2裂，长2-8毫米；花冠钟状，边缘波状，淡黄色，长约2.5厘米，直径约2厘米，喉外有2条黄线纹及紫色斑点，能育雄蕊2，退化雄蕊3，花药叉开；子房上位，花柱丝状，柱头2裂。蒴果线形，长20-30厘米，宽4-7毫米，下垂。种子长椭圆形，长6-8毫米，宽约3毫米，两端具毛。花期5-6月，果期6-8月。见于紫金山。

九头狮子草

Peristrophe japonica (Thunb.) Bremek.[英] Japanese peristrophe

　　爵床科观音草属。多年生草本，茎直立，四棱形，高20-50厘米。叶对生，纸质，卵状矩圆形，长5-12厘米，宽2.5-4厘米，顶端渐尖或尾尖，基部钝或急尖，全缘。花顶生或腋生茎上部，由数个聚伞花序形成，每一聚伞花序下托以2枚总苞状苞片，一大一小，椭圆形至卵形或倒卵形，长1.5-2厘米，宽5-12毫米，内常1-2花；花萼裂片5，钻形，长约3毫米；花冠粉红色至淡紫红色，长2.5-3厘米，外疏生短柔毛，二唇形，上唇上翻，下唇稍3裂；雄蕊2，花丝细长，伸出，花药被长毛，2室叠生，一上一下。蒴果长1-1.2厘米，疏生短柔毛，开裂时胎座不弹起，上部种子4粒，下部实心。花期9-10月，生路边、草地及林下阴湿处。见于牛首山及紫金山。

爵床

Rostellularia procumbens (L.) Nees.[英] Creeping Rostellularia

爵床科爵床属。一年生匍匐草本，茎基部匍匐，高20-50厘米。茎方形或具4-6棱。叶对生，广披针形或椭圆形，长1.5-3.5厘米，顶端尖或钝，全缘；叶柄长5-10毫米。穗状花序顶生或茎上部腋生，长约2.5厘米，宽6-12毫米；花小，苞片1，小苞片2，均披针形，长4-5毫米，有睫毛；萼裂片4，条形，约与苞片等长，具膜质边缘和睫毛；花冠紫红色，长约7毫米，二唇形，下唇大，3浅裂；雄蕊2，着生于花筒部，花丝基部有细毛，2药室不等高，距呈下垂状；雌蕊1，有毛，子房卵形，2室，花柱丝状，柱头头状。蒴果线形，长约5毫米，淡棕色；种子4枚，扁卵圆形，直径约1毫米。花期8-11月。生林下、路边等地。常见。

栀子

Gardenia jasminoides Ellis | 英 | Cape Jasmine

茜草科栀子属。常绿丛枝灌木，高0.5–2米。叶对生或3叶轮生，有短柄；叶革质，长椭圆形或倒卵状披针形，叶形及大小常有变化，通常长5–14厘米，宽2–6厘米，全缘，顶端渐尖，基部楔形，表面光亮，叶脉凹入；托叶2片，膜质，鞘状。花单生于枝端或叶腋，花梗短，萼筒倒圆锥形，萼片线状披针形；花冠高脚碟状，花大，白色，芳香，直径4–6厘米，花冠筒长约3厘米，顶端常6裂，裂片倒卵形或倒卵状椭圆形，初为白色，后渐变为乳黄色；雄蕊与花冠裂片同数目；花丝短，花药线形，外露；花柱粗厚，柱头宽。果橙色，卵圆形，顶端有宿存的萼裂片；种子多数。花期6–7月，果期8–10月。生湿润山坡草丛或灌丛中。

本种与栽培的变种"栀子花"不同，后者花直径约7厘米，重瓣。

狭叶栀子

Gardenia stenophylla Merr. [英] Narrowleaf Capejasmine

茜草科栀子属。灌木，高0.5-2米，小枝细。叶狭披针形，长2-8厘米，宽0.5-2厘米，顶端渐尖，尖端钝，基部渐狭，下延成短柄，无毛，叶面光亮，侧脉多对，纤细不显；托叶膜质，脱落。花单生叶腋或小枝顶端，芳香，直径4-5厘米；花梗长约5毫米；萼筒倒圆锥形，长约1厘米，5-8裂；花冠白色，碟状，常见复瓣3轮，每轮裂片5-8，花瓣圆状倒披针形，端部渐尖，常外翻；花丝短，花药线形；花柱长3-4厘米，伸出。果椭圆形，宿存。花期4-8月，果期5月至次年1月。产浙、皖及苏南山地。园林栽培，见于奥体中心附近路边。

鸡矢藤

Paederia scandens (Lour.) Merr. [英] Chinese Fevervine Herb

　　茜草科鸡矢藤属。多年生草质藤本，高3-5米，多分枝，无毛。叶对生，纸质，有柄，柄长2-7厘米，叶形多变，卵形、椭圆形至披针形，长5-15厘米，顶端急尖至渐尖，基部宽楔形、圆形或浅心形，两面常无毛；托叶三角形，长2-3毫米，后脱落。圆锥花序腋生及顶生，疏散；小苞片披针形，长约2毫米；花白色或淡紫色，无梗；花萼狭钟状，长约3毫米，5裂；花冠钟状，花筒长7-10毫米，顶端5裂，裂片长1-2毫米，内面紫红色，被柔毛；雄蕊5，花丝极短，着生于花筒内；子房下位，2室，花柱丝状，2枚，基部愈合。浆果球形，直径5-7毫米，成熟时黄色，平滑，花萼宿存，小坚果浅黑色。花期5-7月。生山坡、林缘及沟边灌丛。

茜草

Rubia cordifolia Linn. [英] Indian madder

茜草科茜草属。草质攀援藤本，高1.5-3.5米，根及根状茎及节上的须根均红色或橙红色，茎从根状茎的节上生出，细长，4棱，棱上有倒生皮刺，中部以上多分枝。叶常4片轮生，纸质，卵形至卵状披针形，长2-9厘米，宽可达4厘米，顶端渐尖，基部圆形至心形，边缘具齿状皮刺，两面粗糙，叶下脉上及叶柄上常有倒生小刺；基出3脉或5脉；叶柄长短不齐，长2-10厘米。聚伞花序腋生或顶生，多回分枝，花多朵，成疏散的圆锥花序；花小，白色或淡黄色，花冠裂片5，近卵形，长约1.5毫米。浆果近球形，直径约5毫米，熟时橙色至紫黑色，种子1粒。花期8-9月，果期10-11月。生山坡灌丛。紫金山有分布。

六月雪

Serissa japonica (Thunb.) Thunb.Nov.Gen. [英] Junesnow

　　茜草科白马骨属。小灌木，高60-90厘米。叶革质，卵形至倒披针形，长6-22毫米，宽3-6毫米，全缘，无毛，叶柄短。花单或数朵簇生于小枝顶部或腋生，苞片边缘波状，萼裂细小；花冠白色或淡红，长6-12毫米，裂片扩展，反卷；雄蕊及花柱突出，柱头2。花期5-7月。

金边六月雪

Serissa japonica 'Variegata' [英] Spotleaf Junesnow

茜草科白马骨属。为六月雪的栽培变种。常绿小灌木，高60-90厘米，叶对生，革质，无毛，卵形至倒披针形，全缘，具白色或淡黄色边缘，长6-20毫米，宽3-6毫米，先端尖，叶柄短。花单生枝顶，漏斗状，花冠常白色，长约5-7毫米，具柔毛，裂片5-7，具顶尖。核果近球形。花期5-6月。南京市内有栽培。

白马骨

Serissa serissoides (DC.) Druce [英] Junesnow

茜草科白马骨属。多枝小灌木，高1-1.5米，嫩枝被柔毛。叶对生，有短柄，常聚生于小枝上部，叶质较薄，叶形变异大，常倒卵形或倒披针形，长1-3厘米，宽0.3-1.5厘米，顶端急尖至稍钝，基部渐狭成短柄，全缘，两面无毛或下面被疏毛，侧脉2-4对；托叶膜质，基部宽，顶端具刺状毛；花白色，近无梗，常几朵簇生于小枝顶部；苞片膜质，长约6毫米，具疏缘毛；花萼裂片5，锐尖，有缘毛；花冠管长约4毫米，几与萼裂片等长，喉部被毛，花冠裂片5，长圆状披针形，长约2.5毫米，顶端尖，花药内藏，花柱2裂。核果近球形。花期4-6月。南京山地有分布。

南方六道木

Abelia dielsii (Graebn.)Rehd.[英] Southern Abelia

忍冬科六道木属。落叶灌木，枝铺散，高0.5-1米，小枝红褐色。叶对生，叶形变化大。卵形、长卵形至椭圆形，长2-3厘米，宽1-2厘米，光滑，叶面绿色，背面淡绿；叶基部圆至楔形，顶端尖至长渐尖，上半部边缘具3-5圆齿，中脉正面凹入，反面稍凸，侧脉2-3对，网脉丰富，叶柄长约4毫米。花2朵生于枝顶叶腋，常有1-3对花，总花梗长1-2厘米，小花梗极短；苞片2，小；萼筒长约1厘米，萼檐2-3裂，裂片卵状披针形，淡棕红色；花漏斗状，花冠白色，冠筒长约1厘米，冠檐5裂，裂片宽卵形；雄蕊4，稍伸出花冠，花药淡红色；花柱细长，柱头头状。花期4-6月。见于仙林湖路边。

郁香忍冬

Lonicera fragrantissima Lindl.et Paxt. | 英 | Winter Honeysuckle

　　忍冬科忍冬属。半常绿灌木，高可达2米。叶纸质，叶形变化大，倒卵状椭圆形、卵状矩圆形及椭圆形等，长4-10厘米，顶端短尖或突尖，基部圆形或宽楔形，叶柄长2-5毫米。花与嫩叶同时出现，芳香，生幼枝基部苞腋，总花梗长5-10毫米，相邻2花萼筒基部合生，苞片披针形至条形，长为萼筒的2-4倍，萼檐杯状，微5裂；花冠白色带淡红色，唇形，花冠筒长约5毫米，花总长1-1.5厘米，外无毛，内有柔毛，基部有浅囊，上唇裂片4，长7-8毫米，下唇舌状，长约1厘米，反曲，花丝长短不一；花柱无毛。浆果红色，椭圆形，长约1厘米。种子褐色。花期2-4月，果期3-4月。生山坡灌丛，紫金山、幕府山等地有分布。

忍冬

Lonicera japonica Thunb. [英] Japanese Honeysuckle

忍冬科忍冬属。藤本植物，右旋攀援，枝中空；幼枝紫红色，密被黄褐色直糙毛及腺毛和短柔毛。叶对生，全缘，长卵形至宽披针形，长3-8厘米，宽1.5-4厘米，顶端渐尖至钝，基部圆形或近心形，幼时两面有毛；叶柄长约5毫米，被短柔毛。花常成对生上部叶腋，苞片叶状，长约2厘米，萼筒无毛，长约2厘米，萼端不等5裂，边缘有毛；花冠管状，长  3-4厘米，外面有柔毛及腺毛，白色，基部向阳面微红，后变黄色；花冠二唇形，上唇直立，4齿裂，下唇外翻，唇裂片约与花冠管等长；雄蕊5，稍短于花柱，均略伸出花冠外，花芳香。浆果球形，熟时蓝黑色，有光泽；种子褐色。花期4-6月。分布南京各地，生山坡、林缘灌丛。常见。

金银忍冬

Lonicera maackii (Rupr.) Maxim. [英] Amur–honeysuckle

忍冬科忍冬属。落叶灌木或小乔木，高可达5-6米，茎干直径可达10厘米，常丛生，幼枝紫红色，被柔毛。单叶对生，叶纸质，叶形多变，常卵状椭圆形至卵状披针形，长5-8厘米，顶端渐尖或尾尖，基部宽楔形至圆形；叶柄长3-5毫米。花生于幼枝叶腋，每叶基部有2花，基部稍合生；苞片条形，有时条状倒披针形，长3-6毫米，短于萼筒；萼筒长约2毫米，萼齿宽三角形或披针形，紫红色；花冠白色，后变淡黄色，花冠筒外侧有淡紫红色纵纹；花芳香，花冠长可达2厘米，二唇形，内有柔毛；雄蕊5，花药线形，黄色；花柱长于雄蕊，子房下位。浆果红色，球形，直径5-6毫米。花期4-5月，果期9-10月。生山坡草丛、丘陵。紫金山等地有分布。

接骨草

Sambucus chinensis Lindley. [英] China Elder

忍冬科接骨木属。多年生高大草本至亚灌木，高1-3米，茎具纵棱。单数羽状复叶，小叶5-9，托叶叶状或退化；叶互生或对生，狭卵形至披针形，长5-12厘米，宽2-3厘米，顶端渐尖或尾尖，基部圆钝，边缘具细齿，羽状脉明显；顶生小叶基部楔形，无柄或具短柄。复伞形花序顶生，大而疏散，多花，总花梗基部具叶状总苞片，分枝3-5出；具由不孕花变成的黄色杯状腺体；可孕花小；萼筒杯状，长约1.5毫米，萼齿三角形；花冠白色，辐状，裂片5，花药黄色或淡紫色；子房3室，花柱极短，柱头3裂。浆果状核果近球形，熟时红色。花期4-5月，果熟期8-9月。生山坡、林下、沟边及路边草丛。见于板仓村后。

荚蒾

Viburnum dilatatum Thunb. [英] Arrowwood

忍冬科荚蒾属。落叶灌木，高1.5-3米。叶纸质，宽倒卵形至椭圆形，长3-10厘米，顶端渐尖或急尖，基部楔形渐圆，基部以上边缘具浅齿，上面疏生柔毛，下面脉上毛密；侧脉6-7对，伸达齿端，上面脉凹陷，下面脉凸起；叶柄长1-1.5厘米，无托叶。复伞形聚伞花序簇生于枝顶，直径4-8厘米；总花梗长1-3厘米，花生于次级辐射枝上；萼筒短，长约1毫米，萼齿5裂，卵形，花多而小；花冠白色，两性，辐状，长约2.5毫米，5裂，裂片卵圆形，顶端钝，雄蕊5，长于花冠；花药乳白色，花柱短，柱头3裂。核果红色，椭圆状卵圆形。花期5-6月，果期8-10月。生山坡、林缘及灌丛中。

绣球荚蒾

Viburnum macrocephalum Fort. [英] China Arrowwood

忍冬科荚蒾属。落叶大灌木。高2-3米，多分枝，幼枝及花序被灰色短毛。叶纸质，卵形或卵状椭圆形，长5-10厘米，宽4-5厘米，顶端稍尖，基部圆或楔形，边缘多齿，叶两面被短毛，叶上绿色，叶下色浅，侧脉4-6对，背面脉稍凸起；叶柄长1-1.5厘米。聚伞花序直径8-15厘米，全部为不孕花，总花梗长1-2厘米，辐枝5，花生第三级辐枝上；萼筒筒状，无毛，萼齿与萼筒近等长，矩圆形；花冠白色，辐射状，密集，裂片宽倒卵形，筒部甚短；雄蕊长约3毫米，花药小；雌蕊不育。花期4-5月。见于郑和公园，有待保护。

琼花

V.macrocephalum f. keteleeri（Carr.）Rehd. [英] Wild Chinese Arrowwood

本种是绣球荚蒾的变种。花序为周围为不孕花，中央为可孕花。花期4月。太平门外曾见野生，后被清除。

锦带花

Weigela florida (Bunge) A.DC. [英] Brocadebeld Flower

忍冬科锦带花属。落叶灌木。高1–3米，幼枝稍方形；树皮灰色。叶对生，椭圆形至倒卵状椭圆形，长2–8厘米，顶端渐尖，基部阔楔形至圆形，边缘有细齿，上面疏生短柔毛，下面毛较密；具短柄。聚伞花序1–4朵生侧短枝顶或叶腋；萼筒圆柱形，外被疏毛，5齿裂，裂片长短不齐；花冠漏斗状钟形，长3–4厘米，直径约2厘米，红色至紫红色，5瓣裂，裂片宽卵形，外被短柔毛；花丝短于花冠，雄蕊5，花药黄色，花柱细长，柱头2裂。蒴果长约2厘米。花期5–8月。原产我国北方及苏北。栽培种。

日本锦带花

Weigela japonica Thunb. [英] Japon Brocadebelflower

忍冬科锦带花属。落叶灌木，高1.5-3米，小枝光滑。叶对生，长椭圆形至卵状椭圆形，长4-6厘米。宽3-4厘米，顶端渐尖，基部楔形至圆形，边缘具细齿，具短柄，侧脉4-5对，背面脉凸出。聚伞花序顶生及生侧枝叶腋，常一叶腋一花，枝顶具2-4朵花；萼片5、绿色、披针形、裂至萼筒基部；花瓣红色，花冠筒宽漏斗形，5瓣浅裂；雄蕊5；花柱1、白色、伸出花冠，柱头盘状。花期4-8月，原产日本，南京为栽培种。

与锦带花的区别：锦带花花冠外面粉红色，内面白色；花萼裂片裂至萼筒中部；柱头2裂。日本锦带花花冠红色；花萼裂片裂至萼筒基部；柱头盘状。

败酱

Patrinia scabiosifolia Link. [英] Yellow Patrinia

　　败酱科败酱属。多年生草本，高1-1.5米。根状茎去皮后生陈腐气味。茎直立；基生叶大，簇生，长卵形，不裂或羽裂，具长柄，边缘有粗齿；茎生叶对生，披针形或窄卵形，长5-15厘米，2-3对，羽状深裂，中裂片最大，椭圆形或卵状披针形，两侧羽裂片窄椭圆形或条形，向下依次渐小；叶柄长1-2厘米，茎上部叶渐窄小，线形，全缘，无柄。总苞线形，小；聚伞圆锥花序生于枝端，常5-9序集成疏散大伞房状；总花梗方形；花小，黄色，直径2-4毫米；花萼不明显；花冠筒短，上端5裂，雄蕊4，花丝不等长；子房下位。瘦果长椭圆形，长3-4毫米，无膜质增大苞片。花期7-8月，生山坡、河滩。不多见。

　　本种又名"黄花龙牙"。

白花败酱

Patrinia villosa (Thunb.)Juss.[英] whiteflower Patrinia

败酱科败酱属。多年生草本，高50-100厘米。基生叶簇生，卵圆形或近圆形，边缘有粗齿，基部楔形下延，叶柄长于叶片；茎生叶对生，卵形或长卵形或菱状卵形，长4-10厘米，宽2-5厘米，顶端渐尖，基部楔形，1-2对羽状分裂，基部裂片小，边缘有粗齿，叶柄长1-3厘米；茎上部叶不分裂或有1-2对窄裂片，边缘粗齿少，两面有粗毛，脉上尤密，近无柄。伞房状圆锥聚伞花序，多分枝，分枝花序基部有总苞片一对；花梗有粗毛；花萼小，花筒短，5裂；花冠白色，直径5-6毫米，雄蕊4，伸出；子房下位，花柱稍短于雄蕊。瘦果倒卵形，与宿存的增大苞片贴生；苞片近圆形，直径约5毫米，膜质。花期5-6月。生山坡草丛。

小马泡

Cucumis bisexualis A.M.Lu et G.C.Wang ex Zhang　[英] Musk melon

　　葫芦科黄瓜属。一年蔓生草本，茎具刺毛，有沟纹。叶柄长7-10厘米，叶肾形，长宽6-10厘米，常5浅裂，裂片圆，中裂片较大，基部心形，半圆弯缺，掌状脉，叶面深绿，边缘具不整齐浅齿，卷须纤细。花两性，单或双生叶腋，花梗细，花萼钟状；花冠黄色，钟状，5裂，径约2.2厘米，裂片宽卵形，先端钝或尖，5脉；雄蕊3，花柱短，柱头3；果实椭圆形，小；种子多数。花期5-7月，果期7-9月。野生田边、路边。

南赤瓟

Thladiantha nudiflora Hemsl. [英] Nakedflower Tubergourd

葫芦科赤瓟属。多年生攀援草本，茎草质，有纵棱，全体密生硬毛。卷须2分叉；叶柄粗壮，长3-10厘米，叶质较坚，卵状心形，长5-16厘米，宽4-15厘米，顶端渐尖或急尖，基部弯缺，开放或闭合，边缘具浅细齿，表面有糙毛，背面密生硬毛。雌雄异株，雄花多数，组成总状花序，生花序轴上部，小花梗长约1厘米，花托短钟状；萼裂片卵状披针形，长5-6毫米，顶端急尖，3脉；花冠黄色，裂片卵状长圆形，顶端急尖或稍钝，5脉；雄蕊5；雌花单生，花梗细；花萼和花冠较雄花大；子房长卵形；柱头2浅裂，退化雄蕊5。果实长圆形，熟时红色或红褐色，长4-5厘米，直径2-4厘米，被粗毛。种子卵形。花期6-8月，果期9-10月。

栝楼

Trichosanthes kirilowii Maxim. [英] Snakegourd

葫芦科栝楼属。多年生攀援草本，茎高可达5米或更高，多分枝；卷须腋生或腋外生，常2-5分叉。叶互生，叶片近圆形或心形，长宽均为7-20厘米，常5-7掌状浅裂或中裂，稀深裂或不裂，裂片长椭圆形至卵状披针形，顶端急尖或短渐尖，边缘具疏齿。雌雄异株，雄花几朵生于总花梗上部而成总状花序；苞片倒卵形或宽卵形，边缘有齿，花托筒状，花萼5裂，裂片披针形，全缘；花冠白色，5裂，裂片倒卵形，顶端边缘分裂成流苏状细线；雄蕊3，花丝短，花药靠合，药室"S"形折曲；雌花单生，子房卵形，花柱3裂。瓜形果球形或椭圆形，表面具错杂的绿色及淡绿色斑，熟时橙红色，光滑，种子多数。花期7-8月，果期9-11月。生向阳山坡、田边或河岸。

华东杏叶沙参

Adenophora hunanensis subsp.*huadungensis* Hong [英] East China Ladybell

　　桔梗科沙参属。多年生草本，有白乳汁，茎高60-120厘米，不分枝。茎生叶近无柄或仅茎下部叶具短柄。叶卵圆形、卵形至卵状披针形，基部楔形或变窄，有时呈条状披针形，顶端急尖或渐尖，边缘具疏齿，两面被短硬毛，长3-10厘米，宽2-4厘米。花序狭长，长25-60厘米，下部有短分枝，花序平展或弓曲，常组成疏散的圆锥花序。花梗粗短，长2-3毫米，花萼倒圆锥状，裂片5，狭卵形，宽1.5-2.5毫米，长约5毫米；花冠钟状，蓝色或蓝紫色，长1.5-2厘米，5浅裂，裂片三角状卵形，花盘短筒状，长1-2毫米，常无毛；雄蕊5，花柱与花冠近等长。蒴果椭圆形，长6-8毫米。花期7-10月。紫金山与老山有分布。

沙参

Adenophora stricta Miq.[英] Upright Ladybell

桔梗科沙参属。多年生草本，茎高50-150厘米，不分枝，有多条线棱。茎生叶无柄，宽披针形或狭卵形，基部宽楔形，顶端渐尖，边缘常有1大1小的双锯齿4对，叶互生，长3.5厘米，宽1厘米。花生于茎上部叶腋，每一叶腋生出的分枝有1-4朵花，分枝花朵数由下而上递减，至茎顶部而成偏向一侧的单花；2托叶披针状，叶缘具红色小齿2对；萼筒倒卵状圆锥形，萼片5，卵状披针形，全缘；花冠紫蓝色，长钟状，长约2厘米，5浅裂，裂片三角状卵形；雄蕊5，淡黄色，藏于花冠筒下部，花丝细，有柔毛；花柱伸出花冠外，稍长于花冠，白色。蒴果椭圆形，长6-10毫米。种子棕色，长约1.5毫米。花期9-10月。牛首山有分布，生山坡草丛。

轮叶沙参

Adenophora tetraphylla (Thunb.)Fisch. [英] Fourleaf Ladybell

桔梗科沙参属。多年生草本，有白色乳汁。根胡萝卜形。茎高60-90厘米，有时可达1.5米。茎生叶3-6枚轮生，无柄或有不明显的叶柄，叶片披针形或卵圆形，长2-14厘米，宽2-5厘米，边缘有锯齿，两面疏生短柔毛。花序为狭圆锥状聚伞花序，长可达35厘米，多分枝轮生，生数朵或单一朵花，花常下垂；花萼裂片5，钻形，长1-3毫米，萼筒倒圆锥状；花冠蓝色，长7-11毫米，口部微缩成坛状，花冠筒长钟形，5浅裂，裂片三角形，长2毫米；花盘细管状，长2-4毫米，雄蕊5，常稍伸出；子房下位，花柱长20毫米，伸出花冠外。蒴果倒卵球形，长约6毫米。种子棕黄色，扁卵球形。花期9-10月。紫金山与牛首山偶见，生山坡草地。

荠苨

Adenophora trachelioides Maxim. [英] Apricotleaf Ladybell

桔梗科沙参属。多年生草本，茎高50-100厘米。叶互生，有柄；基生叶心形；茎生叶叶柄长2-5厘米，叶心形或心状长卵形，长4-12厘米，宽2.5-8厘米，基部常平截，顶端钝至渐尖，边缘具不整齐的齿，基出3脉，侧脉3-4对；上部叶渐小，宽心形。长圆锥花序，长可达35厘米；花萼三角状圆锥形，5裂，裂片三角状披针形；花冠钟状，蓝色、淡紫蓝色或近白色，长2-2.5厘米，5（7）浅裂，裂片宽三角形，顶端急尖；雄蕊5，花盘短圆筒状，花柱与花冠近等长，柱头3裂，花丝下部变宽，子房下位。蒴果卵状圆锥形，种子淡褐色，稍扁。花期7-9月。生山坡林缘。紫金山有分布。

半边莲

Lobelia chinensis Lour. [英] Chinese Lobelia

　　桔梗科半边莲属。多年生草本，有白色乳汁。茎平卧，分枝直立，高5-20厘米，纤细。叶互生，近无柄，狭披针形或条状披针形，长10-20毫米，宽2-6毫米，顶端急尖，边全缘或有波状小齿。花常单生于分枝上部叶腋，细花梗长出叶外，无小苞片；萼筒细长管状，基部渐狭成梗，萼裂片5，狭三角形，长3-6毫米；花冠淡粉红色至白色，近唇形，5裂，近等长，偏向一边，上唇2裂较下唇裂深；雄蕊5，长约8毫米，花丝基部分离，花药彼此连合，围抱柱头，柱头2裂；下面2花药顶端有毛；子房下位，2室，中轴胎座，胚珠多数。蒴果顶端2瓣裂，种子细小，多数，扁椭圆形。花期4-7月。紫金山等地有分布，生山坡潮湿处及近水岸边。

桔梗

Platycodon grandiflorus (Jacq.) A.DC. [英] Chinese bellflower

桔梗科桔梗属。多年生草本，有白乳汁。根胡萝卜形，肉质。茎高40-120厘米，无毛，通常不分枝。叶3枚轮生，有时对生或互生，无柄或有短柄，无毛；叶卵形至卵状披针形，长4-7厘米，宽1-3厘米，顶端渐尖，基部宽楔形，边缘具不整齐的锐齿，叶下微被白粉。花一至数朵，生茎端或分枝顶端；具长柄；花萼钟状，裂片5，三角形或狭三角形，长1-8毫米，无毛；花冠蓝紫色，宽钟状，直径3-5厘米，长2.5-4.5厘米，5浅裂，裂片三角形，顶端尖；雄蕊5，花丝基部变宽，内面有短柔毛；子房下位，5室，胚珠多数，花柱5裂。蒴果倒卵圆形，顶部5瓣裂。花期8-9月，果期9-11月。生山坡草地，见于将军山。

蓍（锯草）

Achillea millefolium L. [英] Bloodwort

菊科蓍属。多年生草本，茎直立，高40-100厘米，具细条纹，常被白柔毛。叶无柄，披针形或条形，长5-7厘米，宽1-1.5厘米，二至三回羽状全裂，叶轴宽约2毫米，一回羽片多数，末回羽片披针形至条形，长0.5-1.5毫米，宽0.3-0.5毫米，顶端具短尖。头状花序多数，密集成2-6厘米直径的复伞房状；总苞椭圆形或卵形，三层，边花5朵；舌片近圆形，白色、分粉红色或淡紫红色，长1.5-3毫米，宽2-2.5毫米，顶端2-3圆齿；盘花两性，管状，黄色，长约3毫米，5齿裂。瘦果。花期5-8月。分布新疆、内蒙古及东北地区。见于玄武湖公园。

藿香蓟

Ageratum conyzoides L. [英] Tropic ageratum

菊科藿香蓟属。一年生直立草本，高30-60厘米，中部以上分枝，全株有异味。叶对生，有时上部互生，或具不发育腋生芽；叶卵形或菱状卵形，长4-10厘米，宽3-6厘米，茎中部叶最大，向上、向下渐小，顶端急尖，基部圆钝或宽楔形，基出3脉，边缘有钝齿，两面被白色疏短柔毛，并具黄色腺点，叶柄长1-4厘米。头状花序常数朵至十几朵花，在枝端形成伞房状，花序直径1.5-3厘米；花梗长约1厘米；总苞钟状或半球形，径5毫米，总苞片2层，长圆形或披针状长圆形，长3-4毫米，先端急尖；管状花紫色、淡紫色或白色，长1.5-2.5毫米，顶端5裂。瘦果黑褐色，5棱。花果期6-9月，果熟期8-10月。

本种又名"胜红蓟"，原产墨西哥，渐归化。

三脉紫菀

Aster ageratoides Turcz. [英] Scabrous Threevein Aster

菊科紫菀属。多年生草本，高40-100厘米。茎直立，有柔毛或粗毛，上部稍分枝。基部和下部叶宽卵形，基部急狭成长柄，花后凋落；中部叶长椭圆状披针形，长6-12厘米，宽3-5厘米，顶端渐尖，基部渐缩成短柄，边缘有3-5对单向疏锯齿，叶脉常离基三出，侧脉2-3对，上面被短糙毛，下面被短柔毛及具腺点；上部叶渐小，具浅齿或近全缘。头状花序直径1.5-2厘米，排成伞房状或圆锥状，总苞倒锥状或半球形，宽4-10毫米；总苞片3层，线状长圆形；舌状花一层，10多片，淡紫色、淡红色或白色；管状花黄色。瘦果椭圆形，长2-2.5毫米；冠毛浅红褐色或污白色。花期8-11月。见于牛首山及紫金山等地，生山坡草丛。

三脉紫菀微糙变种

Aster ageratoides var. *scaberulus* (Miq.) Ling [英] ScabrousThreevein Aster

菊科紫菀属。叶通常卵圆形或卵圆状披针形，边缘具6-9对浅齿，基部渐狭成短柄，叶面密被微糙毛，叶下部密被短柔毛，具腺点，沿脉常具柔毛；总苞较大，外径6-10毫米，长5-7毫米，上部绿色。舌状花白色或微红色。南京各地有分布。

钻形紫菀

Aster subulatus Michx. [英] Small Saltmarsh

菊科紫菀属。一年生草本，茎直立，高25-100厘米，全株无毛，茎具棱纹，上部有分枝，基部微红。基生叶倒披针形，互生，花后凋落；茎中部叶线状披针形，长6-10厘米，宽0.5-1厘米，顶端尖或钝，全缘，基部渐狭，无柄，中脉淡绿色至白色，明显，侧脉不显著，上部叶渐狭细。头状花序排成圆锥状，总苞钟状，总苞片3-4层，外层较短，内层线状钻形，背面绿色，尖端略带红色，边缘膜质；小花直径不足1厘米，舌状花细狭，淡红色或近白色，管花多数，黄色。瘦果椭圆形，长1.5-2.5毫米，被疏毛，淡褐色，有5条纵棱；冠毛淡褐色，长3-4毫米。花期9-10月，果期10-12月。生路边草地。原产北美。

大狼杷草

Bidens frondosa L. [英] Bevils Beggarticks

　　菊科鬼针草属。一年生直立草本，茎高20-120厘米，上部分枝，常带紫色。叶对生，一回单数羽状复叶，3-5小叶，披针形，长3-10厘米，宽1-3厘米，顶端渐尖，基部楔形，边缘有尖齿，背面具疏短柔毛，小叶有短柄。头状花序单生枝端，连总苞直径1.2-2.5厘米，钟状，外层总苞片5-10枚，常8枚，披针形或匙状倒披针形，绿色，具缘毛；内层苞片长圆形，长5-9毫米，膜质，边缘淡黄色；舌状花不发育，管状花两性，花冠黄色，顶端5裂。瘦果狭楔形，扁平，长5-10毫米，顶端具芒刺2枚，有倒刺毛。花果期7-10月。原生北美，为归化的外来植物。

金盏花

Calendula officinalis L. [英] Potmarigold Calenduda

　　菊科金盏花属。一年生草本植物，高20-75厘米，常自茎基部分枝，被腺状柔毛。基生叶匙形或长倒卵形，长15-20厘米，全缘或具疏齿，具柄；茎生叶长圆状披针形或长圆状倒卵形，无柄，长5-15厘米，宽1-3厘米，顶端钝或尖，边缘波状，具细齿，稍抱茎。头状花序单生枝端，直径4-5厘米，总苞片1-2层，披针形。花黄或橙黄色，舌状花宽4-5毫米，管状花淡黄色或深褐色，檐部具披针形裂片。瘦果弯曲，淡黄褐色。花期4-9月，果期6-10月。

翠菊

Callistephus chinensis (L.) Nees [英] Common China-aster

　　菊科翠菊属。一、二年生草本，高30-70厘米，茎直立，具纵棱，被糙毛，有分枝。茎下部叶花期脱落；茎中部叶卵形、菱形或匙形，长3-6厘米，宽2-4厘米，顶端渐尖，基部楔形，边缘具粗齿，两面被硬毛，叶柄长2-4厘米，具狭翅，被硬毛；茎上部叶渐小，披针形，全缘，集于花托下。头状花单生枝顶，直径6-8厘米，花序梗长，具硬毛；总苞半球形，宽2-5厘米，3层；舌状花长2.5-3.5厘米，宽3-7毫米，有长2-3毫米的短管部，舌状花紫红或淡紫红色，一层或数层，多枚，黄色。瘦果长椭圆状倒披针形，稍扁，长3-3.5毫米，冠毛宿存。花果期5-10月。产我国华北、东北及西南。南京有栽培并有野外逸生。见于上元门附近山上。

节毛飞廉

Carduus acanthoides L. [英] Acanthuslike Bristlethistle

　　菊科飞廉属。二年或多年生植物，高20-100厘米，茎具棱，分枝或不分枝，疏被多细胞长毛，花序下毛稍密。茎下部叶长椭圆或倒披针形，长6-30厘米，宽2-7厘米，羽状浅裂或深裂，侧裂片6-12对，裂片边缘有大小不等的钝三角形刺齿，齿缘及齿顶有淡黄色针刺，齿顶刺较长，或叶缘有大锯齿；向上叶渐小；叶两面绿色，沿叶脉具多细胞长毛，叶基部渐狭，下延成叶翼。头状花序，3-5花列枝端，总苞卵球状，直径1.5-2.5厘米，多层，覆瓦状排列，苞片顶端具刺；小花紫红色，长约1.7厘米，檐部长约9毫米，5深裂，裂片线形，细管部长约8毫米。瘦果长椭圆形，冠毛白色，多层。花果期5-10月。

矢车菊

Centaurea cyanus L. [英] Cornflower blue

菊科矢车菊属。一年或二年生草本，高30-70厘米，直立，中部分枝，被白色绵毛。基生叶及茎下部叶长椭圆状披针形，全缘或大头羽裂，侧裂片1-3对，披针形或线形；中、上部茎叶条形、窄披针形，长5-10厘米，宽4-8毫米，顶端渐尖，基部楔形，全缘，无柄，头状花序单生于枝端，或数朵排成伞房状或圆锥花序，花直径4-6厘米；总苞钟状，长约1.5厘米，宽约1厘米，总苞片约7层，外层较短，椭圆形，边缘流苏状；边花十几朵，蓝色、红色或粉红色，喇叭形，常5裂，盘花深蓝或淡色。瘦果椭圆形，具白色刺毛状冠毛。花果期4-7月，见于老虎山及江宁黄龙岘。原产东南欧，是欧洲著名的野花。我国各地引种，有野外逸生。

大蓟

Cirsium japonicum DC. [英] Japanese Thistle

菊科蓟属。多年生草本，茎直立，高50-100厘米，有分枝。叶互生，基部叶有柄，叶矩圆形或长椭圆形，长15-30厘米，宽5-8厘米；中部叶无柄，基部抱茎，上部叶渐小；叶表面绿色，疏生长毛，叶脉在叶背凸起；叶边缘羽状分裂，裂片常3-5对，叶缘有刺。头状花序顶生，同为两性花或全为雌性花，苞下常有退化的叶1-2枚；花绒球状；花梗短，苞片小；总苞钟状，长1.5-2厘米，宽2.5-4厘米，外具蛛丝状毛，且常具粘液；总苞片多层，线状披针形，外层较短，顶端渐尖，有短刺；花淡紫红色，长1.5-2厘米，雄蕊5，花冠管纤细，顶端5裂，裂片长短不一。瘦果扁长椭圆形，长约4毫米。花期5-7月。分布南京各地，生田野空地、路边及向阳山坡。常见。

刺儿菜

Cirsium setosum(Willd.)MB. [英] Setose Thistle

菊科刺儿菜属。多年生草本，根状茎甚长。茎直立，高20-50厘米，幼茎被蛛丝状毛，多棱，常紫红色，上部有分枝。茎生叶互生，基生叶和茎中部叶长椭圆形或椭圆状倒披针形，长7-10厘米，宽1-3厘米，茎上部叶渐小；叶顶端尖或钝，基部狭窄或钝圆，叶缘常多齿裂，多有刺，无柄，绿色或下面色淡，两面无毛或被疏丝状毛。头状花序直立，单生于茎端，全为两性花或全为雌花，时有数个头状花于枝顶排成伞房花序；总苞卵圆形，6层，覆瓦状排列，向内层渐长；雄花花冠长于雌花花冠，花冠及花药紫红色。瘦果淡黄色，椭圆形；冠毛白羽状。花期4-5月。南京各地均有分布，生向阳山坡及田坎、路边。常见。

茼蒿

Chrysanthemum coronarium L . [英] Crowndaisy Oxeyed aisy

菊科茼蒿属。一、二年生草本植物，常无毛。高可达70厘米，中上部分枝或不分枝，基生叶花期枯萎，中下部茎生叶互生，长椭圆形或长椭圆状倒卵形，长8-10厘米，无柄，二回羽裂，侧裂片4-8对，二回浅裂、半裂或深裂，裂片卵形或线形；上部叶小。头状花序单生枝顶，花梗长15-20厘米，总苞直径1.5-3厘米，总苞片4层，内层长1厘米，顶端膜质；舌花长1.5-2.5厘米，白或黄色，管花多数，黄色；舌花瘦果具3肋，管花瘦果1-2肋。花期4-6月。原产于地中海地区，中国已有900多年栽培史，南京有野外逸生。

小蓬草

Conyza canadensis (L.) Cronq. [英] Candian fleabane，horse- weet

菊科白酒草属。一年生草本，茎直立，高可达1米，圆柱状，具条棱，多分枝。叶密集，倒披针形，长6-10厘米，宽1-1.5厘米，顶端渐尖，基部渐狭成柄，边缘具疏齿或全缘，中上部叶较小。头状花序多数，直径3-4毫米，总苞近圆柱形，长2.5-4毫米，苞片2-3层，淡绿色，线状披针形；雌花多数，舌状，白色，线形，长2.5-3.5毫米，顶端2小齿；两性花管状，淡黄色，稍短于雌花。瘦果线状披针形，冠毛污白色。花期4-9月。原产北美，为入侵种。

剑叶金鸡菊

Coreopsis lanceolata L. [英] Lance Coreopsis

菊科金鸡菊属。多年生草本，高30-70厘米，有纺锤状根。上部多分枝。叶对生，多簇生基部，茎上叶少；叶片匙形、剑形或线状倒披针形，基部楔形，先端圆钝，全缘；叶长4-7厘米，宽1-1.6厘米，叶柄长6-7厘米，基部膨大，有缘毛；茎上部叶渐小，全缘或三深裂，无柄。头状花序单生于枝端，直径4-5厘米，有长梗；总苞片2层，近等长，披针形，顶端尖，内层膜质；舌状花黄色，长1.5-2.5厘米，舌片倒卵形或楔形，顶部4-5齿；管状花黄色，狭钟形。瘦果球形或椭球形，长约3毫米，边缘有宽翅，顶端有2短鳞片，无冠毛。花期5-9月。生向阳山坡。紫金山有片状分布，为外来逸生种。

玫红金鸡菊

Coreopsis rosea Nutt [英] Rose Coreopsis

　　菊科金鸡菊属。多年生草本。茎高30–50厘米，叶细羽状分裂成线状。头状花生枝顶，粉红色，舌状花常8枚，顶端3小齿，中齿稍长，管花多数，花药黄色。花期5–10月。原产北美洲，南京野外有逸生。见于上元门老虎山。

两色金鸡菊

Coreopsis tinctoria Nutt. [英] Golden Tickseed

菊科金鸡菊属。一年生草本，无毛，高30–100厘米。茎直立，上部或有分枝。叶对生，中、下部叶具长柄，二回羽状全裂，裂片线形或线状披针形，全缘，上部叶无柄，线形。头状花序，排列成伞房状或疏散圆锥花序，花直径约3厘米，花序梗细长。总苞半球形。舌状花黄色，基部约三分之一红褐色，舌片常8枚，倒卵形，长0.8–1.5厘米，中脉稍凸起，边缘3圆齿，或具不齐的浅粗齿，管状花红褐色，狭钟形。瘦果椭圆形或纺锤形，长2.5–3毫米，顶端具细芒。花期5–9月，果期8–10月。原产北美，南京常栽培，亦见逸生。见于上元门附近山上。本种与蛇目菊相似，但叶不同，花更大。

秋英

Cosmos bipinnate Cav. [英] October–Cosmos

　　菊科秋英属。一年或多年生草本，茎直立，叶对生，全缘，二次羽状分裂，裂片线形。头状花序单生，花序梗长6-18厘米，花直径3-6厘米，总苞片外层披针形，长10-15毫米，淡绿色；舌状花紫红色，粉红色至白色，舌片椭圆状倒卵形，长2-3厘米，宽1-2厘米，先端具3-5钝齿，管状花黄色；花柱短。瘦果黑紫色。花期6-8月，果期9-10月。为著名观赏花卉，原产美洲墨西哥，现已归化，广为栽培。

黄秋英

C.sulphureus Cav.

　　亦称硫黄菊，花金黄至桔黄色。原产地与秋英同。

野菊

Dendranthema indicum (L.) Des Moul. [英] Indian Dendranthema

菊科菊属。多年生草本，高25-100厘米。茎直立或自基部铺展，分枝或在茎顶有伞房状花序分枝，茎有棱。叶互生，基生叶花期脱落，茎生叶卵形或矩圆状卵形，长3-8厘米，宽1-6厘米；羽状深裂或浅裂，顶裂片较大，侧裂片常两对，卵形或矩圆形，裂片边缘有浅裂或有锯齿，基部截形或宽楔形；上部叶渐小；叶下部渐狭而成具翅的叶柄，基部具锯齿的托叶。头状花序直径1.5-2.5厘米，多数在茎枝顶排成疏伞房圆锥花序，或伞房花序；总苞半球形，苞片4-5层，复瓦状排列。舌状花1层，雌性，黄色，舌片长10-13毫米，顶端全缘或2-3齿，盘花两性，花冠黄色。瘦果长1.5-1.8毫米。花期9-12月。分布南京城郊及山地，生山坡路边。

菊花脑

Chrysanthemum nankingense Hand.–Mazz.

较野菊矮小，多分枝，分枝性极强。叶互生，椭圆或长椭圆形，长2-6厘米，宽1-2.5厘米，叶羽裂较深；叶腋秋季抽生侧枝。花直径稍小于野菊，黄色。瘦果。花期9-11月，果期10-12月。嫩叶可作汤料。

东风菜

Doellingeria scaber (Thunb.) Nees. [英] Scabrous Doellingeria

　　菊科东风菜属。多年生直立草本，高可达1米左右。茎圆柱形，基部光滑，上部分枝。基部叶心形，有长6-15厘米的柄，具窄翅；叶互生，长9-24厘米，宽6-18厘米，边缘具粗齿，两面具短毛，表面粗糙；中部以上叶卵状三角形，3-5出脉，基部圆形或截形，短柄有翅；上部叶渐小，渐成披针形。头状花集成疏伞房状，花序梗长9-30毫米；总苞半球形，宽4-5毫米；无毛，3层，不等长，覆瓦状排列；舌状花约10枚，白色，舌片长10-15毫米，宽2-3毫米，条状短矩圆形，管状花长5.5毫米，5齿裂，裂片条状披针形。瘦果倒卵形或椭圆形，长3-4毫米，厚肋5条，冠毛棕黄色，与管状花等长。花果期7-10月。生山坡路边。

紫松果菊

Echinacea purpurea (Linn.) Moench [英] Purple Conedaisy

菊科松果菊属。多年生草本植物，株高50-150厘米，茎直立，全株被粗毛。基生叶卵形或长三角形，茎生叶卵状披针形，叶柄基部稍抱茎。头状花单生于枝顶，直径8-13厘米，舌状花淡紫红色，开展，下垂或稍反折，常具紫褐色散生斑点；管状花密集成球形，橙黄色。种子浅褐色。原产北美中东部，南京少数栽培。花期6-7月，瘦果10月下旬成熟。见于仙林湖。

华东蓝刺头

Echinops grijsii Hance [英] East China Globethistle

　　菊科蓝刺头属。多年生草本，高30-80厘米，茎直立，单生，全茎枝被密厚丝状绵毛。叶纸质，基部及下部茎叶有长柄，全形叶椭圆形、长卵形至卵状披针形，长10-15厘米，宽4-7厘米，羽状深裂，侧裂片4-5对，裂片边缘有细密的刺状缘毛。茎上部叶渐小；中部茎叶披针形或长椭圆形，羽状深裂，无柄或具短柄。复头状花序单生枝端，头状花序长1.5-2厘米。基毛多数，白色。总苞片24-28片，外层苞片线状倒披针形；中层苞片长椭圆形，长约1.3厘米；内层苞片长椭圆形，长约1.5厘米。小花长约1厘米，蓝色，花冠5深裂。瘦果倒圆锥状，长约1厘米；冠毛杯状，长约3毫米，膜片线形。花期7-10月，生山坡草地。见于羊山。

鳢肠

Eclipta prostrata L.[英] False daisy

菊科鳢肠属。一年生草本，茎直立，匍匐或斜升；高15-60厘米，通常自基部分枝，被贴生粗糙毛。叶椭圆状披针形或线状披针形，长3-10厘米，宽5-15毫米，波状全缘，或有细齿，顶端渐尖，或钝，基部楔形，常无叶柄，基出3脉，背面中脉明显；两面密被硬糙毛。头状花序腋生或顶生，直径5-8毫米，有梗；总苞球状钟形，总苞片2层，5-6枚，绿色，草质，被白色糙伏毛；外围雌花2层，白色舌状，顶端2浅裂或全缘；中央两性花多数，管状，白色或淡黄色，顶端4齿裂；舌状花瘦果4棱形，管状花瘦果3棱形，顶端截形，有1-3个细齿，表面具小瘤状突起。花果期6-10月。生湿润低洼地及水田中。常见。

一点红

Emilia sonchifolia (L.) DC. [英] Tasselflower

　　菊科一点红属。一年生草本，茎直立或近直立，高25-40厘米，通常自基部分枝。叶质较厚，下部叶大头羽状分裂或琴状分裂，长5-10厘米，宽3-7厘米；顶生大裂片卵状三角形，顶端钝或稍圆，边缘具钝齿，基部楔形或圆，并变狭下延；侧裂片常1对，披针形，再下延成窄翅至茎部；茎中部叶渐变小，卵状披针形或长圆状披针形，无柄，箭状抱茎，顶端尖，全缘或具齿；上部叶少，线形。头状花序直径约1厘米，具长梗，花朵2-5，排成疏伞房状；花两性，总苞圆柱状，5齿裂，总苞长8-14毫米，径5-8毫米；苞片1层，8-9片，线形。花紫红色，管部细长，顶端渐宽。瘦果长约2.4毫米，柱状，5棱，冠毛白色。花果期7-10月。生山坡、田埂及路边。

一年蓬

Erigeron annuus (L.)Pers. [英] Annual Fleabane Herb

菊科飞蓬属。一年或二年生草本，茎直立，高20-90厘米，上部分枝，全株被粗毛。基生叶丛生，叶宽卵形，顶端尖或稍钝，基部渐狭成具翅的叶柄，边缘具不多于10对的大小不等的齿，长可达12-17厘米，宽2-9厘米，正面疏生短粗毛，反面叶脉凸出，嫩绿色，叶柄长可达15厘米；茎生叶互生，向上渐小，披针形，长1-9厘米，宽0.5-2厘米，叶柄渐短至无柄，边缘齿渐少，至全缘。头状花序排列成伞房状圆锥花序，分枝处有条形苞片；总苞半球形，总苞片3层，革质，密被长毛；缘花二至数层，多数达40多片，舌片辐射状，条形，白色或淡紫色；管状花黄色或淡黄绿色。瘦果披针形，扁平，具冠毛。花期6-9月，生路边及向阳山坡、田边等。常见。

华泽兰（多须公）

Eupatorium chinense L. [英] Chinese Bogorchid

菊科泽兰属。多年生草本或半灌木，茎直立，高1-1.5米，茎及分枝被白短柔毛。叶对生，基部叶花期枯落；茎中部叶宽卵形或卵形，长3-10厘米，宽2-6厘米，顶端尖或急尖，基部圆或楔形或截形，边缘具圆齿及粗齿，近基部全缘，叶柄短，羽状叶脉常5对，正面凹入。头状花序多数，在茎顶或分枝顶端排列成复伞房花序，每头状花序中常含5小花，花两性，管状，花冠白色；总苞狭钟状，总苞片3层，外层短，苞片卵形或长圆形，顶端钝或稍圆，有腺点；中内层渐长。瘦果柱状，具5纵肋，褐色。花果期5-9月。生山坡、林缘及灌丛。

本种与泽兰的区别在于叶宽大，卵形，叶基部常圆或截形，边缘齿圆钝。

林泽兰

Eupatorium lindleyanum DC. [英] Lindley eupatorium

菊科泽兰属。多年生直立草本，高50-120厘米。叶对生或上部互生，基生叶花期枯萎，中部茎生叶披针形，长15-12厘米，宽0.5-2厘米，不分裂或3全裂，厚质，两面粗糙，顶端尖，基部楔形渐狭成短柄，近基部边缘至顶端具疏尖齿，基出3脉，叶下脉凸起。头状花多数，在茎顶或枝端排成紧密的伞房花序，或排成直径达20厘米的大型复伞房花序；总苞钟状，苞片3层，外层短，中内层渐长，顶端急尖，覆瓦状排列，绿色或紫红色；头状花含5个筒状两性花，花冠白色、粉红色或淡紫红色，管状，长4.5毫米，外面散生黄腺点，冠毛短于花冠。瘦果椭圆形，长2-3毫米，5棱，散生腺点，冠毛白。花期5-11月。生向阳山坡及路边。

本种旧名"白鼓丁"。其叶与华泽兰有明显不同。

大吴风草

Farfugium japonicum (L.f) Kitam. [英] Japan Farfugium

菊科大吴风草属。多年生草本， 根茎粗壮，叶全基生，莲座状，肾形，长9-13厘米，宽11-22厘米，顶端圆，全缘或有小齿，或掌状全裂，基部深凹入；叶柄长15-25厘米，幼时被毛，基部具抱茎短鞘；茎生叶1-3，苞叶状，长圆形或线状披针形，长1-2厘米。花葶高可达70厘米，幼时被淡黄色柔毛；头状花序2-7，排成伞房花序，花梗长2-10厘米；总苞钟状，长1.2-1.5厘米，总苞片2层，长圆形，顶端渐尖；舌状花8-12枚，黄色，长圆形或匙状长圆形，长1.5-2.2厘米，宽3-4毫米，顶端圆或尖；管花多数。冠毛白色，瘦果圆柱形，具纵肋。花期7月至次年早春。生林下草丛。

粗毛牛膝菊

Galinsoga quadriradiata Ruiz et Pav. [英] Shaggy Oxkneedaisy

菊科牛膝菊属。一年生草本，茎直立，高40-100厘米，复二歧分枝；基部茎直径约3毫米，圆柱形。叶对生，纸质，基部叶早枯；中部叶卵圆或宽披针形，基部楔形，顶端渐钝尖，边缘基部五分之二全缘，中上部具3-5枚单向齿，基出3脉，侧脉2-6对；托叶小，披针形；叶柄长约1厘米；上部叶渐小，渐成卵状披针形至披针形。头状花2-3朵聚生枝端成圆锥花序，花序直径15-25毫米，花序梗长2-4厘米，被白柔毛，小花梗长1-1.7厘米；花小，直径约5毫米，总苞宽钟状，2层，每层5片，宽披针形，具5条深绿色纵纹；舌状花5片，白色，顶端3齿，管花黄色，约20-30枚。瘦果椭圆形；种子多棱锥形，黑色。花期6-11月，果期7-12月。见于紫金山。

大丁草

Gerbera anandria (L.) Sch.–Bip. [英] Gerbera

　　菊科大丁草属。多年生草本，具春秋二型。基生叶莲座状，叶形通常椭圆状广卵形，长2-6厘米，宽1-3厘米，顶端宽卵形，基部心形，边缘羽裂具波状齿，侧脉4-6，下面被白色绵毛。花葶直立，单生或数个丛生，长约15厘米，被丝毛；苞片线形；头状花单生，直径约1厘米，舌花雌性，带紫红色，中央为两性管状花。瘦果纺锤形，冠毛污白色。花期3-7月。

鼠麴草

Gnaphalium affine D.Don. [英] Cudweed

　　菊科鼠麴草属。一年或越年生直立草本，高10-40厘米，基部分枝，丛生。叶互生，基部叶花期枯萎，全株密被白色绵毛，叶匙状或倒卵状披针形，长5-7厘米，宽0.3-1.2厘米，顶端圆钝或具小尖，基部下延、渐狭，全缘，具叶中脉一条，无叶柄。头状花序多数，于顶部密集成伞房状，总苞钟状球形，长约3毫米，宽约3.5毫米；总苞片3层，干膜质，有光泽，金黄色，顶端钝，外层苞片短，宽卵形，内层的矩圆形；花黄色，花托中央稍凹入，无毛；外围雌花多数，花冠丝状，长约2毫米；中央的两性花较少，花冠筒状，长约3毫米，顶端5浅裂。瘦果矩圆形，长约0.5毫米，有乳头状突起；冠毛黄白色。花期4-6月。生向阳路边、山坡等地。已不多见。

泥胡菜

Hemistepta lyrata Bunge. [英] Lyrate Hemistetea

　　菊科泥胡菜属。一或二年生直立草本，茎高30-80厘米，上部分枝，具纵棱。基生叶莲座状，具长2-5厘米的叶柄，基部扩大成鞘，叶片倒披针形或倒披针状椭圆形，长7-15厘米，宽3-4厘米，大头羽状深裂，顶端裂片大，三角形、卵形或近菱形，裂片5-8对，先端急尖或钝，边缘具疏齿；茎生叶互生，向上叶片渐小，羽裂至无裂条形。头状花序多数，又于茎枝先端排成伞房花序，总苞钟形或半球形，直径约2厘米，总苞片5-8层，覆瓦状排列，外层短，卵形，绿色或紫褐色，内层披针形，先端紫红色；花两性，花冠管状，淡紫色，长约13毫米，5深裂，花丝分离。瘦果圆柱形，冠毛白色，2层，羽状。花期5-6月。分布南京城郊各地，生向阳山坡。

旋覆花

Inula japonica Thunb. [英] Japanese Inula

　　菊科旋覆花属。多年生草本，茎单生，有时2-3簇生，直立，高20-60厘米，有细沟，被伏毛。叶互生，基生叶较小，花时凋落；中、上部叶狭椭园形或宽披针形，长5-10厘米，宽1-3厘米，先端稍尖，基部急狭，无柄，半抱茎，全缘或有疏齿；上部叶渐小。头状花序直径3-4厘米，数个排成疏散的伞房状，花梗细长；总苞半球形，长6-8毫米，径10-15毫米；总苞5层，线状披针形，近等长，有缘毛，外层常叶质，绿黄色；内层干膜质，中脉绿色；舌状花黄色，一层，舌片较总苞长2-2.5倍，顶端有3小齿，管状花多数，密集，长约5毫米，有三角形裂片。瘦果圆柱形，长约1毫米，具10沟棱，冠毛灰白。花期6-8月，生山坡。

线叶旋覆花

Inula lineariifolia Turcz. [英] Linearleaf Inula

菊科旋覆花属。多年生草本，茎直立，高30-70厘米。叶条状披针形，下部渐狭成长叶柄，边缘常反卷，下面有腺点并被蛛丝状柔毛；基生叶与茎下部叶花后凋落，中部叶长5-12厘米，宽4-6毫米，上部叶渐小。头状花直径1.8-2.5厘米，枝端单生或3-5朵排成伞房状，花梗长0.5-3厘米；总苞半球形，长4-6毫米，宽8-12毫米，约4层，外层常较短，被短柔毛，内层除中脉外干膜质，具睫毛；舌状花黄色，长8-10毫米，顶端有3小齿，背面有小腺点，管状花多数，外面有腺点。瘦果圆柱形，长约1毫米，有细沟；冠毛白色，长约3毫米。花果期6-9月。分布南京各地，生向阳山坡及林缘。常见。

中华小苦荬

Ixeridium chinensis (Thunb.)Tzvel. [英] Chinese Ixeris

　　菊科小苦荬属。多年生草本，高10-40厘米，有乳汁，无毛。叶多丛生于基部，条状披针形或倒披针形，长7-20厘米，宽1-2厘米，顶端钝或急尖，基部渐狭成叶柄，边缘具疏浅齿至羽状深裂，少全缘；花茎直立，茎生叶1-3枚，无叶柄，稍抱茎。头状花序排成疏伞房状聚伞花序，总花梗纤细；筒状总苞长7-9毫米，外层总苞片4，状三角形，内层总苞片8，线状披针形；舌状花20-25枚，白色或黄色，长10-12毫米，顶端5齿裂；柱头裂瓣卷曲。瘦果狭披针形，稍扁，红棕色，冠毛白色。花果期3-7月。市郊常见，生向阳山坡。

东方小苦荬

Ixeridium orientale Wu. et Liu [英] Orient Ixeridium

菊科小苦荬属。一年生纤细草本，茎单生，直立，高15-30厘米，空心柱状。基生叶2-5条，长10-15厘米，宽0.5-1厘米，长倒披针形，顶端渐尖，具小尖头，基部渐狭成柄；时有1-2叶在叶中部，具2对小羽裂片，裂片顶端尖锐；叶顶部全缘，中下部至叶柄两侧具多枚细尖刺；茎生叶2，小，披针形，无毛，顶端渐尖，基部楔形并成半抱茎短柄；一叶生中下部，叶长约5厘米，宽约0.8厘米，中下部叶缘具3对尖刺，另一小叶生中上部，叶长约4厘米，宽约0.4厘米，中下部叶缘具2对尖刺。二歧聚伞花序出自茎上部小叶基部，再形成二歧或三歧聚伞花序，常有花数朵，多至约27朵，总花梗长20厘米，花序梗长7-8厘米，直径约1毫米，小花梗纤细，长1-2厘米，直径约0.5毫米，每分枝顶端有花3-5朵，小苞片线形，长约5毫米；总苞长圆柱形，长6毫米，直径1毫米，2层，外层长约1毫米，5片，三角形，淡绿色，边缘膜质；内层长约6毫米，宽披针形或条形，淡绿色，5片；花直径约16毫米，舌状花5片，偶6片，黄色，长约6毫米，宽约2毫米，矩圆形，顶端平截，5齿裂，基部渐狭。瘦果细长，长约3毫米，多棱，褐色，冠毛辐射状，白色。花期3-7月，果期4-8月。初见于牛首山。

抱茎小苦荬

Ixeridium sonchifolium（Maxim.)Shih [英] Sow thistle

菊科小苦荬属。多年生草本，具白乳汁。茎高30-60厘米，上部分枝。基生叶多数，铺展，卵状椭圆形或矩圆形，长3-8厘米，宽1-2厘米，顶端急尖或圆钝，基部下延成柄，边缘具大小不一的齿，或不整齐的羽裂，叶脉羽状；茎生叶小，无柄，卵状长圆形，长2.5-6厘米，宽0.7-1.5厘米，顶端渐狭成尾尖，基部成耳形或戟形全抱茎，常全缘或有羽裂。头状花序密集成伞房状圆锥花序，具细花梗；总苞筒形，长5-6毫米；外层苞片5，极小，内层苞片8，披针形，长5-6毫米；舌状花黄色，长7-8毫米，顶端截形，5齿裂；雄蕊5，花药黄色，花柱上端具细毛，柱头裂瓣细长，卷曲。瘦果黑色，菱形，冠毛白色。花期4-5月，果期5-6月。生山坡、路边。本种特征为花多而小，茎生叶全抱茎。

光滑小苦荬

Ixeridium strigosum (Levl.et Vaniot) Tzvel. [英] Smooth Rabbit Milkweed

　　菊科小苦荬属。多年生草本，高25-50厘米，具垂直根。茎直立，单生，自下部分枝，无毛。基生叶披针形，长5-15厘米，宽1-3.5厘米，顶端急尖，基部渐狭，有柄，全缘或羽裂，侧裂片3-5对，镰刀形、披针形或三角形。茎生叶1-2枚，披针形，顶端急尖，基部扩大，稍抱茎。头状花序在茎顶排成伞房花序，花常少数，花梗纤细；总苞圆柱形，3层，内层长，披针形或宽披针形，顶端急尖；舌状花黄色或白色带淡紫色，常18-25枚，顶端截平，5齿裂，花药黄色。瘦果长椭圆形，稍扁，长约4毫米，具肋，褐色；冠毛白色。花期4-7月。见于溧水。

苦荬菜

Ixeris polycephala Cass. [英] Manyhead Ixeris

　　菊科苦荬菜属。一年生草本植物，茎直立，高10-80厘米，多少分枝，弯曲斜升，无毛。基生叶线形或披针形，连叶柄长7-12厘米，宽5-8毫米，顶端急尖，基部渐狭或成短柄，全缘或有数枚尖裂片；中下部叶披针形或线形，稍宽有抱茎；上部叶渐小，全部叶两面无毛。头状花序多数，在枝顶排成伞房花序，花梗细。总苞圆柱状，果期扩大成球形，长5-7毫米，3层，外层的小，内层的卵状披针形，长约7毫米，宽2-3毫米；舌状花黄色或白色，多可达25枚，顶端5齿裂。花柱分枝细，花药基部附属器箭头形。瘦果纺锤形，扁，褐色，具尖翅肋10条，喙细。冠毛白色，长约4毫米。花期3-6月。城南市郊各区有分布。

马兰

Kalimeris indica (L.) Sch.–Bip. [英] False aster

菊科马兰属。多年生草本，茎直立，高30-50厘米，自中部分枝。叶互生，暗绿色，较薄，基生叶花期枯萎，茎生叶披针形或倒卵状长圆形，长3-9厘米，宽0.8-3厘米，顶端渐尖或稍圆钝，基部渐狭成柄；中下部叶缘有浅齿2-4对；上部叶渐小，全缘，无柄。头状花序单生于枝顶，排成疏伞房状；总苞半球形，直径6-9毫米，总苞片2-3层，覆瓦状排列，苞片倒卵状长

圆形，长2-4毫米，上部草质，边缘膜质，具缘毛；花托圆锥状，缘花一层，辐射线状，浅紫色，长5-8毫米，盘花管状，多数，黄色，长1-2毫米，被短毛。瘦果倒卵状长圆形，极扁，长1.5-2毫米，褐色，边缘色浅，有厚肋，冠毛短。花期5-10月，生向阳路边、山坡。

全叶马兰

Kalimeris integrifolia Turcz. [英] Integrifolious Kalimeris

菊科马兰属。多年生草本，高30-100厘米。茎直立，帚状分枝，有纵棱，被细硬毛。叶密，互生，条状披针形或倒披针形，长1.5-4.5厘米，宽3-6毫米，顶端钝或稍尖，基部渐狭，全缘，无叶柄，两面密被粉状短绒毛，反面叶脉凸出；下部叶在花期枯萎，中部叶多而密，上部叶较小。头状花序单生于枝顶，排成疏伞房状，直径1-2厘米；总苞半球形，覆瓦状排列，3层，苞片披针形，有短毛及腺点，尖端紫。舌状花1层，雌性，20余片，淡紫色，长6-11毫米，宽1-2毫米；筒状花两性，多数，长约3毫米，黄色。瘦果倒卵形，长约2毫米，浅褐色，扁平，有边肋；冠毛褐色，易脱落。花期7-10月。南京各地有分布，生山坡、林缘、灌丛、路边。

山马兰

Kalimeris lautureana (Debx.) Kitam.[英]Mountain Horseorchid

菊科马兰属。多年生草本，高50-100厘米。茎直立，单生或2-3枝簇生，具多条纵沟纹，生白色直立糙毛，上部分枝。叶近革质，下部叶花期枯萎；中部叶披针形或矩圆状披针形，长3-9厘米，宽0.5-3厘米，顶端渐尖或钝，基部渐狭，无柄，有疏齿，或羽状浅裂，分枝上的叶条状披针形，全缘，全部叶边缘均生白色短糙毛。头状花序单生分枝顶端且排成伞房状，直径2-3.5厘米。总苞半球形，直径10-14毫米，总苞片3层，覆瓦状排列，外层较短，长椭圆形；内层披针状长椭圆形。舌状花淡蓝色，长1.5-2厘米，宽2-3毫米；管状花黄色，长约4毫米。瘦果倒卵形，淡褐色，冠毛淡红色。花期5-10月。生山坡、灌丛及草地。见于羊山。

稻槎菜

Lapsana apogonoides Maxim. [英] Common Nipplewort

菊科稻槎菜属。一年生矮小草本，高7-20厘米，茎细。基生叶莲座状，叶有柄，大头羽状全裂，顶裂片卵形、菱形或椭圆形，边缘具少数小尖头，侧裂片2-3对，全缘或具小尖头，全叶长4-12厘米，宽1-2.5厘米，茎生叶少数，向上渐小，至不裂。头状花序小，单生或数朵在枝顶成疏散伞房状圆锥花序，总花梗细，总苞椭圆形，总苞片2层，外层卵状披针形，内层椭圆状披针形，5-6枚。舌状花黄色，约10枚，两性，顶端5齿裂，雄蕊10，花药黄色。瘦果椭圆状披针形，稍扁，纵肋12条，顶端各有钩刺一枚，无冠毛。花果期1-6月。生路边及荒地，南京市郊各地有分布。

黑心金光菊

Rudbeckia hirta L. [英]Roughhaiy Coneflower

菊科金光菊属。一、二年生草本植物，高30-100厘米，全株被粗刺毛，茎分枝或不分枝。叶互生，下部叶长卵圆形、长圆形或匙形，顶端尖，基部楔状下延，三出脉，边缘有细齿，柄长8-12厘米，有翅；上部叶长圆状披针形，顶端渐尖，边缘有齿或全缘，无柄或具短柄，长3-5厘米，宽1-1.5厘米。头状花序单生枝顶，直径5-7厘米，花序梗长；总苞外层长圆形，内层披针状线形，花托圆锥

形；舌状花黄色，长圆形，长2-4厘米，顶端有2-3短齿，常10-14枚，管状花多数，暗褐色。瘦果黑褐色，4棱，无冠毛。花期5-9月。原产北美。南京有逸生，见于上元门老虎山。

金光菊

Rudbeckia laciniata L. [英] Cut–leaf Coneflower

菊科金光菊属。多年生草本，高30-100厘米，叶互生，下部叶长10-15厘米，具柄，羽状5-7深裂，裂片倒卵状披针形，顶端尖，边缘浅裂；中部叶3-5深裂，上部叶小而全缘。头状花序单生于枝端，具长的花序梗，花直径7-12厘米；总苞半球形，总苞片2层，长圆形，长7-10毫米，端尖，被短毛；花托圆柱形，结实时增长；舌状花黄色，舌片倒披针形或宽倒卵形，长3-5厘米，顶端具2齿；管状花生于半球形或长柱形花盘上部，黄色或棕褐色。瘦果无毛，扁，4棱，长5-6毫米。花期6-10月。原产北美及墨西哥，南京野外为归化种逸生。本图所示为柱形花盘，头端半球形，与常见有别，似为变种。见于南京上元门附近路边。

风毛菊

Saussurea japonica (Thunb.) DC. [英] Windhairdaisy

　　菊科风毛菊属。二年生草本，株高50-200厘米。茎直立。基生叶与下部茎生叶具柄，长3-6厘米，有狭翅；叶椭圆形、长椭圆形或披针形，长7-22厘米，宽3.5-9厘米，常羽状深裂，侧裂片7-8对，中部的较大，全部侧裂片顶端钝或圆，全缘或偶有少数大锯齿，顶裂片披针形或线状披针形；中部茎叶与下部的同形，但渐小；上部的茎叶与花序分枝上的叶更小。头状花序多数，排列成伞房状或伞房圆锥状，具小花梗；总苞圆柱状，直径5-8毫米，被白色稀疏的丝状毛，总苞片6层，外层长卵形，紫红色，中、内层倒披针形，顶端有紫红色膜质附属物。小花紫色，长10-12毫米，管部长约6毫米，檐部长4-6毫米。瘦果深褐色，圆柱状，长约8毫米，花期6-11月。生山坡、草地。

桃叶鸦葱

Scorzonera sinensis Lipsch.et Krasch. [英] China Serpentroot

菊科鸦葱属。多年生草本，有白乳汁，无毛，高5-10厘米或更高，植株有白粉。茎直立，簇生或单生，常不分枝；茎基部常有纤维状残留物。基生叶宽披针形或披针形，连叶柄长10-30厘米，宽0.3-5厘米，顶端尖或钝，基部渐狭成短柄，或宽鞘状抱茎，离基3出脉，边缘波皱；茎生叶少数，鳞片状，披针形，基部心形，半抱茎或贴茎。头状花序单生茎端，总苞柱状或卵球状，长2-3厘米，外径约1.3厘米，5层，外层宽卵形或三角形，中层长披针形，内层宽披针形，无毛。舌状花黄色，两性。瘦果圆柱形，长约1.4厘米，淡红色，无毛，冠毛羽状，淡黄色。花期3-5月。南京各山地常见。

羽叶（额河）千里光

Senecio argunensis Turcz. [英] Pinnateleaf Groundsel

菊科千里光属。多年生木质草本，直立或斜升。茎单生，高30-80厘米。基生叶卵状椭圆形，有不规则齿，花期凋落；茎中部叶密集，互生，成狭长椭圆形或宽披针形，羽状全裂至深裂，小裂片常8对，基部裂片较小，各小裂片狭披针形，全缘，叶总长6-10厘米，宽1-2厘米。上部生花序枝，头状花序稀疏，成顶生复伞房花序，花序梗细长，基部具数枚线形小苞片；总苞近钟状，长5-6毫米，总苞片1层，披针形，宽约1毫米。舌状花黄色，约13枚，长1-1.5厘米或更短，宽2-3毫米，顶端圆，中心微凹，管状花多数，黄色，中心的管状花带绿色，长约5-6毫米。瘦果圆柱形，长约2.5毫米，具纵沟，无毛；冠毛白色，长约5毫米。花果期3-5月及9-11月，有时花期延续整个冬季和春季。生湿草地、河岸等地。

银叶千里光（银叶菊）

Senecio cineraria DC [英] Dusty Miller，Silver Dust

　　菊科千里光属。多年生草本，植株多分枝，高50-80厘米，叶一至二回羽状分裂，呈雪花状缺裂，叶正反面及茎、花梗均密被银白色丝状绵毛，头状花序单生枝顶、黄色，花小，花期6-9月，种子7月开始成熟。原产南欧地中海沿岸，耐寒。现已在华东及华南栽培。曾见于郑和公园草丛，当年被清除。

千里光

Senecio scandens Buch–Ham.ex D.Don [英] Groundsel

菊科千里光属。多年生攀援草本，多分枝，叶有短柄；叶卵状披针形，至长三角形，长2.5-12厘米，宽2-4.5厘米，顶端渐尖，基部宽楔形、截形、戟形，稀心形，常具齿，稀全缘；羽状脉，侧脉7-9对，弧形；上部叶变小，披针形或线状披针形，长渐尖。头状花序生枝顶，排成复聚伞圆锥花序；分枝及花序梗有短柔毛，花序梗长1-2厘米，小苞片1-10枚，线状钻形；总苞圆柱状钟形，总苞片12-13枚，线状披针形。舌状花8-10枚，舌片黄色，长圆形，具3齿，4脉；管状花多数，黄色，檐部漏斗状，裂片卵状长圆形；花药基部有钝耳，附属物卵状披针形。瘦果圆柱状，长约3毫米，冠毛白色。花期8-12月。生山地、灌丛，见于羊山。

蒲儿根

Sinosenecio oldhamianus (Maxim.) B.Nord. [英] Oldham Sinosenecio

菊科蒲儿根属。一年或多年生草本，茎直立，单生或分枝，高40-80厘米。基部叶花期凋落；茎下部叶具长柄，叶片近圆形或卵状圆形，长3-5厘米或更长，宽3-6厘米，顶端尖或渐尖，基部心形，边缘具不整齐重锯齿，齿端尖，掌状5脉；茎中、上部叶渐小，叶柄渐短，叶片三角状卵形，顶端渐尖，基部楔形，边缘齿渐浅。头状花序顶生成复伞房状，花序梗细长，有时具条形苞叶；总苞宽钟状，总苞13片，1层，圆状披针形，顶端渐尖，紫色，草质；舌状花1层，约13枚，黄色或稍偏桔红色，长圆形，长约8-9毫米，宽约2毫米，顶端平，3齿，4脉；管花多数，黄色；瘦果倒卵状圆柱形，冠毛白色。花期2-12月。见于牛首山。

一枝黄花

Solidago decurrens Lour. [英] Common Goldenrod

菊科一枝黄花属。多年生草本，茎直立或斜升，高30-100厘米，不分枝或中部以上分枝，基部常略呈红色。叶互生，茎中部叶椭圆形、长椭圆形或宽披针形，长2-5厘米，宽1-2厘米，基部楔形渐狭，成具翅的叶柄，顶端渐尖，边缘具细齿；叶沿茎向上渐小，渐至无柄，亦渐近全缘；下部叶柄更长，叶脉羽状，叶质厚，叶正面光滑。头状花序小，长6-8毫米，宽6-9毫米，多数在茎上部排列成或疏或密的长6-25厘米的总状花序或圆锥花序，少有排列成复头状花序的。总苞片4-6层，外层卵状披针形，内层披针形，顶端急尖或渐尖；舌状花4-8片，椭圆形，长6毫米。瘦果筒状，长3毫米，光滑有棱，或顶端具疏毛。花期9-10月。生落叶林缘、灌丛及山坡路边。

花叶滇苦菜

Sonchus asper (L.) Hill. [英] Prickly Sowthistle

菊科苦苣菜属。一年生直立草本，高30-70厘米，根圆锥状，茎常分枝，无毛，叶长椭圆形或倒卵形，长6-15厘米，宽1.5-8厘米，不分裂或缺刻状半分裂，或羽状全裂，边缘具不等长的刺状尖齿，下部叶的叶柄有翅，中、上部叶无叶柄，基部扩大为抱茎圆耳。头状花序5-10个，于茎顶密集成伞房状；小花梗长2-4厘米；总苞宽钟状，长约1.5厘米，外径1厘米，总苞片3-4层，覆瓦状排列，绿色，草质，光滑无毛；舌状花黄色，多枚，两性，舌片顶端5齿裂。瘦果倒披针形，褐色，长约3毫米，扁，冠毛白色，长约7毫米。花果期5-10月。南京各地常见。

苦苣菜

Sonchus oleraceus L. [英] Common Sowthistle

菊科苦苣菜属。一年至多年生草本，有乳汁。茎直立，高30-100厘米，不分枝或上部分枝。叶互生，长椭圆状广倒披针形，长10-20厘米，宽3-8厘米，深羽裂或提琴状羽裂，顶裂片大或与侧裂片等大，边缘有刺状尖齿；茎生叶无柄，基部常为宽大尖耳廓状抱茎，基生叶叶柄有翅，基部扩大抱茎。头状花序在茎端排成伞房状，直径约2厘米；总苞钟状或圆筒形，长10-15毫米，宽6-10毫米，暗绿色，革质，总苞片2-3列；舌状花黄色（汤山亦见舌状花白色或微黄色的），两性，长约13毫米，舌片长5毫米。瘦果倒卵状椭圆形，扁，成熟后红褐色，两面各有3纵肋，白冠毛细软，长约6毫米。花果期4-10月。南京各地均有分布，生山间、田边及路边向阳处。

兔儿伞

Syneilesis aconitifolia (Bunge.) Maxim.[英] Aconiteleaf Syneilesis

菊科兔儿伞属。多年生草本，茎高70-120厘米，直立，单一。基生叶1，花期枯萎；茎生叶2，互生，叶柄长2-16厘米，叶片圆盾形，掌状分裂，深裂至中心，下部叶直径20-30厘米，裂片7-9，再作2-3回叉状分裂，宽4-8毫米，顶部边缘具不规则齿；叶柄长10-16厘米，中部茎叶较小，直径12-24厘米，叶柄长2-6厘米，裂片4-6。头状花序多数，在顶端密集成复伞房状，花梗长5-16毫米，基部具条形苞片；总苞圆筒状，总苞片1层，5裂片，长椭圆形，顶端钝；花两性，筒状，8-11朵，上部狭钟形，5裂，雄蕊5，子房下位，1室；花柱细，柱头2裂。瘦果圆柱形，冠毛白或红褐色。花期6-8月，果期8-9月。生林缘、草地，见于牛首山。

蒲公英

Taraxacum mongolicum Hand.–Mazz.[英] Mongolian Dandelion

菊科蒲公英属。多年生草本，有白色乳汁。叶莲座状，矩圆状倒披针形或倒披针形，长4-20厘米，宽1-5厘米，叶缘倒羽状分裂或仅具波状齿，每侧裂片3-5片，裂片三角形，常具疏齿；顶端裂片较大。花葶一至数个，从基部抽出，与叶多少等长，高10-25厘米；头状花序直径约30-40毫米，总苞钟状，长12-14毫米，2-3层，外层苞片卵状披针形或披针形；内层总苞片线状披针形，总苞被白色柔毛。舌状花黄色，舌片长约8毫米，宽约1.5毫米，边缘花舌片背面具紫红色条纹，花药和柱头暗绿色。瘦果倒卵状披针形，褐色，白冠毛长约6毫米。花期2-6月，果期3-6月。南京各地常见，生路边，为春天早开野花。

黄鹌菜

Youngia japonica (L.) DC. [英] Japanese Youngia，Oriental Hawksbeard

菊科黄鹌菜属。一年生草本植物，高20-90厘米。茎直立，单生或数茎簇生。叶基生，平铺丛生，全形倒披针形，提琴状羽裂，顶裂片大，侧裂片向下渐小，裂片边缘有折线状疏齿，顶端尖，无毛或有疏毛；叶柄具翅或具间断小翅，叶脉紫色或绿色；茎生叶无或少。头状花排成聚伞花序，有柄，每花序有10-20朵舌状花，总花梗细，长2-10毫米，花梗有绿色或紫色条棱。总苞圆柱状，长4-7毫米；总苞片4层，外层5，内层8片，披针形，边缘白色宽膜质；舌状小花黄色，花药深绿，花柱黄色，花冠长4.5-10毫米。瘦果纺锤形，褐色，扁平，长约2毫米，有10-13条纵肋，冠毛白色。花期4-5月。广布南京各地，生山坡路边。

长花黄鹌菜

Youngia longifolra (Babcock et Stebbins) Shih. [英] Longflower Youngia

　　菊科黄鹌菜属。一年生草本，高30-80厘米。2-4条茎簇生直立，茎中下部紫褐色；上部花序分枝。基生叶铺散状，有短柄，长倒卵形，长2.5-23厘米，宽1-7厘米，大头羽状浅裂或深裂，顶裂片椭圆形、卵形或卵圆形，顶部圆或尖，有小尖头，边缘具齿，齿端亦具小尖头；侧裂片3-8对，对生或偏斜对生，椭圆状或三角形，顶端圆或尖，有小尖头，边缘具齿尖；向叶基部的侧裂片渐小，最后成齿状。茎生叶无或少至1枚，披针形，全缘或具不明显的齿，无柄。头状花序，有花数朵至数十朵，在茎枝顶排成伞房花序，总苞圆柱状，长6-8毫米，总苞片4层；花直径约10毫米，舌状花黄色，顶端5齿裂。瘦果黑紫褐色，纺锤状；冠毛白色。花果期4-8月。生山坡、路边草丛。

卵裂黄鹌菜

Youngia pseudosenecio (Vaniot)Shih [英]Oriental Hawksbeard

菊科黄鹌菜属。一、二年生草本植物，高60-120厘米，直立，直径1.5-5毫米，中下部被白色长柔毛。基生叶及中下部叶长10-25厘米，宽4-9厘米，羽状深裂，裂口直达叶轴，侧裂片3-7对，沿叶轴向下的裂片渐小；茎中上部叶渐小，裂片渐少。头状花序在枝顶排成伞房圆锥花序，花小，黄色，总苞圆柱状，长约5毫米，苞片4层，淡绿色；舌状花约20片。瘦果纺锤形，褐色，冠毛白色。花期4-10月。本种基生叶深度羽裂，茎中上部亦生有较小的羽裂叶，与长花黄鹌菜明显不同。

野慈姑

Sagittaria trifolia L. [英] Wild Arrowhead

　　泽泻科慈姑属。多年生湿地直立草本，多须根，另生纤细匍匐根，端部膨大成球茎。叶基生，叶柄长20-40厘米，叶箭形或戟形，宽或窄，3裂，连侧裂片长5-40厘米，宽可达13厘米，顶端渐尖，基部略缩，全缘，侧脉2-3对。总状花序，花葶连花序高10-50厘米，直立，粗壮；花白色，多轮，每轮2-5朵，单性，下部为雌花，具短梗，常1-3轮，上部为雄花，多轮，具细长梗；苞片3枚，顶端尖，基部稍合生；花被片3，外轮花被片广卵形，长3-5毫米，宽2.5-3.5毫米，萼片状；内轮花被片长6-10毫米，宽5-7毫米，基部收缩；雄蕊多数，花药黄色，花丝长短不一；心皮多数。瘦果扁倒卵形，具翅。种子褐色。花期5-10月。生浅水或岸边杂草丛中。

水鳖

Hydrocharis dubia (Bl.) Backer. [英] Frogbit

　　水鳖科水鳖属。多年生淡水浮水植物，匍匐茎发达，顶端生芽，以越冬芽为主要繁殖方式。叶簇生，多漂浮，叶片心形或圆形，直径3-6厘米，圆，基部心形，全缘；叶面肥厚，具气囊，叶脉5-7，中脉明显。雌雄花分离，雄花腋生；叶状苞片2枚，膜质，苞内雄花5-6朵，每次仅开一朵；萼片3，离生，长椭圆形；花瓣3，淡黄色，与萼片互生，广倒卵形或圆形，长约1.3厘米，宽约1.7厘米，顶端微凹，基部渐狭；雄蕊12，4轮排列。雌花的叶状苞片小，苞内雌花1朵，花较大，直径约3厘米，萼片3，顶端圆，常具红斑点，花瓣3，白色，基部黄色，广倒卵形至圆形，花瓣长约1.5厘米，宽约1.8厘米，退化雄蕊6枚；花柱6，2深裂，子房下位。果实为浆果或肉质果，近球形。种子多数，椭圆形。花期8-10月。南京湖泊、水塘及静水池沼有分布。

疏毛磨芋

Amorphophallus sinensis Belval [英] East china giantarum

　　天南星科磨芋属。块茎扁球形。鳞叶2，卵形，具紫色斑，叶柄具白斑；叶大，绿色，3全裂，裂片长可达50厘米，小裂片羽状深裂，常8-30片，长4-10厘米，宽3-3.5厘米，狭卵形，背面脉凸显，不达边缘；羽状裂片的中轴有狭翅；叶柄有浆汁，有紫褐色斑。花茎基部有数个鳞片状叶，总花梗长20-45厘米，杂生褐色及淡绿色斑；佛焰苞呈斜漏斗状，长15-20厘米，外部淡绿色，具小白斑，内部暗青紫色，基部具疣状突起，檐部色淡，顶端长渐尖；肉穗花序圆柱形，长10-20厘米；附属物圆锥形，暗紫色，散生紫黑色硬毛；雄花药隔外凸；雌花子房球形。浆果扁球形，红色，熟后蓝黑色。花期5-6月，果期6-8月。生林下、山坡。分布于紫金山及江浦等地。

江苏天南星

Arisaema du-bois-reymondiae Engl. | 英 | Jiangsu Arisuema

天南星科天南星属。多年生草本植物,假茎下部管状,鳞叶3,上部略分离,膜质,长8-10厘米。叶2,柄绿色,长约20厘米,中部以下具鞘;叶片鸟足状全裂,裂叶7-9,倒披针形或披针形,背面略呈粉绿色,叶长7-15厘米,宽2-4厘米,中裂片稍小,最外侧裂片最小,顶端渐尖,基部楔形,全缘,侧脉细。雌雄异株。总花梗长约为叶柄长之半,佛焰苞淡白绿色或淡紫色,花内具3条白纵纹,全长约10-15厘米,管筒漏斗状,边缘略反卷;檐部椭圆形,顶端尖,常内弯;肉穗花序单性,棒状,下部雄性花序长约2厘米;上部无性附属体棒状圆柱形;雄蕊2-4,药室圆球形,合成花丝短柄状,花药顶孔圆形开裂;雌花密集于肉穗花序上,无性附属体比雄花的大;子房1室。浆果。花期3-4月。见于紫金山,有时成片生于山坡。

掌叶半夏

Pinellia pedatisecta Schoot [英] Tigerpalm

　　天南星科半夏属。块茎球形，直径1.5-3厘米，长5-6厘米，肉质。叶近基出，一年生者心形，2-3年生者鸟足状全裂，裂片5-10，披针形，长6-15厘米，宽约3厘米，顶端渐尖，基部渐狭成楔形，侧裂片渐小，叶柄长可达45-70厘米，下部具鞘。花葶长10-50厘米，直立；佛焰苞淡绿色，全长8-12厘米，下部筒状长3-4厘米，直径约1厘米，上部渐狭，檐部长披针形，渐锐尖；肉穗花序，下部雌花部分长约1.5厘米，贴生于佛焰苞，上部雄花部分长5-7毫米，二者之间有极短的不育部分相隔；顶端黄绿色的附属体线形，长8-12厘米。浆果椭圆形，长约6毫米，淡黄绿色。花期6-7月，果期9-10月。生山坡，紫金山有分布。

半夏

Pinellia ternata (Thunb.) Breitenbach [英] Halfsummer

天南星科半夏属。多年生草本，块茎扁球形。株高15-35厘米，一年生为单叶，心状箭形至椭圆状箭形；2-3年的为3小叶复叶，小叶卵状椭圆形至倒卵状矩圆形，中间叶长3-10厘米，宽1-3厘米，两侧叶较小，常全缘；叶柄长10-25厘米，基部具鞘，鞘上部或叶基部有珠芽，可在母体上萌发或落地萌发。花序柄长20-40厘米，高出于叶；佛焰苞绿色或淡绿色，筒部圆柱形，长约2.5厘米，绿色，上部呈紫色，檐部长圆形，顶端钝或尖，有时边缘呈紫色，肉穗花序，雄花长5-7厘米，雌花长2厘米。顶端有长鞭状附属物，伸出佛焰苞外，长约10厘米，细柱状，绿色，常带紫色。浆果卵圆形，黄绿色，长4-5毫米。花期5月，果期6-7月，生山坡、林缘潮湿处。

本种因药用采集，已不多见。

饭包草

Commelina bengalensis Linn. [英] Bengal dayflower

　　鸭跖草科鸭跖草属。多年生匍匐草本，茎匍匐，节上生根，多分枝，上部上升，长可达70厘米，有纵棱，被柔毛。叶互生，有短柄，叶片卵形，长3-7厘米，宽1.5-3.5厘米，顶端钝或急尖，被疏毛；叶鞘边缘有睫毛，叶全缘，边缘波状，叶纵脉多条。常1-4花生枝顶或叶腋，总苞片为蚌壳状，柄短，下部边缘合生，长8-12毫米，被疏毛，总苞内常有2花，其一伸出总苞外，不育，另一不伸出，结实；花萼膜质，披针形，长2毫米；花瓣蓝色，圆形，长3-5毫米，具长爪；花药黄色，雄蕊6，3枚能育。蒴果椭圆形，长4-6毫米，3室，3瓣裂，有种子5粒；种子多皱，具网纹，长约2毫米。花期8-9月，生草丛潮湿处。南京各地有分布。

鸭跖草

Commelina communis L. [英] Common Dayflower

鸭跖草科鸭跖草属。一年生草本，株高20-60厘米，茎多分枝，基部匍匐而节上生根，上部上升。单叶互生，披针形或卵状披针形，长4-9厘米，宽1.5-2厘米，叶无柄或近无柄。花少，聚伞花序叉状分枝，总苞片佛焰苞状，心状卵形，与叶对生，近镰刀状弯曲，顶端急尖，长近2厘米，边缘对合折叠，基部不相连，边缘常有硬毛；有花数朵伸出佛焰苞；花序上部花小，易脱落而不发育，下部花发育成熟后包于苞片内；萼片3，膜质，长约5毫米；花瓣深蓝色，有长近1厘米的长爪；雄蕊6，能育雄蕊3，余3枚退化；花药椭圆形，长5-7毫米，2室，2瓣裂，每室有种子2枚。花果期6-10月。分布南京各地，生路边、山坡及林缘阴湿处。

紫鸭跖草（紫竹梅）

Commelian purpurea C.B.Clarke. [英] Purpuricdayflower

鸭跖草科鸭跖草属。株高20-40厘米，基部匍匐，茎多分枝，节上生须根，全株紫红色。叶互生，宽披针形，长6-13厘米，宽0.6-1厘米，顶端渐尖，基部抱茎，全缘。花单生枝顶，苞片线状披针形；萼片3，绿色，卵圆形，宿存；花瓣3，淡紫红色，广卵形；雄蕊6，3枚退化，花丝被绵毛，1短，无花药；雌蕊1，子房3室，花柱丝状，柱头头状。蒴果椭圆状。花期4-9月。原产墨西哥，南京为栽培种。

紫露草

Tradescantia ohiensis Raf. [英] Common Spiderwort

鸭跖草科紫露草属。多年生草本，茎直立，多分枝，高5-30厘米。叶互生，每株5-7片，线状披针形，匍匐簇生。伞形花顶生，花紫色或淡紫色，萼片及花瓣均3片，萼片绿色，卵圆形，花瓣广卵形；雄蕊6，可育2枚；花柱1，细长；子房卵形，3室。蒴果近球形，长5-7毫米；种子橄榄形，长约3毫米。本种原产热带美洲，1814年命名，中国有引种栽培，已开始逸生野外。花期5-9月。见于挹江门内。

凤眼蓝（莲）

Eichhornia crassipes (Mart.) Solms [英] Water Hyacinth

　　雨久花科凤眼蓝属。浮水或根生底泥植物，高30-50厘米。茎极短，具长匍匐枝，与母株分离后长成新株。叶基生，莲座状，5-10片，宽卵形或菱形，长4.5-14.5厘米，宽5-14厘米，顶端圆钝，基部浅心形、楔形或截形，全缘，光亮，表面深绿，具弧状脉；叶柄长短不等，基部具鞘状苞片，中部膨大成气室。花葶生自叶柄基部的鞘状苞片腋内，长约40厘米，多棱；穗状花序长可达20厘米，具9-12朵花，直径约5厘米，花被片6，卵形、长圆形或倒卵形，紫蓝色，两侧稍对称，上方1枚裂片稍大，淡紫红色，中间蓝并有一黄斑，花冠基部具腺毛。雄蕊6，花药箭形。蒴果卵形。花期7-10月，果期8-11月。南京有分布。原产巴西，有多种用途，但也具缺陷，易成灾害。

梭鱼草

Pontederia cordata L. [英] Pickerel weed

雨久花科梭鱼草属。多年生挺水或湿生草本植物，株高80-150厘米，地茎叶丛生，圆筒形叶柄呈绿色，叶片较大，长可达25厘米，宽可达15厘米，深绿色，叶形多变，常为倒卵状披针形，基部广心形，凹入成耳片，顶部渐尖，边缘全缘，叶面光滑，叶脉多条，自基部辐射状伸至边缘。穗状花序顶生，多花，花葶直立，常高出于叶，花穗长5-20厘米，小花密集，直径约1厘米，花被片6，蓝紫色，近宽披针形，上部一花瓣近基部有两黄绿色斑。成熟蒴果褐色，种子椭圆形，直径1-2毫米。花果期5-10月。原产美洲。南京有近水栽培，玄武湖边有逸生。

直立百部

Stemona sessilifolia (Miq.) Miq [英] Stand Stemona

百部科百部属。多年生草本或亚灌木，块根肉质，纺锤状。茎直立，高30-60厘米，不分枝，具细纵棱。叶常3-5枚轮生，卵状椭圆形或卵状披针形，长3.5-6厘米，宽1.5-4厘米，顶端短尖，基部楔形，近无柄，主脉5-7条，中间3条较明显。花单生于叶腋，常多生于近地面茎的鳞片腋内，鳞片披针形，长约8毫米；花梗长约1厘米，花被片4，披针形，2轮生，长1-1.5厘米，宽2-3毫米，淡绿色，具紫色纵条纹7条；雄蕊4，紫红色；花丝短，花药条形，长约3.5毫米，顶端具狭卵形附属物，药隔直立，延伸为约7毫米长的披针形附器。蒴果卵形，稍扁，种子数粒。花期3-5月，果期6-7月，生山坡、林下、路边，南京山地有分布。

粉条儿菜

Aletris spicata(Thunb.) Franch. [英]Spike Aletris

　　百合科粉条儿菜属。多年生草本植物，根状茎短，须根丛生。叶簇生，多数，条形，多下弯，纸质，长10-25厘米，宽4-5毫米，顶端渐尖。花葶高40-70厘米，具棱，密生短柔毛，中下部有长1.5-6.5厘米的苞片状叶；总状花序长6-30厘米，疏生多花，花梗基部具窄苞片2枚，长5-8毫米；花梗短；花小，花被钟形，淡绿白色，顶端常沾粉红色，外被柔毛，长6-7毫米，裂片6，披针形，长3-3.5毫米，宽约1毫米，镊合状排列；花柱长1.5毫米，子房卵形。蒴果倒卵形，有棱，长3-4毫米，宽2.5-3毫米。花期4-5月，果期6-7月。见于羊山。

薤白（小根蒜）

Allium macrostemon Bunge [英] Longstamen Onion Bulb

百合科葱属。多年生草本，鳞茎近球形，直径1-2厘米，外皮褐色，纸质。叶3-5条，半圆柱状或条形，长15-30厘米，花葶圆柱状，高30-70厘米，具叶鞘；总苞2裂，宿存，短于花序；伞形花序半球形或球形，花密集，夹珠芽；小花梗近等长，比花被片长3-5倍，基部具小苞片；珠芽深紫色；花被片6，长圆形至长圆状披针形，长4-5毫米，宽1-2毫米，淡紫或淡红色，具一深色中脉；花丝等长，且长于花被片，子房近球形，花柱伸出花被外。花果期4-6月。生山坡、山谷及草丛。常见。

球序韭

Allium thunbergii G.Don | 英 | Thunbery Leek

　　百合科葱属。多年生草本，单生鳞茎，卵形或长卵形，直径0.75-1.5厘米。叶3-5枚散生，三棱状条形，中空或只基部中空，宽2-4毫米，背面具1纵棱，常短于花葶。花葶中生，圆柱形，中空，高30-60厘米，被疏离的叶鞘；伞形花序球状，总苞短于花序，具短喙；多花密集，小花梗等长，具小苞片；花常紫红色，花被片6，长4-6毫米，宽2-3毫米，椭圆形，顶端钝，外轮的舟状，比内轮的短；花丝锥形，等长，伸出花被片；花柱伸出，子房近球形。花果期8-10月。生潮湿处，南京有分布。

宝铎草（少花万寿竹）

Disporum sessile D.Don. [英] Common fairybells

　　百合科万寿竹属。多年生直立草本，茎高30-80厘米，下部各节有鞘。叶互生，纸质，椭圆形、宽椭圆形或矩圆形，长4-15厘米，宽1.5-9厘米，叶柄短或不明显，叶基部圆或宽楔形，顶端急尖或渐尖，基出脉3-7条，叶下面色淡，有横脉，花近筒形，1-3朵生分枝顶端，花梗长1-2厘米；花黄绿色或淡黄绿色，花被片6，近直伸，倒卵状披针形，长2-3厘米，上部宽4-7毫米，下部渐窄，内具细毛，边缘有乳头状突起，基部有长1-2毫米的短距；雄蕊6，内藏；花丝长约1.5厘米，花药长4-6毫米；花柱长约1.5厘米，柱头3裂，外弯。浆果椭圆形，直径约1厘米。花期3-6月，果期6-11月。生林下及阴湿灌丛。分布于紫金山、牛首山等地。

浙贝母

Fritillaria thunbergii Miq. [英] Thunberg Fritillary

百合科贝母属。多年生草本，鳞茎直径1.5-4厘米，由2-3枚肥厚的肉质鳞瓣组成。茎高30-90厘米，叶线状或条状披针形，长6-15（20）厘米，宽3-15毫米，下部叶较宽，上部叶狭，顶端渐尖成卷须状，上部叶卷曲更甚，最下部常2叶对生，其余3-5叶轮生或2叶对生，稀互生。花二至数朵组成总状花序，有时单朵顶生；顶生花具3-4枚轮生苞片，侧生花具2枚苞片；苞片叶状，条形，顶端卷须状；花俯垂，钟状；花被片6，矩圆状椭圆形，长2-4厘米，宽1-1.5厘米，淡黄绿色，外面具绿色条纹，内面有紫色方格网纹；基部上方具蜜腺；雄蕊6；花柱稍长于子房；柱头3裂。蒴果扁球形，具宽翅。花期3-4月，果期5-6月。见于紫金山，生山坡、草丛，现已少见。

黄花菜

Hemerocallis citrina Baroni [英] Citron Daylily

百合科萱草属。多年生草本，叶基生，7-20枚，两列，条形，长70-100厘米，宽1-2.5厘米，叶背面中脉突起。花葶高85-110厘米，聚伞花序，上部分枝；苞片披针形；花梗短；花多朵，可至几十朵，花被常淡黄色，具香气，裂片6，花被管长3-5厘米，花被裂片长6-12厘米，下部合生成花被管，花被具平行脉；外轮3片花被片倒披针形，宽约1.5厘米，内轮3片长矩圆形，宽约2厘米，盛开时裂片稍外翻，雄蕊伸出，上弯，花柱伸出，比雄蕊稍长。花在午后14-20时开放，次日11时前凋谢，2-3天脱落。蒴果三瓣棱状椭球形，长3-5厘米。种子20多粒。花期5-10月。生山坡、草丛，紫金山等地有野生。本种与北黄花菜和小黄花菜的区别在蒴果较短。

北黄花菜

Hemerocallis lilioasphodelus L. [英] Yellowflower Daylily

百合科萱草属。与黄花菜相似。叶长20-70厘米，宽3-12毫米。假二岐总状花序或圆锥花序，有四至多朵花，花被片淡黄色，花被管长1-2.5厘米，花被裂片长5-7厘米，内3片长约1.5厘米。蒴果椭圆形，长约2厘米。花期6-9月。广为栽培，见于艳江门内。

萱草

Hemerocallis fulva L. ［英］Common Orange Daylily

百合科萱草属。多年生草本，叶基生，排成两列，条形，嫩绿色，长30-60厘米，宽1-3厘米，下面隆起。圆锥状聚伞花序，花葶粗壮，高60-100厘米，有花6-10朵；苞片卵状披针形；花漏斗状，桔红色；花梗短，花被长7-12厘米，下部2-3厘米合生成花被筒；外轮花被裂片3，矩圆状披针形，宽1.2-2厘米；具平行脉，上部开展而反卷，内轮裂片3，矩圆形，宽至3厘米，边缘波状皱褶，脉纹分枝，中部具褐红色带；雄蕊着生于花被管喉部，盛开时伸出花被，短于花柱，花药背着；子房长圆形，每室胚珠多数，花柱细长，柱头头状。蒴果矩圆形，背裂，有种子数粒；种子黑色，有光泽。花期6-8月。东郊山地及丘陵地带有零星分布，生山地、林缘。

大花萱草

Hemerocallis middendorfii Trautv.et Mey. [英] Middendorff Daylily

　　百合科萱草属。多年生草本，叶基生，带状，长30-50厘米，宽2-2.5厘米。花葶高出叶片，顶部分枝，花2-4朵，具短梗，花漏斗状，裂片外翻，桔黄或桔红色，花被管长1-2厘米，裂片长约7厘米，内3片宽约2厘米。蒴果椭圆状，长约2厘米，不明显三棱。花果期6-10月。原产我国东北，南京有栽培，见于挹江门内。

紫萼

Hosta ventricosa (Salisb.) Stearn [英] Blue Plantainlily

百合科玉簪属。多年生草本，高60-70厘米。单叶基生，叶柄长6-25厘米；叶卵形，长可达15厘米，顶端急尖，基部楔形，叶缘波状全缘，叶下延至叶柄；叶面深绿色，有光泽；弧形叶脉约7对，直立花葶抽自基部，长约30-50厘米，有花十几朵，苞片叶状；总状花序，花有短梗，具小苞片；花被钟状，裂片6，花淡紫或白色；雄蕊6，花丝稍长于花被片，花药紫红色。子房3室，花柱伸出，柱头头状。花期5-7月，生林下，常作为观赏栽培花卉。

火炬花

Kniphofia uvaria (L.) Oken [英 | Flame Flower

　　百合科火把莲属。多年生草本，高可达120厘米，茎直立。叶丛生，草质，条形，叶宽2.0-2.5厘米，长60-90厘米，弯曲下垂。花茎高100-140厘米，矮生种40-60厘米。总状穗状花序，长20-30厘米，由数百朵密集小花组成，自下而上逐渐开放，花苞淡红色，花喇叭形，淡黄色，顶端6浅裂，花丝伸出。花期约20天。花期5-10月。原产非洲。

卷丹

Lilium Iancifolium Thunb. [英] Lanceleaf Lily Bulb，Tiger lily

百合科百合属。多年生直立草本，鳞茎卵圆状扁球形，高约3-4厘米，直径4-8厘米，鳞片白色，宽卵形。茎直立，高0.8-1.5米，带紫色，外被白绵毛。单叶互生，披针形或狭披针形，无柄；叶长3-10厘米，宽0.5-2厘米，向上渐小，近无毛，叶脉5-7，上部叶腋常有紫色珠芽。花序总状，花3-6或更多，苞片卵状披针形；花梗长6-10厘米，具白绵毛；花桔红色，6被片反卷，披针形或宽披针形，长6-10厘米，宽1-6厘米，内面具紫色斑点；花丝长5-7厘米，雄蕊外张，花药丁字状着生，紫色或紫红色。蒴果狭长。花期6-7月，果期8-10月。生山坡、林缘。已少见。

禾叶山麦冬

Liriope graminifolia (L.) Baker [英] Grassleaf Liriope

百合科山麦冬属。多年生草本，多分枝，具地下茎。叶丛生，长20-60厘米，宽2-4毫米，先端钝或渐尖，全缘，5纵脉。花葶短于叶，总状花序，长6-15厘米，多花，常3-5朵簇生于苞片腋内；苞片卵形，具长尖；花梗长约4毫米；花被片狭矩圆形，先端圆，长3-4毫米，白色或淡紫色；花丝短；子房近球形。浆果球形，直径4-5毫米，熟时蓝黑色。花期6-8月，果期9-11月。紫金山有分布。

玉竹

Polygonatum odoratum (Mill.)Druce. [英] Fragrant Candpik

　　百合科黄精属。多年生草本，茎高20-50厘米，直立，具纵棱。叶片8-9，互生，椭圆形至卵状长椭圆形，长5-12厘米，宽3-6厘米，全缘，顶端尖，基部楔形，无叶柄，基出3主脉达顶端，叶面淡绿色，背面灰白色，两面平滑。花腋生，花序梗短，小花梗长于花序梗，常有2花，下垂，无苞片或具早落的细小线状披针形苞片；花被白色，端部黄绿色，被筒钟状，长15-20毫米，顶端6裂，裂片长3-4毫米；花丝丝状，着生于花被筒中部；子房卵圆形，长3-4毫米，花柱长10-14毫米。浆果球形，蓝黑色，直径7-10毫米；种子7-9粒。花期4-5月，果期7-9月。生山坡、草丛及林下阴湿处。不多见。

绵枣儿

Scilla scilloides (Lindl.) Druce. [英 | Common squill

百合科绵枣儿属。多年生草本，鳞茎卵球形，具短的直生根状茎。基生叶常2-5片，条形，长15-40厘米，宽0.3-1厘米，柔软，具纵纹。花葶直立，连花序高20-50厘米，果期更有伸长；总状花序密集多花，开放后渐疏离，小花梗长2-10毫米，具1-2枚披针形小苞片；花粉红色至淡紫红色，花被片6枚，狭椭圆形或倒卵形，长2.7-4毫米，宽1-2毫米，基部稍合生成盘状，顶端具增厚的钝尖头；雄蕊稍短于花被片，花丝近披针形，基部扩大稍合生，花柱长约1.5厘米，子房卵球形，长1.5-2.5毫米，3室，每室1胚珠。蒴果3棱状倒卵形。种子1-3粒，黑色。花果期7-10月。生山坡、草地。南京各山地有分布。

小果菝葜

Smilax davidiana A. DC. [英] Smallfruit Greenbrier

百合科菝葜属。攀援灌木，茎长1-2米或更长，具疏刺，老枝红褐色，具棱，新枝绿色。叶革质；互生；基出3脉；叶常为椭圆形，时有宽披针形，长3-7厘米或更长，宽2-5厘米或更宽，先端渐尖或圆钝，基部楔形或圆形，叶反面淡绿，嫩叶色淡且常带朱红色；叶柄短，具鞘，有细卷须。花单性异株，伞形花序腋生，常10余朵集成半球形；总花梗长5-14毫米；小苞片宿存；

花黄绿色；花被片6，分离；雄花外花被片长3.5-4毫米，宽约2毫米，内花被片宽约1毫米；花药比花丝短；雌花小于雄花，具3枚退化雄蕊。浆果圆球形，直径5-7毫米，熟时暗红色。花期3-4月，果期10-11月。分布南京城郊各山地，生林下、灌丛或山坡。

山慈姑

Tulipa edulis (Miq.)Baker [英] Edible Tulip

百合科郁金香属。草本短生植物，鳞茎卵形，横径1.5-2.5厘米；外皮干膜质，灰褐色，里面生棕色绒毛，内鳞瓣白色，质厚。基生叶一对，条形，长15-25厘米，宽3-13毫米；花葶单一或分叉，从对叶中生出，细弱，高10-20厘米，有2枚对生或3枚轮生的条形苞片，长2-3厘米。花一朵顶生，白色被片6，宽披针形，长1.8-2.5厘米，有紫脉，雄蕊6，花丝长6-8毫米，向下渐膨大，无毛，花药长3.5-4毫米；子房长椭圆形，长6-7毫米，顶端渐狭成长约4毫米的花柱。蒴果扁球形，直径约1.2厘米，花柱宿存。花期2-3月，果期4-5月。生落叶林下，早春利用林下阳光萌发生长，约4-5月渐入休眠状态。南京各山地均有分布。

凤尾丝兰

Yucca gloriosa L. [英] Mound Lily

百合科丝兰属。多年生常绿灌木，株高50-150厘米，茎短，叶密集，披针形，螺旋状排列于茎端，剑形，坚硬，具白粉，长40-70厘米，宽3-6厘米，顶端硬尖，边缘光滑，老叶具疏丝。圆锥花序高约1米，有花数百朵，花乳白色，杯状，下垂，自下而上逐渐开放。蒴果干质，椭圆状卵形，下垂。花期5-10月。原产北美东南部，引入栽培种。

忽地笑

Lycoris aurea (L'Her.) Herb.[英] Golden Stonegarlic

　　石蒜科石蒜属。多年生草本，鳞茎卵形，直径约5厘米。秋季出叶，基生，剑形，质厚，长可达60厘米，宽约1.5厘米，顶部渐尖，表面黄绿色，下面灰绿色；中脉叶上面凹下，下面凸起，叶脉及叶片基部常带紫红色。花先叶开放，花葶高30-60厘米，总苞片2枚，披针形；伞形花序有花4-8朵，黄色或橙色，两侧对称，长约7厘米，花被背面具淡绿色中肋，花被片6，倒披针形，长6-7厘米，宽约1厘米，边缘波状起伏，被筒部短；雄蕊6，与花柱同伸出花被外，花丝黄色，柱头淡红色；子房下位，3室。蒴果3棱，种子球形，黑色。花期8-9月，果期9-10月。生山坡阴湿处。紫金山等地有分布。

中国石蒜

Lycoris chinensis Traub [英] Chinese stonegarlic

石蒜科石蒜属。鳞茎卵球形，直径约4厘米。春季抽叶，叶带状，长约35厘米，宽约2厘米，顶端圆钝，绿色，中间淡色带明显。花葶高50-60厘米，总苞片2枚，倒披针形，长约2.5厘米，宽约0.8厘米；伞形花序有花5-6朵，花黄色，花被裂片6，倒披针形，长约6厘米，宽约1厘米，反卷，边缘皱曲，背面具淡黄色中肋，花被筒长约1.7-2.5厘米；雄蕊6，与花被近等长或略伸出，花丝黄色；花柱与雄蕊同伸出花被外，花柱上端淡红色。花期7-8月，果期9月。生山坡阴湿处。紫金山有分布。

本种与忽地笑相似，但忽地笑秋季抽叶，叶顶端尖，花被背面中肋淡绿色，花被筒也短。

长筒石蒜

Lycoris longituba Y.Hsu.et G.J.Fan [英] Longtube Lycoris

石蒜科石蒜属。鳞茎卵球形，直径约4厘米。早春出叶，叶披针形，长约38厘米，宽约1.5厘米，基部最宽处可达2.5厘米，顶端渐狭钝，绿色，中间淡色带纹明显。花葶高60-80厘米；总苞片2枚，披针形，长约5厘米，顶端渐狭，基部宽可达1.5厘米；伞形花序有花5-7朵，花白色，花被片腹面稍带淡红色条纹，花直径约5厘米，花被片长椭圆形或长圆状倒披针形，长6-8厘米，宽约1.5厘米，端部稍反卷，边缘不皱曲；花被管长4-6厘米，雄蕊略短于花被片，花柱伸出花被外。花期7-8月，生山坡，较少见。

石蒜

Lycoris radiata(L'Herit.)Herb. ［英］Shorttube Lycoris

石蒜科石蒜属。多年生草本，地下鳞茎卵球形，外皮紫褐色。叶基生，花茎枯萎后秋季出叶，条形或狭带形，长15-30厘米，宽约1厘米，全缘，先端钝，中间有粉绿色带。花葶在叶前抽出，高30-50厘米，总苞2片，披针形，长约3.5厘米，干膜质，棕褐色；伞形花序常有5-7朵花，花红色，花被漏斗状，上部6裂，基部合生成筒状，花被筒短，喉部有鳞片，裂片

狭倒披针形，长3-4厘米，宽约0.5厘米，边缘皱缩，平展反卷；雄蕊6，着生于花被筒喉部，花丝长为裂片的2倍，花柱纤弱，长于雄蕊，柱头头状，极小，花丝及花柱均辐射直伸至花被之外；子房下位，3室。蒴果常不成熟。花期8-9月。分布紫金山及长江两岸山地丘陵地带。

紫娇花

Tulbaghia violacea Harvey [英] Violaceous Tulbaghia

石蒜科紫娇花属。多年生草本植物，株高30-50厘米，小鳞茎球形，直径约2厘米。基生叶长条形，长20-30厘米，宽约5毫米，先端渐尖，基部叶鞘长约15厘米。花葶直立，高30-60厘米，球状伞形花序，有花数朵至十几朵，花淡紫色；小花柄细长，长约2厘米；花萼不显；花被管长1-2厘米，花被片卵状长圆形，裂片6，先端渐尖。雄蕊长于花被片；花柱伸出，柱头不裂。蒴果三角形，种子黑色。花期5-7月。原产南非，南京广为栽培。

葱兰（葱莲）

Zephyranthes candida (Lindl.) Herb. [英] Autumn Rain-lily

石蒜科葱莲属。多年生草本，鳞茎卵形。叶狭线形，绿色，长20-30厘米，宽2-4毫米。花单生于花茎顶端，总苞顶端2裂佛焰苞；花梗长约1厘米；花白色，花被管短，花被片6，长3-5厘米，顶端钝或尖，宽约1厘米；雄蕊6，黄色，花柱细长，柱头不明显3裂。蒴果近球形，种子黑色，扁平。花期8-10月。原产南美。普遍栽培。

风雨花

Zephyranthes grandiflora Lindl. [英] Rosepink Zephyrlily

石蒜科葱莲属。多年生草本，鳞茎卵球形。基生叶数枚，簇生，叶扁条形，长可达30厘米，宽6-8毫米。花单生于花葶顶端，苞片佛焰苞状，淡紫红色，长4-5厘米，下部合生成管；花梗长2-3厘米，花粉红色，漏斗状，花筒部长约1-2厘米，淡绿色，花被片6，长3-6厘米，顶端稍尖，具脉纹，宽1.2-1.8厘米；雄蕊6，长约为花被片的一半，花药黄色，丁字形着生，子房下位，花柱细长，柱头3瓣裂。蒴果近球形；种子黑色。花期6-10月，常雨后开花。原产中、南美洲。栽培种。

射干

Belamcanda chinensis (L.) DC. [英] Blackberrylily

　　鸢尾科射干属。多年生草本，根状茎块状，黄色。茎高1-1.2米，叶互生，嵌叠排列，剑形，长20-60厘米，宽2-4厘米，基部鞘状抱茎，顶端渐尖。花序顶生，二歧分枝；苞片膜质，卵圆形；花橙黄色，长2-3厘米，宽约1厘米，花被片6，二轮排列，长倒卵形或椭圆形，顶端圆钝，基部楔形，开展，散生暗红色斑点，内轮花被与外轮相似，但较小；雄蕊3，着生于花被基部；花药条形；花柱棒状，顶端3浅裂。蒴果倒卵球形，种子近球形，黑色。花期6-8月，果期7-9月。生山坡草地。

野鸢尾

Iris dichotoma Pall. [英] Vesper Swordflag

　　鸢尾科鸢尾属。多年生草本，叶剑形，长20-30厘米或更长，宽1.5-3厘米，顶端稍斜弯，渐尖，基部鞘状抱茎，平行脉多条，边缘色淡，全缘。花葶直立，高可达70厘米，上部多二歧分枝，分枝处有披针形茎生叶，下部有1-2枚抱茎叶。花3-4朵簇生分枝顶端，苞片4-5枚，干膜质，披针形；花浅蓝色或蓝紫色，布紫色斑点，直径4-4.5厘米；花梗细；花被管短，外3枚花被裂片宽倒卵形或近方形，平展，上部反折，基部渐狭成爪，有黄褐色条纹及紫色横纹，内3枚花被片较小；雄蕊3，花药与花丝等长；花柱分枝3，花瓣状，子房绿色，长约1厘米。蒴果狭长圆形或柱形；种子暗褐色，椭圆形，两端具翅。花期7-8月，果期9-10月。生向阳山坡。紫金山有分布。

花菖蒲

Iris ensata var.*hortensis* Makino et Nemoto [英]Jade cicada Swordflag

　　鸢尾科鸢尾属。多年生湿生草本植物，根状茎粗壮，外包棕褐色叶鞘残留纤维。基生叶宽条形，长50-90厘米，宽1-1.8厘米，多平行脉，中脉凸起。花葶直立，高45-90厘米，直径5-8毫米；茎生叶1-3片，苞片3，披针形，长5-7毫米，内含花1-2朵，花色及斑纹多变，颜色由白色至深紫色，直径约达15厘米，花梗长1.5-3.5厘米；外花被3片，宽卵状椭圆形，长约8厘米，宽3-3.5厘米，顶端钝，中部有黄色条纹；内花被小，直立；雄蕊3，花柱分枝3。蒴果椭圆状，长约5厘米，6肋。种子棕褐色，扁平。花期4-6月，果期7-8月。本种在本地为园艺变种，多型。常为沿海湿地改良水体兼观赏用植物。

蝴蝶花

Iris japonica Thunb. [英] Butterfly Swordflag

　　鸢尾科鸢尾属。多年生丛生草本，叶基生，剑形，长25-50厘米，宽1.5-3厘米，顶端渐尖，具多条平行纵脉。花葶直立，花序为顶生稀疏总状花序，分枝5-12个，苞片披针形，3-5枚，长1.5-2.5厘米，顶端渐尖，含2-3朵花，花淡蓝色，直径4.5-5厘米，花梗伸出，长1.5-2.5厘米，花被管明显，外轮花被片3片，倒宽卵形，长2.5-3厘米，宽约2厘米，顶端微凹，边缘微齿裂，中基部黄色，具鸡冠状附器，内轮花被片3片，狭倒卵形，长2.8-3厘米，宽约2厘米；雄蕊长约2厘米，花药白色，椭圆形，花柱3分枝，紫色。蒴果长椭圆状，6纵肋；种子球形，黑褐色。生疏林下阴湿草丛，花期3-4月，果期5-6月。南京山地偶见。

白蝴蝶花

Iris japonica f. *pallescens* P.L.Chiu et Y.T.Zhao[英] White Butterfly Swordflag

　　鸢尾科鸢尾属。蝴蝶花的一个变种，花白色或淡紫蓝色，色斑及花冠形或有变异，如花被裂片顶端不内凹，而变凸出。

马蔺

Iris lactea var.*chinensis* (Fisch.) Koidz. [英] White-blue Swordflag

鸢尾科鸢尾属。多年生丛生草本，叶基生，成丛，坚韧，条形，灰绿色，长可达60厘米，宽5-6毫米，顶端渐尖，基部鞘状，具平行纵叶脉。花葶长10-30厘米，苞片3-5枚，窄披针形，长5-10厘米，宽1-1.5厘米，顶端长渐尖，内包1-3朵花，花浅蓝色，直径5-6厘米，花被管短，外轮花被片3，较大，匙形，顶端尖，中部具浅黄色条纹；内轮花被片短，3片，倒披针形，直立；雄蕊贴生在外轮花被上，花药黄色，花丝白色，花柱3分枝。蒴果长柱形，长4-6厘米，直径1-1.4厘米，具纵肋6条，有尖喙；种子棕褐色，近球形，有棱角。花期4-5月，果期6-8月。本种耐盐碱，耐干旱。南京仙林地区有野生分布。

小鸢尾

Iris proantha Diels [英] Small Iris

鸢尾科鸢尾属。多年生草本，叶基生，叶片硬而直，线形至线状披针形，长5-13厘米，宽1-3毫米，叶丛基部残留有叶鞘裂成的纤维。短花茎直立，顶生1花；苞片针状，绿色，除边缘外，其余草质，披针形，长3-5厘米；花淡蓝紫色，后变黄白色；花被管细弱，长3-5厘米，外花被片倒卵状匙形，长约2厘米，内面有深黄色纵褶和蓝紫色斑点，内花被片短，直立，倒卵状长圆形，顶端微凹，基部狭长；雄蕊着生在外轮花被片基部；花柱3分枝，扩大成瓣状，反折盖住花药，顶端2裂。蒴果近球形，有棱。花期4-5月。生东、南郊山地向阳坡及落叶林缘，因竹林及茶园占地，已极少见。

黄菖蒲

Iris pseudacorus L. [英]Yellow Swordflay

鸢尾科鸢尾属。多年生宿根挺水植物，根状茎粗壮，基部有老叶残留纤维。基生叶宽剑形，长40-60厘米，宽1.5-3厘米，顶端渐尖，基部鞘状，中脉明显。花葶直立，高60-70厘米，直径4-6毫米，具纵棱，上部分枝；茎生叶短于窄于基生叶；苞片3-4枚，披针形；花黄色，直径约10厘米；花梗长约5厘米；花被管长约1.5厘米，外花被裂片倒卵形或卵圆形，长约7厘米，宽约5厘米，中部具淡褐色条纹；内花被裂片较小，倒披针形，直立；雄蕊长约3厘米，花丝淡黄，花柱黄色。蒴果椭圆形，种子褐色。花期4-5月。原产欧洲，南京公园常见。

鸢尾

Iris tectorum Maxim. [英] Swordflag

鸢尾科鸢尾属。多年生草本，叶基生，剑形，淡绿色，稍弯，长20-60厘米，宽1.5-3.5厘米，顶端渐尖，基部鞘状，具纵脉多条，全缘。花葶与叶几等长，单一或二分枝，每枝有1-3花，下部有1-2枚茎生叶；苞片2-3枚，淡绿色；花蓝紫色，直径约10厘米，花梗短，花被管细长，上端成喇叭形；外轮3花被片近圆形或倒卵形，长5-6厘米，宽约4厘米，顶端微凹，爪部楔形，花被外折，具深色网纹，中脉上具突起及白色髯毛，3片内花被较小，倒卵形；雄蕊长约2.5厘米，花药黄色，花丝细长，白色；花柱分枝3，花瓣状，蓝色，顶端2裂，有梳齿。蒴果长椭圆形，具6棱，3瓣裂；种子褐色，多数。花期4-5月，果期6-8月。南京有零星分布，生山坡、丘陵。

水竹芋（再力花）

Thalia dealbata Fraser [英] Powdery thalia

　　竹芋科水竹芋属。多年生草本挺水植物，株高60-150厘米。叶基生，4-6片，叶柄长40-80厘米，下部鞘状；叶片卵状披针形至长椭圆形，长20-50厘米，宽10-20厘米，淡绿色，背面被白粉，基部圆钝，顶端渐尖，全缘，侧脉多条，平行分布。复穗状花序，生于总花梗顶端的叶鞘内，总花梗高出叶面40-100厘米；总苞多数；2-3朵小花紫红色，萼片长约2毫米，紫色；花冠筒淡紫色，紫色唇瓣兜状；退化雄蕊瓣状，白色至淡紫色。蒴果近球形。花期5-9月。生湿地，原产北美南部及墨西哥，为入侵种。

白及

Bletilla striata (Thunb.ex A.Murray) Rchb.F. [英] Chinese Ground Orchid

兰科白及属。多年生草本，高30-60厘米，茎粗壮。叶4-6片，宽披针形，长10-30厘米，宽2-4厘米，先端渐尖，基部渐狭成鞘状抱茎，纵脉4至多条。总状花序顶生，具花3-8朵；苞片长圆状披针形，长2-3厘米；花淡紫红色；萼片与花瓣近等长，唇瓣倒卵状椭圆形，长2-3厘米，具紫脉及5条纵褶片；蕊柱柱状。花期4-5月。

绶草

Spiranthes sinensis（Pers.）Ames [英] China Cadytress

　　兰科绶草属。多年生草本，高15-40厘米，叶近基生，条状披针形或倒披针形，长约10厘米，宽约1厘米，茎上部叶鞘状，无毛。穗状花序顶生，螺旋状着生，长5-10厘米，花小，淡红色；苞片卵状披针形；萼片狭披针形；花被片长3-4毫米，直立，长圆形，唇瓣矩圆形，上部边缘有皱纹。蒴果长约5毫米，椭圆形。花期6-8月。

Appendix

附 录

Map of wildflowers inspection in Nanjing Region

南京地区野花考察地图

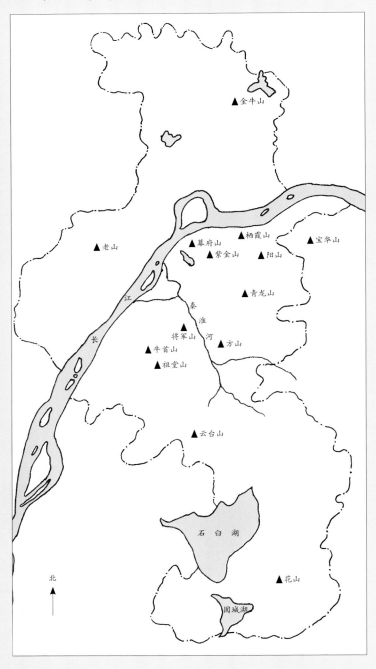

金牛山

老山

幕府山
栖霞山
紫金山
阳山
宝华山

青龙山

秦淮河

将军山
方山

牛首山

祖堂山

长江

云台山

石白湖

北

花山

固城湖

The landscape of wildflowers in deciduous woods of Nanjing

南京落叶林中野花景观

　　土地开发与城镇扩张使野花生存空间快速退缩，成片特别是成大片同时开放的具景观价值的野花已属稀缺，南京一些山地的落叶林中尚存在或残存着这种景观，但未引起必要的关注。须知这一景观是南京本地自然美的象征之一，是珍宝级的野生生物栖息地，在植物生态系统及生物地理学研究中也具独特价值，任其自生自灭或遭破坏而濒于绝迹不应是现代南京人的态度！威胁主要来自以常绿林代替落叶林的园林建设及旅游开发。再次向南京市民发出呼吁：珍爱这一自然遗产，保护生物多样性，麻木无视将导致这一美好事物不可再现。

阳光地带（Sunlight in Spring）

落叶林下（In deciduous woods）

黄堇之谷 (Yellowflower Corydalis Dale)

峭壁秀色 (Scenery in cliff)

城头秋韵（Autumn scenery on citywall）

不逾之地（Insurmountable tract）

二月之兰（Violet Orychophragmus in March）

Natural history，Diversity，Protection and Alien plant

自然史、多样性、保护与外来植物

分布与威胁

山地、陡坡、悬崖、路边、田埂、坟地、林缘、岸边、城墙，还有有待开发或抛荒的土地，总之，凡土地利用较困难的地方、人力所暂时不及或尚未顾及的地方都是野花的避难所。

长江南北的每一地都存在着小环境的差异，野花分布的优势种和特有种也有所不同，这便是环境的多样性决定了野花的地方性。但"原生态"的地方性或乡土性已受到人类活动的强力干扰。

南京野花集中之地当属紫金山。得益于中山陵园的庇护，紫金山地区的植物幸免于开发的踩蹦，尚存留了较多的野生植物，还可见到美丽的野花景观。然而紫金山的旅游开发、植被改造的压力从未缓解过，景区植被已人工化，野地不断退缩。保护还是改造一直是一对尖锐的矛盾。

曾经野花丰富的牛首山，先是长期的铁矿开采，继而大规模的旅游开发，当地野花已成残存！以白鹃梅、小鸢尾、羊踯躅、紫花地丁、杜蘅及桔梗科和百合科等为代表的野花遭到毁灭性破坏，稀有的南京椴也受到损害。生态学及植物多样性指导缺位的开发一再表现出它的盲目性和野蛮性。

栖霞山、阳山地区是除紫金山外野花较多的山地，但石灰石矿的长期开发和水泥工业的发展遗下了多处荒漠和山地创伤，沟坑纵横、乱石堆积，开发和改造的势力仍跃跃欲试，野花及野生植物风雨飘摇、朝不保夕。

江北老山的野花亦难逃经济与旅游开发的双重打击。多年来的营造经济林及旅游活动已将野花边缘化。但那里的野花类型具更多北方色彩，伞形花科与毛茛科野花有较多存留。

城东南的青龙山、云台山等山地的野花长期遭开矿的破坏，但一些已荒漠化的地方尚残存着野花。多数较小山丘深受炸山采石、采沙、取土及继而水土流失之害，某些地段已初现石漠化倾向，或乱石中散生着弯曲的矮树。但云台山等地的野花具更多南方特色，白花檵木和白鹃梅等野花亟待保护。

幕府山等地的江岸带多年遭采矿、采石之害，但尚存较多的蔷薇科野花，却仍有现实的开发压力。

城郊一些尚未开发、尚未被改造小山丘倒保有令人欣慰的多样性野花，如仙林地区的周边丘陵，尚存有别处已难见到的马蔺、白头翁、直立百部和不少的白鹃梅。但临近的城市化、园林化进程不免令人担忧明天它们还存在吗？

生态学与多样性

罂粟科植物如紫堇、延胡索与毛茛科植物林荫银莲花及蔷薇科的蓬蘽等在春天的紫金山形成了颇为壮观的大片野花。其中一些野花利用春天落叶林下的阳光，迅速发芽、生长、开花、结实，然后，在光照减少时枯萎消失，从2月到5月，一年一度，它们准确的季节性及快速繁荣、快速衰落的进程都令人印象深刻。一些类短生植物的野花如延胡索、紫堇等似是第四纪冰川的遗留植物；另外，南京的细辛属的独一种植物杜蘅可能与长江的历史同样悠久，即它或来自长江的中上游。从延胡索花期随高度和南北的变化，可以了解气温的影响，当紫金山下的延胡索花期结束时，山顶上的和江北老山的延胡索却在花期中。紫堇的花多是淡粉红色的，但有些紫堇花却是纯白或乳白色的，另一些又是深红色的；延胡索的花也呈现了粉红、淡紫及蓝灰等的花色多样的变化；同样，诸葛菜出现了纯白色的花。基因与遗传多样性值得关注，环境特别是土壤污染对植物的影响不可忽视。

野花与昆虫的协同进化在昆虫对野花的授粉活动中有明显的表现。许多野花散发出香味以引诱昆虫，如延胡索和紫花堇菜，冰清绢蝶访问延胡索的花，中华虎凤蝶偏于寻找堇菜科植物吸蜜；蛱蝶更多去访问菊科野花；而一些唇形花科野花没有香味，但仍有甜的花蜜，它们花的唇瓣上具淡紫色或淡蓝紫色的细小斑点，这些斑点排列成条纹，向唇瓣基部集中的条纹指示出花蜜所在，也正是途经花粉块所在之地。除导蜜线外，花朵中心还可反射太阳的紫外光，从而被可接受紫外光的昆虫发现。傍晚和夜间，仍有蛾类等多种昆虫为采蜜兼授粉而活跃着。

自20世纪90年代以来，南京"生态建设"一个最显著的结果便是蝴蝶的大量减少，这也是植物多样性大量减少的证明。昆虫、野花互惠共生的生态系统已严重受损。

山地落叶林必须维护。阳光和落叶是紫金山野花景观的前置条件、环境要素，也是山地土壤营养积累的来源。将落叶林改造成常绿林和竹林，林下野花便迅速消失，雨天冲蚀立刻加重。树木、灌丛和草地是植物生态系统不可或缺的成员，重树木而轻视或忽视草、灌的观念是植物多样性受侵害的原因之一。

维护野花多样性及稳定生态系统最基础的一环是土壤的保持与稳定，土壤侵蚀与土壤污染不可忽视。植树、改造林相、筑路、种植经济作物、中草药及野菜挖掘等都须翻松或移动山地瘠薄的土壤，大雨再把松土冲运到山下，腐殖层及其中的微生物因而丢失！水土流失严重的山地植被，难以承受气候的短期剧烈变化，风暴更易吹翻树木，急雨也易拔起灌丛、冲走草本植物；一时的干旱又会使草木枯萎、死亡。保持水土、防止侵蚀的关键，是非必要不可触动山地表土及不损毁固定表土的草本植物和灌丛。山地野花及其生态系统有赖于山地土壤的稳定。在土壤稳定的条件下，被清除的野花由于种子或根系的残存，如两年或数年不再被干扰，还有恢复的可能。牛首山中华虎凤蝶保护地在 3 年恢复期内，出现了本地已不见的小鸢尾、沙参、笔龙胆、紫花前胡及东方小苦荬等植物，保护地内的生物多样性明显高于邻近山地。保护地不止于保护重点野生生物，也对保护或恢复当地生态系统有益。一些被清除后建成草坪、绿地、公园或种植经济作物的地方，很快长出原来生长的植物，实属常见，现在只要停止盲目清除和反复清除，让山地休养生息，对自然恢复的潜力应抱有信心。南京地区优越的气候环境及植物顽强的生命力使表观的自然恢复显得容易，一场大雨后绿色植被很快遮蔽了光秃地面，但这只是表象。生物多样性的恢复需要较长时日，一些植物或永久消失，如紫金山一山谷中曾经的大片鱼腥草及牛首山的羊踯躅，被一次劫掠一空后 20 年至今消失不见。

保护

本书对南京地区的野花危机发出了强烈警示。从南京市科教、文化等政府机构设置等的实情来看，对保护南京地区的生物多样性必应有所认识、有所作为。

政府：环境保护应给予本地植物更多关注。守住生态红线，强化对土地开发、旅游、园林等大规模清除植被的监管，给环评以足够时间了解待开发区的植物实情，邀请植物学者、志愿者及当地农林工作者参与环评，加强环评后的督查，防止环评仅成为开工的敲门砖；对待开发地区的植物保护建立责任制、监督制，记入档案。建立关于破坏植被、采集草药、挖野菜及采野花、损伤稀有树及灌丛等的执法制度；建立本地稀有植物、受威胁及濒危植物登记制度；划定野花保护地及生态恢复地；在野生植物较丰富、野花景观明显的地方建立若干小面积的自然公园。支持本地植物研究及资料、文献的出版。

检疫：对从国外进入及从国内不同地区（按植物地理区）进入南京的种子与植株加强监管以保护本地植物安全。研讨与评估南京松材线虫事件和加拿大一枝黄入侵事件及其他生物入侵南京事件，为阻止日益严峻的生物入侵采取行动。

地方人民代表大会：监督植树、绿化所选树种、地被植物草种及观赏植物种类，确立本地植物优先原则；防止单一化，鼓励多样性及地方特色；监督植物移动特别是大树移动；发布本地植物多样性及保护的年度报告；支持植物保护提案。

植物园、公园及保护地：发挥植物展示、保护与科普教育基地的功能。建立本地种子库；鼓励专题公园的建立；对园内特有植物加强保护。强化保护地的专业性管理，增加资金投入，常设管理人员；鼓励学术交流与公众参与。

大学、学校及研究机构：丰富生物多样性保护的教学内容；探究本地植物的特征与现状；改革标本采集方法；探究气候变化的本地效应；探寻植物利用及草药开发与保护植物资源的途径。

居民：鼓励植物的考察与研究；参与保护行动；关注乡土植物安全；报告植物受损及外来植物入侵事件。

飞地：公共场所的一些角落可保留或移植一些本地野花，并示明不可随意清除与改造，施以有效管理。

关于外来植物

本书中介绍了73种外来植物，目的是望读者能认识这些已在南京野外生存的外来种。生物安全与生物入侵是关乎生态安全的大事，必须引起高度关注。外来种指从国外引入南京的植物，还应指从植物地理分区外引入的非本地种，进入南京的外来植物如凤眼蓝、空心莲子草及加拿大一枝黄花等已显示出对本地植物的负面影响和对生态的明显破坏作用，其中加拿大一枝黄花在城郊蔓延极为快速，占据地域急剧扩大，成为最茁壮、最难清除的入侵种，决不可再视而不见！南京市已大量引入外来花木，主要用于城市美化，一些已归化为观赏栽培种，或逸生野地成为野生种或野生入侵种，引入外来种的趋势压倒了保护本地植物多样性的措施，有些外来种如线叶金鸡菊等尚未表现出破坏性。城镇花木年年出新，必须对外来植物保持警惕，不可随意引入或挟带出境，防止逸生野外。

The alien species and rarer species of wildflowers in Nanjing region

南京野花外来种及稀见种

南京野花外来种

苋科：空心莲子草（巴西）；千日红（热带美洲）。

马齿苋科：栌兰（热带美洲）。

菊科：藿香蓟（中、南美洲）；大狼杷草（北美）；剑叶金鸡菊（北美）；两色金鸡菊（北美）；玫红金鸡菊（北美）；金光菊（北美）；黑心金光菊（北美）；一年蓬（北美）；苦苣菜（欧洲）；矢车菊（南欧）；粗毛牛膝菊（中、南美洲）；小蓬草（北美）；钻形紫菀（北美）；银叶千里光（南欧）；翠菊（我国华北、东北及西南）；茼蒿（南欧）；紫松果菊（北美）；秋英（墨西哥）。

旋花科：圆叶牵牛（美洲）；裂叶牵牛（热带美洲）；茑萝松（中、南美洲）；橙红茑萝（南美洲）；葵叶茑萝（南美洲）。

大戟科：泽漆（欧洲）；蓖麻（东非）。

柳叶菜科：月见草（南美洲）；待霄草（南美洲）；粉花月见草、美丽月见草（中南美洲）；山桃草（北美洲）。

牻牛儿苗科：野老鹳草（美洲）。

酢浆草科：红花酢浆草（热带美洲）；紫叶酢浆草（南美洲）。

紫葳科：厚萼凌霄（美洲）。

马鞭草科：羽叶马鞭草（南美洲）

豆科：决明（热带美洲）；伞房决明（阿根廷）；南苜蓿（印度、伊朗）；紫花苜蓿（西亚）；白花草木犀（西亚、欧洲）；刺槐（北美及欧洲）；白车轴草（欧洲）；绣球小冠花（西亚）；黑荆（澳洲）。

玄参科：婆婆纳（西亚）；波斯婆婆纳（西亚）；毛地黄钓钟柳（中美洲）。

唇形科：灌丛石蚕（南欧）；绵毛水苏（西亚）。

伞形花科：野胡萝卜（欧洲）；美洲天胡荽（美洲）。

商陆科：美洲商陆（北美）。

夹竹桃科：蔓长春花、花叶蔓长春花（欧洲）。

忍冬科：日本锦带花（日本）。

茄科：毛曼陀罗（墨西哥）；曼陀罗（墨西哥）；假酸浆（秘鲁）。

鸭跖草科：紫露草（南美）； 紫鸭跖草（墨西哥）。

雨久花科：梭鱼草（北美）； 凤眼蓝（巴西）。

锦葵科：蜀葵（我国西南）；咖啡黄葵（印度）。

百合科：大花萱草（我国东北）；火炬花（非洲）；凤尾丝兰（北美）。

石蒜科：紫娇花（南非）； 葱兰（南美）。

鸢尾科：黄菖蒲（欧洲）。

竹芋科：水竹芋（北美至墨西哥）。

南京地区较稀见的野花（1994-2014 考察）

Appendix: The endangered wildflowers in Nanjing region

八仙花 (Viburnum macrocephalum)

白头翁（Pulsatilla chinensis）

丹参（Salvia miltiorrthiza）

黄海棠（Hypericum ascyron）

小叶野决明（Thermopsis chinensis）

金樱子（Rosa laevigata)

白鹃梅（Exochorda racemosa）

金银忍冬（Lonicera maackii）

轮叶沙参（Adenophora tetraphylla）

松蒿（Phtheirospermum japonicum）

小鸢尾（Iris pseudorsii）

龙胆（Gantiana scabra）

笔龙胆（Gentiana zollingeri）

条叶龙胆（Gantiana manshurica）

秤锤树（Sinojackia xylocarpa）

马蔺（Iris lactea）

臭牡丹（Clerodendrum bungei）

山萝花（Melampyrum roseum）

花木蓝（Indigofera kirilowii）

红花锦鸡儿（Caragana rosea）

蓍（Achillea millefolium）

野亚麻（Linum stelleroides）

芝麻菜（Eruca vesicaria subsp.sativa）

Organ 、Mode and Arrangement of flower

花朵的结构、类型及花序

花朵的结构、类型
三白草科 蕺菜：穗状花，瓣形苞片。
马兜铃科 马兜铃：烟斗状花。
毛茛科 毛茛：辐射对称花。
罂粟科 延胡索：长距花。
十字花科 诸葛菜：十字形花。
虎耳草科 虎耳草：两侧对称花。
金缕梅科 檵木：簇形花。
蔷薇科 翻白草：辐射对称花。
豆科 鹿藿：蝶形花。
　　　南苜蓿：蝶形花。
堇菜科 心叶堇菜：两侧对称花。
胡颓子科 胡颓子：漏斗形花。
　　　木半夏：喇叭形花。
八角枫科 瓜木：反卷瓣花。
柿树科 老鸦柿：壶形或坛形花。
龙胆科 笔龙胆：漏斗形花。
　　　条叶龙胆：钟形花。
夹竹桃科 络石：风车状花。
旋花科 圆叶牵牛：漏斗形花。
　　　橙红蔦萝：高脚碟形花。
唇形科 活血丹：唇形花。
　　　野芝麻：唇形花。
玄参科 弹刀子菜：二唇形花。

爵床科 爵床：二唇形花。
车前科 车前草：穗状花。
忍冬科 忍冬：二唇形花。
桔梗科 沙参：钟形花。
　　　半边莲：两侧对称花。
菊科 金光菊：头状花。
天南星科 魔芋：佛焰苞花。
鸭跖草科 鸭跖草：爪形瓣花。
百合科 玉竹：筒形花。

花序
简单花序：单花；二花对生；三花顶生；簇生花；佛焰苞。
复合花序：头状花；穗状花；肉穗花。
多花花序（混合花序）：总状花序；伞形花序（聚伞状伞形花序）；复伞形花序；伞房花序（圆锥状伞房花序，复伞房花序）；聚伞花序（单歧聚伞花序，二歧聚伞花序，伞房状聚伞花序）；轮伞花序；圆锥花序（聚伞状圆锥花序，穗状圆锥花序）。

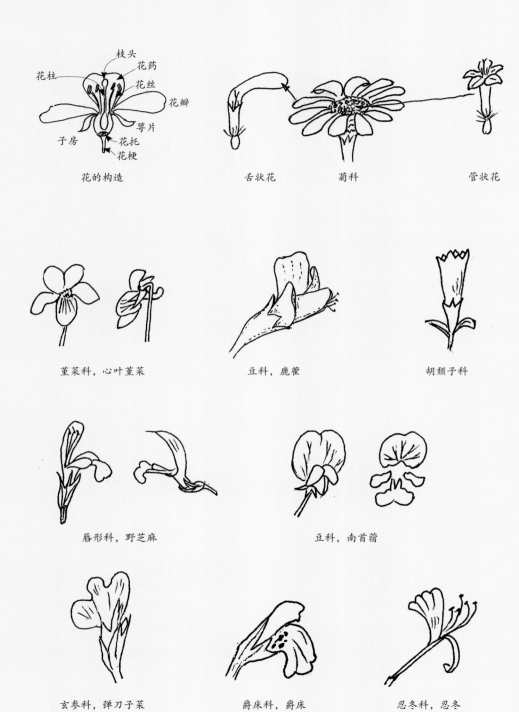

花柱　枝头　花药　花丝
花瓣
萼片
子房　花托　花梗

花的构造　　　　舌状花　　菊科　　　　管状花

董菜科，心叶董菜　　　　豆科，鹿藿　　　　胡颓子科

唇形科，野芝麻　　　　豆科，南苜蓿

玄参科，弹刀子菜　　　爵床科，爵床　　　　忍冬科，忍冬

龙胆科

旋花科，圆叶牵牛

旋花科，橙红茑萝

桔梗科，沙参

马兜铃科，马兜铃

百合科，玉竹

毛茛科，毛茛

胡颓子科，木半夏

长距花（罂粟科）

十字花（十字华科）

两侧对称花（虎耳草科）

簇形花
（金缕梅科，檵木属）

反卷瓣花
（八角枫科，野茉莉科）

漏斗状花（龙胆科）

两侧对称花（半边莲）

总苞片

蕺菜花
（三白草科）

坛状花（柿科）

子房上位
下位花

子房下位
上位花

子房上位
雕花

辐状花
（蔷薇科，委陵菜属）

宽唇形花（唇形科）

风车状花
（夹竹桃科，络石属）

穗状花（苋科）

佛焰苞花（天南星科）

两侧对称花（鸭跖草科）

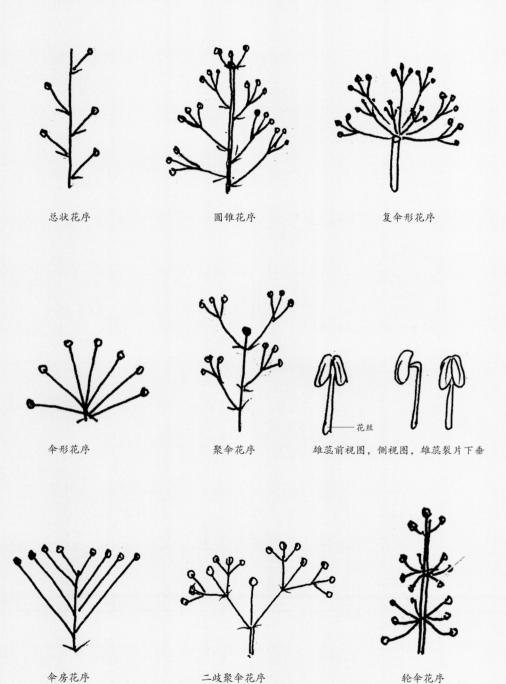

总状花序　　　　圆锥花序　　　　复伞形花序

伞形花序　　　　聚伞花序　　　　雄蕊前视图，侧视图，雄蕊裂片下垂

花丝

伞房花序　　　　二歧聚伞花序　　　　轮伞花序

Leaf arrangement on a stem

叶序

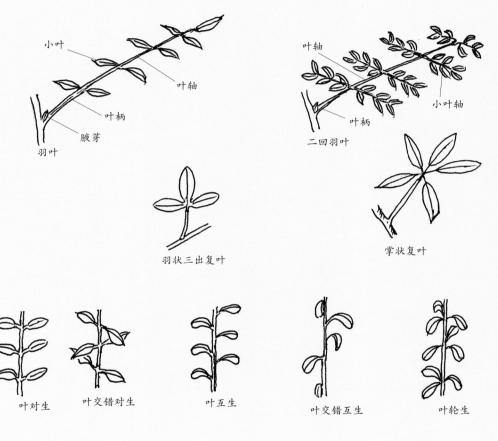

小叶

叶轴

叶柄

腋芽

羽叶

叶轴

小叶轴

叶柄

二回羽叶

羽状三出复叶

掌状复叶

叶对生　　叶交错对生　　叶互生　　叶交错互生　　叶轮生

基生叶

常见植物学名词

裸子植物：种子裸露，胚珠受精前后种子始终裸露在空气中。

被子植物：种子包于子房，在其中受精发育。

对生叶：茎上成对生长在同一平面相反两侧的叶。

互生叶：沿茎交错生长的叶。

莲座状：接近地面从茎基部向外放射状排列的多片叶的组合。

轮生的：环生于茎上同一平面的多片叶或花。

卵状的：叶或花瓣的最宽处在基部。相反，如最宽处在端部，则称倒卵状的。

掌状的：自叶柄处向外放射生长的如手指状分散向外的叶。

羽状的：一种多数小叶排列在共同叶轴两侧的组合叶。

全缘的：叶的边缘光滑无刺、无齿。

风媒花：借空气的流动传播花粉的花。

虫媒花：借昆虫传播花粉至柱头的花。

完备花：具萼片、花瓣、雄蕊和心皮四种器官的花。

不完备花：花的器官少于4种的花。

不完全花：只含有雄蕊或只含有雌蕊的花。

雌雄同株：每一植株上都生有两种不完全花。

雌雄异株：雄花和雌花分别生在不同植株上。

盘状花：指一些菊科植物的花形如盘，外围生有向外的舌状花，内里生有多数管状花。

头状花：致密成簇的花。

总状花：沿单一茎向侧面排列的花。

伞形花：数朵小花的花柄生于主枝顶部同一点的花簇。

花序：花在植株上的排列。

苞叶：围绕或包围花朵、花束或花序的叶片。

花托：花柄最上部扩大的部分，花的器官在此发育。

花萼：由一组或两组萼片组成，对花芽形成保护。

萼片：构成花萼的单片叶状器官。

花瓣：花中主要部分，由一面薄片构成，常有颜色和香味。

唇瓣：一些花的最下部花瓣延伸如唇，为传粉昆虫提供降落处。

花冠：花瓣的总称，可能为一轮或多轮。

花被：萼片和花瓣的总称。

雄蕊：产生花粉的雄性器官，由花粉囊、花药及花丝组成。多个雄蕊集合而成雄蕊群。

花药：雄蕊顶端膨大的部分。

花粉：含有精细胞的活性微粒，外被坚硬的保护膜，表面有特别的颜色和香味。

花粉块：由花粉粒聚集而成的块体或球体。

花丝：支起花药的丝状体。

心皮：花的雌性器官，由柱头、花柱和子房组成。

雌蕊：由多个心皮聚合而形成的结构。花朵中央多个雌蕊的总称为雌蕊群。

子房：心皮的室状基部，其中含有一个或多个未受精的种子。

上位花：花朵各部位于子房上面。此时子房称"子房下位"。

下位花：心皮处于花的最高位置，此时子房称"子房上位"。

胚珠：未受精的种子。

柱头：心皮顶端能接受并处理落在上面的花粉的有腺体的端部。

花柱：连接柱头与子房的心皮的中间部分。花粉从柱头经花柱中的花粉管到达子房。

腺：植物分泌液体的器官，常在茎、叶或花上。

蜜腺：分泌花蜜的腺体。

花蜜：由蜜腺分泌的富含糖及其他营养物质的流质。

导蜜斑：花瓣上指示花蜜位置或采蜜通道的色斑。

香腺：花朵上产生香味的腺体。

核果：多果肉的果实，内部包有种子。如蔷薇科植物的果实。

蒴果：由合生的数个心皮构成的干果，其中有数个种室，成熟时自动开裂释放种子。

荚果：由单心皮发育而成的干果。如豆科植物的豆荚。

球果：大多数裸子植物的果实，表面覆有鳞片。如松科的果实。

坚果：果皮坚硬，内含种子。

聚合果：一朵花中由多数离生的雌蕊发育而成的果实，许多独立的小果实集生在膨大的花托上。

浆果：由多心皮合成的雌蕊群发育而成的柔软多汁的果实，含有一粒或多粒种子。

蓇葖果：一种干裂果实，由聚生在同一花内的数个离生的心皮。

瘦果：瘦小、干燥、不开裂，内有一粒种子。如菊科植物的种子。

翅果：借风力传播种子的一种干果。由一个或两个离生的心皮的子房壁扩展发育而成的具薄翅状物的果实。

瓠果：由果皮或胎座发育成的多肉果实。如瓜类及葫芦科植物的果实。

角果：为十字花科所特有，由中间有假隔膜的两心皮组成，种子着生在假隔膜边缘两侧，成熟时果皮由基部向上裂开。长角果如萝卜属的果实；短角果如荠属的果实。

颖果：禾本科植物的果实。果皮内只有一粒种子。

Index

索 引

中文名索引

花期索引植物

学名索引

Index of Chinese names

中文名索引

花期索引

山莓 3-4 月

掌叶覆盆子 3-4 月

中华石楠 3-4 月

泽漆 3-4 月

清风藤 3-4 月

枸骨 3-4 月

大叶早樱 3-4 月

关山樱 3-4 月

紫荆 3-4 月

紫藤 3-4 月

紫叶李 3-4 月

小果蔷薇 3-4 月

尾叶樱桃 3-4 月

垂丝海棠 3-4 月

西府海棠 3-4 月

豆梨 3-4 月

毛豆梨 3-4 月

毛樱桃 3-4 月

李 3-4 月

桃 3-4 月

麦李 3-4 月

粉花重瓣麦李 3-4 月

郁李 3-4 月

珍珠梅 3-4 月

粗糠树 3-4 月

秤锤树 3-4 月

蝴蝶花 3-4 月

白蝴蝶花 3-4 月

小苜蓿 3-4 月

小叶野决明 3-4 月

含笑花 3-5 月

漆姑草 3-5 月

芥菜 3-5 月

卵瓣还亮草 3-5 月

波斯婆婆纳 3-5 月

附地菜 3-5 月

毛茛 3-5 月

酸模 3-5 月

宝盖草 3-5 月

芝麻菜 3-5 月

大花白木香 3-5 月

中华绣线菊 3-5 月

桃叶鸦葱 3-5 月

郁香野茉莉 3-5 月

金橘 3-5 月

火棘 3-5 月

皱皮木瓜 3-5 月

羽叶千里光 3-5 月，8-11 月

蔓长春花 3-5 月

花叶蔓长春花 3-5 月

直立百部 3-5 月

薄叶鼠李 3-5 月

石龙芮 3-6 月

野芝麻 3-6 月

中华小苦荬 3-6 月

苦荬菜 3-6 月

箭舌野豌豆 3-6 月

宝铎草 3-6 月

大丁草 3-7 月

东方小苦荬 3-7 月

长萼堇菜 3-10 月

紫叶酢浆草 3-10 月

红花酢浆草 3-12 月

四月

黄堇 4 月

峨参 4 月

月腺大戟 4 月

木通 4 月

还亮草 4 月

牡丹 4 月

杜梨 4 月

沙梨 4 月

蓬蘽 4 月

蛇含委陵菜 4 月

戟叶堇菜 4 月

羊蹄躅 4 月

华东唐松草 4 月

毛叶石楠 4 月

南苜蓿 4 月

琼花 4 月

红瑞木 4 月

光枝楠 4-5 月

白花堇菜 4-5 月

花点草 4-5 月

中国繁缕 4-5 月

凹叶景天 4-5 月

爪瓣景天 4-5 月

佛甲草 4-5 月

茶条枫 4-5 月

禺毛茛 4–5 月
茴茴蒜 4–5 月
单瓣白木香 4–5 月
粉团蔷薇 4–5 月
鸡麻 4–5 月
流苏树 4–5 月
毛泡桐 4–5 月
石楠 4–5 月
小叶石楠 4–5 月
野山楂 4–5 月
湖北山楂 4–5 月
华中山楂 4–5 月
黄鹌菜 4–5 月
黄木香花 4–5 月
白花地丁 4–5 月
遏蓝菜 4–5 月
匍茎通泉草 4–5 月
小蜡 4–5 月
杜鹃 4–5 月
满山红 4–5 月
小鸢尾 4–5 月
锦鸡儿 4–5 月
苏木蓝 4–5 月
华东木蓝 4–5 月
红叶石楠 4–5 月
藤萝 4–5 月
短梗南蛇藤 4–5 月
抱茎小苦荬 4–5 月
芹叶牻牛儿苗 4–5 月
野老鹳草 4–5 月

活血丹 4–5 月
牛奶子 4–5 月
瓜子金 4–5 月
金爪儿 4–5 月
虎耳草 4–5 月
明党参 4–5 月
米口袋 4–5 月
蔊菜 4–5 月
弹裂碎米荠 4–5 月
金银忍冬 4–5 月
刺儿菜 4–5 月
络石 4–5 月
泽珍珠菜 4–5 月
翻白草 4–5 月
三叶委陵菜 4–5 月
三裂绣线菊 4–5 月
菱叶绣线菊 4–5 月
商陆 4–5 月
七姊妹 4–5 月
小果蔷薇 4–5 月
软条七蔷薇 4–5 月
玉竹 4–5 月
檵木 4–5 月
红花檵木 4–5 月
荔枝草 4–5 月
接骨草 4–5 月
邻近风轮菜 4–5 月
夏至草 4–5 月
云实 4–5 月
白檀 4–5 月

白及 4–5 月
楝树 4–5 月
油桐 4–5 月
油柿 4–5 月
野柿 4–5 月
老鸦柿 4–5 月
绣球荚蒾 4–5 月
圆叶鼠李 4–5 月
鸢尾 4–5 月
马蔺 4–5 月
枳（枸桔）4–5 月
粉条儿菜 4–5 月
黄菖蒲 4–5 月
三白草 4–6 月
斑种草 4–6 月
冬青 4–6 月
风花菜 4–6 月
根叶漆枯草 4–6 月
过路黄 4–6 月
南方六道木 4–6 月
短柱络石 4–6 月
疏节过路黄 4–6 月
女娄菜 4–6 月
山木通 4–6 月
扬子毛茛 4–6 月
棣棠花 4–6 月
重瓣棣棠花 4–6 月
插田泡 4–6 月
绢毛匍匐委陵菜 4–6 月
莓叶委陵菜 4–6 月

美蔷薇 4-6 月

绣球绣线菊 4-6 月

茼蒿 4-6 月

鼠麴草 4-6 月

白车轴草 4-6 月

红花锦鸡儿 4-6 月

花木蓝 4-6 月

南天竹 4-6 月

白马骨 4-6 月

柿 4-6 月

刺槐 4-6 月

窃衣 4-6 月

丹参 4-6 月

水苏 4-6 月

打碗花 4-6 月

忍冬 4-6 月

乳浆大戟 4-6 月

弯齿盾果草 4-6 月

黄荆 4-6 月

薤白 4-6 月

花菖蒲 4-6 月

湖北大戟 4-7 月

朝天委陵菜 4-7 月

西伯利亚远志 4-7 月

光滑小苦荬 4-7 月

紫花苜蓿 4-7 月

醉鱼草 4-7 月

马㼎儿 4-7 月

半边莲 4-7 月

矢车菊 4-7 月

蛇床 4-7 月

长花黄鹌菜 4-8 月

日本锦带花 4-8 月

狭叶栀子 4-8 月

白兰 4-9 月

月季花 4-9 月

南美天胡荽 4-9 月

金盏花 4-9 月

小蓬草 4-9 月

卵裂黄鹌菜 4-10 月

荇菜 4-10 月

酢浆草 4-10 月

半枝莲 4-10 月

羽叶马鞭草 4-10 月

待霄草 4-10 月

通泉草 4-10 月

苦苣菜 4-10 月

粉花月见草 4-11 月

美丽月见草 4-11 月

台湾翅果菊 4-11 月

五月

鹅掌楸 5 月

山合欢 5 月

紫穗槐 5 月

短叶中华石楠 5 月

台湾林檎 5 月

光萼林檎 5 月

广布野豌豆 5 月

金樱子 5 月

野珠兰 5 月

齿叶溲疏 5 月

海桐 5 月

半夏 5 月

齿果酸模 5-6 月

羊蹄 5-6 月

荷花玉兰 5-6 月

齿果酸模 5=6 月

麦瓶草 5-6 月

疏毛磨芋 5-6 月

白花败酱 5-6 月

白花紫露草 5-6 月

圆锥铁线莲 5-6 月

英蒾 5-6 月

野蔷薇 5-6 月

华中栒子 5-6 月

梓树 5-6 月

垂盆草 5-6 月

茅莓 5-6 月

夏枯草 5-6 月

蕺菜 5-6 月

石榴 5-6 月

紫金牛 5-6 月

聚花过路黄 5-6 月

轮叶过路黄 5-6 月

泥胡菜 5-6 月

野鸦椿 5-6 月

小花扁担杆 5-6 月

南蛇藤 5-6 月

野大豆 5-6 月

卫矛 5-6 月

金边六月雪 5-6 月

厚朴 5-7 月

多苞斑种草 5-7 月

太行铁线莲 5-7 月

蓝雪花 5-7 月

多花木蓝 5-7 月

委陵菜 5-7 月

鸡矢藤 5-7 月

毛地黄钓钟柳 5-7 月

细风轮菜 5-7 月

绵毛水苏 5-7 月

黄檀 5-7 月

六月雪 5-7 月

小马泡 5-7 月

大蓟 5-7 月

石竹 5-7 月

扁担杆 5-7 月

白花草木犀 5-7 月

野胡萝卜 5-7 月

女贞 5-7 月

紫萼 5-7 月

紫娇花 5-7 月

水毛茛 5-8 月

日本胡枝子 5-8 月

一叶荻 5-8 月

河北木蓝 5-8 月

金丝桃 5-8 月

倒提壶 5-8 月

华泽兰 5-8 月

厚萼凌霄 5-8 月

锦带花 5-8 月

蜀葵 5-8 月

山桃草 5-9 月

蓍 5-9 月

黑心金光菊 5-9 月

红车轴草 5-9 月

马齿苋 5-9 月

水蓼 5-9 月

长鬃蓼 5-9 月

毛曼陀罗 5-9 月

曼陀罗 5-9 月

剑叶金鸡菊 5-9 月

两色金鸡菊 5-9 月

草木犀 5-9 月

探春花 5-9 月

乌蔹莓 5-9 月

旋花（篱天剑）5-9 月

紫鸭跖草 5-9 月

紫露草 5-9 月

水竹芋 5-9 月

萹蓄 5-10 月

绣球 5-10 月

龙芽草 5-10 月

光叶绣线菊 5-10 月

花叶滇苦菜 5-10 月

黄花菜 5-10 月

空心莲子草 5-10 月

大叶醉鱼草 5-10 月

圆叶牵牛 5-10 月

马兰 5-10 月

山马兰 5-10 月

玫红金鸡菊 5-10 月

翠菊 5-10 月

节毛飞廉 5-10 月

梭鱼草 5-10 月

野慈姑 5-10 月

须苞石竹 5-10 月

火炬花 5-10 月

凤尾丝兰 5-10 月

龙胆 5-11 月

咖啡黄葵 5-11 月

地笋 5-11 月

林泽兰 5-11 月

苦蘵 5-12 月

六月

黑荆 6 月

南京椴 6 月

糯米椴 6-7 月

剪秋罗 6-7 月

费菜 6-7 月

荷花蔷薇 6-7 月

太平莓 6-7 月

绣球小冠花 6-7 月

槐 6-7 月

瓜木 6-7 月

卷丹 6-7 月

栀子 6-7 月

苦参 6-7 月

冬青卫矛 6-7 月

酸枣 6-7 月

山萝花 6-7 月

掌叶半夏 6-7 月

紫松果菊 6-7 月

绵毛酸模叶蓼 6-8 月

麦仙翁 6-8 月

山绣球 6-8 月

灰白毛莓 6-8 月

海滨木槿 6-8 月

马鞭草 6-8 月

柳叶菜 6-8 月

栌兰 6-8 月

野苜蓿 6-8 月

旋覆花 6-8 月

兔儿伞 6-8 月

南赤飑 6-8 月

栾树 6-8 月

秋英 6-8 月

萱草 6-8 月

禾叶山麦冬 6-8 月

射干 6-8 月

绶草 6-8 月

细叶婆婆纳 6-9 月

威灵仙 6-9 月

紫薇 6-9 月

多花胡枝子 6-9 月

合欢 6-9 月

龙葵 6-9 月

葡匐风轮菜 6-9 月

红蓼 6-9 月

藿香蓟 6-9

美洲商陆 6-9 月

一年蓬 6-9 月

青葙 6-9 月

线叶旋覆花 6-9 月

银叶千里光 6-9 月

飞来鹤 6-9 月

月见草 6-9 月

北黄花菜 6-9 月

千日红 6-10 月

野亚麻 6-10 月

地笋 6-10 月

大花萱草 6-10 月

风雨花 6-10 月

鸭跖草 6-10 月

益母草 6-10 月

枸杞 6-10 月

鳢肠 6-10 月

金光菊 6-10 月

粗毛牛膝菊 6-11 月

风毛菊 6-11 月

夏堇 6-12 月

七月

短毛金线草 7-8 月

齿叶费菜 7-8 月

白花酢浆草 7-8 月

白英 7-8 月

臭牡丹 7-8 月

狭叶珍珠菜 7-8 月

狼尾花 7-8 月

赶山鞭 7-8 月

黄海棠 7-8 月

败酱 7-8 月

萝摩 7-8 月

栝楼 7-8 月

牡荆 7-8 月

中国石蒜 7-8 月

长筒石蒜 7-8 月

野葛 7-8 月

苘麻 7-8 月

野鸢尾 7-8 月

橙红茑萝 7-8 月

葵叶茑萝 7-8 月

女萎 7-9 月

茑萝松 7-9 月

腺毛阴行草 7-9 月

马兜铃 7-9 月

千屈菜 7-9 月

瓦松 7-9 月

高粱泡 7-9 月

海州常山 7-9 月

美丽胡枝子 7-9 月

杭子梢 7-9 月

圆菱叶山蚂蝗 7-9 月

尖叶长柄山蚂蝗 7-9 月

歪头菜 7-9 月

赤豆 7-9 月

鼠尾草 7-9 月

假酸浆 7-9 月
东风菜 7-9 月
大狼杷草 7-9 月
一点红 7-9 月
杜若 7-9
荮苊 7-9 月
小槐花 7-9 月
愉悦蓼 7-9 月
白胡枝子 7-10 月
木槿 7-10 月
凤眼蓝 7-10 月
裂叶牵牛 7-10 月
伞房决明 7-10 月
鹿藿 7-10 月
紫苏 7-10 月
华东蓝刺头 7-10 月
全叶马兰 7-10 月
华东杏叶沙参 7-10 月
绵枣儿 7-10 月
大吴风草 7-2 月

中华胡枝子 8-9 月
两型豆 8-9 月
桔梗 8-9 月
饭包草 8-9 月
木犀 8-10 月
丹桂 8-10 月
木芙蓉 8-10 月
白花鳖菜 8-10 月
野薄荷 8-10 月
华鼠尾草 8-10 月
球序荚 8-10 月
紫花前胡 8-10 月
白花前胡 8-10 月
葱兰 8-10 月
水鳖 8-10 月
条叶龙胆 8-11 月
三褶脉紫菀 8-11 月
三褶脉紫菀微糙变种 8-11
爵床 8-11 月
千里光 8-12 月

轮叶沙参 -9-10 月
沙参 9-10 月
翅果菊 9-10 月
一枝黄花 9-10 月
钻形紫菀 9-10 月
胡颓子 9-11 月
黄蜀葵 9-11 月
阔叶十大功劳 9-12 月
野菊 9-12 月

十二月
蜡梅 12-2 月
山茶 12-4 月

八月
何首乌 8-9 月
香茶菜 8-9 月
地榆 8-9 月
忽地笑 8-9 月
石蒜 8-9 月
瞿麦 8-9 月
田麻 8-9 月
茜草 8-9 月

九月
大花马齿苋 9-10 月
北鱼黄草 9-10 月
九头狮子草 9-10 月
松蒿 9-10 月
决明 9-10 月
雀梅藤 9-10 月
野生紫苏 9-10 月
深裂叶乌头 9-10 月

Index of scientific names

植物学名索引

Bibliography

参考书目

1. 中国科学院植物研究所 . 中国高等植物图鉴 . 北京：科学出版社，1987

2. 中国科学院中国植物志编辑委员会 . 中国植物志 . 北京：科学出版社

3. 江苏省植物研究所 . 江苏植物志（上）. 南京：江苏人民出版社，1977

4. 江苏省植物研究所 . 江苏植物志（下）. 南京：江苏科学技术出版社，1982

5. 訾兴中，张定成 . 琅琊山植物志 . 北京：中国林业出版社，1999

6. 彭镇华 . 中国长江三峡植物大全 . 北京：科学出版社，2005

7. 中华人民共和国濒危物种科学委员会，中国科学院生物多样性委员会 . 生物多样性公约指南 . 北京：科学出版社，1997

8. 中国科学院生物多样性委员会 . 生物多样性译丛（一）. 北京：中国科学技术出版社，1992

9. 解焱 . 生物入侵与中国生态安全 . 石家庄：河北科学技术出版社，2008

10. 中国科学院植物研究所编 . 新编拉英汉植物名称 . 北京：航空工业出版社，1996

11. 拉英汉种子植物名称第二版 . 北京：科学出版社，2001

12. 尚衍重 . 种子植物名称－拉汉英名称 . 北京：中国林业出版社，2012

13. 汪劲武 . 常见野花 . 北京：中国林业出版社，2011

14. 廖廓等 . 武汉植物图鉴 . 武汉：湖北科学技术出版社，2015

15. 卢东升等 . 大别山主要维管植物图鉴 . 北京：中国农业出版社，2017

16. 南京市园林局 . 南京市乡土植物种类名录 .2008

17. 紫金山陵园管理局 . 南京市紫金山植物名录 .2013

18. Photographic Guide to Native Plants of the Australian Capital Territory.
Meadow Argus,2014

19. Name that Flower : The Identification of Flowering Plants. Ian Clarke.
Helen Lee. Melbourne University Press,2003

20. A photographic Guide to Wildflowers of south—eastern Australia.
New Holland Publishers,2012

Postscript

后 记

　　本书从立意到成书已经历了 20 年之久。2001 年 3 月 4 日，南京 20 多位环保志愿者会于紫金山，研讨紫金山开发与保护，兼赏春天的野花。参与者认识到野花是环境质量与环境之美的重要标志，也是自然文艺永恒的课题。为了现代南京人认识、保护与永续利用本地野花，就需要一种能展示野花之美，并以爱护自然遗产的视角介绍南京野花的书，这便是编写本书的初衷。

　　在本书的编写、出版过程中，有幸得到了各位领导和专家的大力支持。南京出版社社长卢海鸣先生对本书的出版给予特别关注。南京农业大学李新华博士、中山陵园管理局董丽娜高级工程师以及中山植物园（江苏省中国科学院植物研究所）李梅博士以深厚的植物学知识和高度的热情对本图鉴分别作了审阅，并提出了修改意见，纠正了错误，对本书、也对南京市生态文化作出了无私的奉献。中山植物园（江苏省中国科学院植物研究所）秦亚龙老师等专家为本书提供了部分珍贵的图片资料。在此一并表示感谢。

　　本书的编写、考察及摄影与野外活动同步，以所见为实，这就使一些不常见的野花如城墙缝隙中生出的聚花过路黄被记录下来，而梅花山的梅却未被记录！另外，何谓野花？何谓"野"？都是颇难界定的概念；而公众关注的又多为常见栽培花卉。凡此种种，迫使编著者取整合专业与大众化的"折中路线"。正因如此，本书虽出版在即却仍令人惴惴，故无论在植物学上还是在生态观念上皆望专家及读者指教。

吴琦

2021 年 3 月

图书在版编目（CIP）数据

南京野花图鉴 / 吴琦编著. —— 南京：南京出版社，
2021.3

ISBN 978-7-5533-3211-6

Ⅰ.①南… Ⅱ.①吴… Ⅲ.①野生植物 – 花卉 – 南京
– 图解 Ⅳ.①Q949.4-64

中国版本图书馆CIP数据核字（2021）第041910号

书　　名	南京野花图鉴	
作　　者	吴　琦	
出版发行	南京出版传媒集团	
	南 京 出 版 社	
	社址：南京市太平门街53号	邮编：210016
	网址：http://www.njcbs.cn	电子信箱：njcbs1988@163.com
	联系电话：025-83283893、83283864（营销）　025-83112257（编务）	
出 版 人	项晓宁	
出 品 人	卢海鸣	
责任编辑	张　龙	
版式设计	王　俊	
封面设计	张　淼	
责任印制	杨福彬	
排　　版	南京新华丰制版有限公司	
印　　刷	南京艺中印务有限公司	
开　　本	787 毫米 × 1092 毫米　1/16	
印　　张	39	
字　　数	604千	
版　　次	2021年3月第1版	
印　　次	2021年3月第1次印刷	
书　　号	ISBN 978-7-5533-3211-6	
定　　价	198.00 元	

用微信或京东
APP扫码购书

用淘宝APP
扫码购书

台湾翅果菊

Lactuca formosana (Maxim.)Shih [英]Taiwan Lettuce

菊科翅果菊属。一、二年生草本，高0.5-1.5米，茎单生，直立，基部粗壮，上部分枝。下、中部叶椭圆形、长椭圆形或披针形，羽状深裂，具长翼柄，基部抱茎；顶裂片窄披针形、线形或三角形；羽裂片2-5对，对生、偏斜或互生，椭圆形或镰刀形，边缘有疏尖齿，上部叶分裂或不分裂，基部圆耳状半抱茎。头状花多数，在枝端排成伞房状花序，总苞圆柱形，果期卵球形，总苞片4-5层；舌状花黄色，约20枚；瘦果黑色，椭圆状，长约4毫米；冠毛白色。花果期4-11月。见于韩府坊。

翅果菊

Lactuca indica L. [英] indian Lattuce

菊科翅果菊属。一、二年生直立草本，茎高80-120厘米，上部分枝，茎粗壮，有乳汁，常单生。叶互生，长椭圆状披针形或条状披针形，长10-30厘米，宽1.5-8厘米，不裂或基部半抱茎及边缘全羽裂或深裂，裂片边缘具疏齿或缺刻状；叶常无柄，上面绿色，白脉，下面淡绿，下部叶花期枯萎，上部叶较小，条状披针形。头状花序顶生，排成圆锥花序，有花多达25朵；小花梗短，总苞中部膨大，苞片3层，覆瓦状排列，外层短，绿色，边缘色淡，膜状，尖头带紫色，中、内层较长；舌状花淡黄色至白色，舌花10-20枚，顶端5小齿，日中渐开，傍晚闭合；子房下位，花柱纤细，柱头2裂。瘦果扁卵形，端部有白色冠毛一层。花期9-10月。生路边、荒地。